中国科学院近海海洋观测研究网络
黄海站、东海站观测数据图集Ⅶ

刘长华　王　旭　贾思洋　编著

海洋出版社

2021年・北京

图书在版编目(CIP)数据

中国科学院近海海洋观测研究网络黄海站、东海站观测数据图集. Ⅶ / 刘长华, 王旭, 贾思洋编著. — 北京: 海洋出版社, 2020.12

ISBN 978-7-5210-0731-2

Ⅰ. ①中… Ⅱ. ①刘… ②王… ③贾… Ⅲ. ①黄海－海洋站－海洋监测－数据集②东海－海洋站－海洋监测－数据集 Ⅳ. ①P717

中国版本图书馆CIP数据核字(2021)第017094号

中国科学院近海海洋观测研究网络
黄海站、东海站观测数据图集Ⅶ
ZHONGGUO KEXUEYUAN JINHAI HAIYANG GUANCE YANJIU WANGLUO
HUANGHAI ZHAN, DONGHAI ZHAN GUANCE SHUJU TUJI Ⅶ

策划编辑：白　燕
责任编辑：杨传霞　程净净
责任印制：赵麟苏

海洋出版社 出版发行
http://www.oceanpress.com.cn
北京市海淀区大慧寺路 8 号　邮编：100081
北京新华印刷有限公司印刷　新华书店总经销
2020年12月第1版　2021年3月第1次印刷
开本：889mm × 1194mm　1 / 16　印张：12.75
字数：310千字　定价：150.00元
发行部：62132549　邮购部：68038093

本数据图集出版得到以下项目支持

- 中国科学院战略性先导专项（A 类）地球大数据科学工程（XDA19020303）
- 国家自然科学基金（41876102）
- 中国科学院科研仪器设备研制项目（YJKYYQ20170010）
- 中国科学院仪器设备功能开发项目“适用于海洋综合观测浮标的北斗 GPS 双模定位信标系统研制”
- 中国科学院仪器设备功能开发项目“基于浮标载体的海洋可视化系统研制”

序

海洋强国战略是习近平新时代中国特色社会主义思想的重要组成部分，其实施对推动经济持续健康发展，维护国家主权、安全、发展利益，实现全面建成小康社会目标、进而实现中华民族伟大复兴都具有重大而深远的意义。以习近平同志为核心的党中央高度重视海洋事业发展，高屋建瓴，把建设海洋强国融入“两个一百年”奋斗目标和实现中华民族伟大复兴“中国梦”的征程之中，海洋强国也会极大促进中华民族的全面复兴。21世纪是海洋的世纪，历史的经验告诉我们，向海则兴，背海则衰。党的十八大以来，海洋强国战略的实施，促进了我国社会经济各方面的发展，也极大地拉近了我们实现“中国梦”的距离，向海洋要资源、向海洋要空间，打造海上屏障，确保国家安全，实现美丽海洋、美丽中国的奋斗目标，急迫需要更加深入系统地关心海洋、认识海洋、经略海洋。

海洋观测在认知海洋方面具有不可替代性，长期以来，世界科学组织和海洋强国不断竞相发展海洋观测技术，尤其针对与社会经济发展和国家安全建设密切相关的海洋现象和区域特色的研究热点问题，建设全球性或局域的海洋观测体系，不断组织实施长期的或者阶段性的海洋科学观测计划。我国既是陆地大国，更是海洋大国，拥有广泛的海洋战略利益，海洋研究中的重大发现和科学问题往往都是在长期观测的基础上完成的，因此在关键海区建设多参数、长期、立体、实时的高密度观测网络体系，有效、连续地获取和传递海洋长序列综合观测参数，对维护国家海洋权益、推进国家海洋事业发展、提升我国海洋科技竞争力、促进我国海洋重大原创性科研成果的产出意义重大。

中国科学院近海海洋观测研究网络——黄海海洋观测研究站和东海海洋观测研究站始建于2007年，是我国海洋观测技术创新领域和观测数据成果产出具有代表性的野外观测系统，其围绕黄海、东海海域重要流系和复杂海洋现象研究、台风预警预报、海洋权益维护及保障等需求，组建了科学合理的黄海、东海浮标观测网络。该网络经过多年的建设和发展，积累了10余年的连续、定点、实时观测数据，有效地揭示了区域海洋环境长期演化过程；建立了台风实时观测数据库，有效地改善了台风路径预报的准确性；验证了国际风速模式和流场模式在我国近海区域的适用性；阐释了黄海、东海海洋环境季节变化特点，提高了灾害性事件对我国海洋环境危害的预报能力；研发了多项针对我国近海海洋特殊环境特点的实时立体观测技术，开拓了智能观测在海洋剖面观测领域的应用示范。

黄海、东海观测研究站自建站伊始始终坚持理论联系实际，在海洋科学问题需求导向下，开展观测技术研发和集成，聚焦高质量观测数据及产品的产出和共享，其科研技术人员在进行科学问题研究、观测技术攻关的同时，利用休息时间将海量的长序列观测数据进行整理、分析并绘制观测参数变化图，以数据图集的形式出版，供社会各界参考使用。在此之前，他们按照年度序列已经整理出版了六本观测数据图集和一本台风专题数据图集，有力推动了科学数据共享，并得到了社会及相关领域的高度赞誉。该图集是黄海站、东海站长期观测数据的第七分册，主要反映了 2016 年黄、东海浮标站典型观测系统的数据情况，以时间序列曲线图和玫瑰图的形式展示了黄海、东海若干定点浮标关键站点的气象和水文观测数据变化特征，还对极端天气及特殊海洋现象发生期间及邻近时期观测数据变化特征进行了总结和阐述，以使读者更方便地获取所需的重要数据信息。

2020 年 10 月 17 日

前　言

2016年，受超强厄尔尼诺影响，我国气候异常，极端天气气候事件多，暴雨洪涝和台风灾害重，长江中下游出现严重汛情，气象灾害造成经济损失大，气候年景差。1—5月，赤道中东太平洋异常暖海温快速减弱，厄尔尼诺事件进入衰减期；5月，超强厄尔尼诺事件结束。6—7月，赤道中太平洋海温呈现正常状态；7月后期，开始出现冷海温，8月，赤道中东太平洋大部海温异常偏冷，进入拉尼娜状态。1—2月，赤道西太平洋对流受到明显抑制，5—7月，赤道太平洋地区未出现显著的对流活动异常，8—11月，随着赤道中东太平洋海温进入拉尼娜状态，日界线及其附近地区对流受到明显抑制（引自《中国气候公报（2016）》）。

我国海洋灾害以风暴潮、海浪、海冰和海岸侵蚀为主，赤潮、绿潮、海平面变化、海水入侵与土壤盐渍化、咸潮入侵等灾害也有不同程度发生（引自《2016年中国海洋灾害公报》）。台风的影响较为严重，2016年，西北太平洋和南海共有26个台风（中心附近最大风力≥8级）生成，接近常年（25.5个），其中8个登陆我国，较常年（7.2个）偏多0.8个。全年台风共造成174人死亡、24人失踪，直接经济损失766.5亿元。台风平均登陆强度达13级、平均风速37.1 m/s，比常年（11级、30.7 m/s）明显偏强，为1973年以来第3强。影响到东海、黄海的台风有3个，分别是第14号超强台风“莫兰蒂”、第16号强台风“马勒卡”和第18号超强台风“暹芭”。其中，第14号超强台风“莫兰蒂”是2016年对我国造成经济损失最重的1个台风。台风“莫兰蒂”于9月15日以强台风级别在福建省厦门沿海登陆，登陆时中心附近最大风力15级（48 m/s），中心最低气压945 hPa。台风“莫兰蒂”是新中国成立以来登陆闽南的最强台风，也是2016年登陆我国大陆的最强台风。强度强、风力大、雨势猛，又恰逢天文大潮，致使福建、浙江、江西、上海、江苏等省（市）遭受不同程度的影响，其中福建受灾严重，厦门全城电力供应基本瘫痪，全面停水，基础设施损坏严重。据统计，台风“莫兰蒂”共造成上述5省（市）375.5万人受灾，44人死亡失踪，直接经济损失316.5亿元（引自《中国气候公报（2016）》）。

近海生态灾害频发。2016年，绿潮主要发生于黄海海域，5月中旬，在黄海南部海域发现漂浮浒苔，其后漂浮浒苔逐渐向北移动。6月4日，浒苔绿潮开始进入青岛管辖海域，7月底，浒苔绿潮开始消亡。绿潮发生期间，青岛管辖海域漂浮浒苔最大分布面积10 177 km^2，最大覆盖面积116 km^2（引自《2016年青岛市海洋环境公报》）。

根据《中国近岸海域环境质量公报2016》统计，全国近岸海域优良点位（一、二类）比例为73.4%，水质级别为一般，水质基本保持稳定，主要超标因子为无机氮和活性磷酸盐；黄海近岸

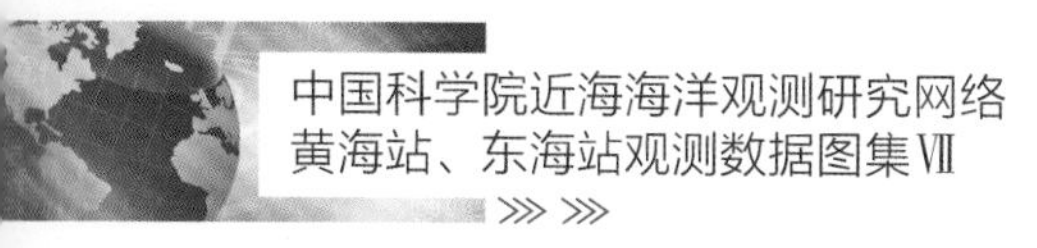

海域水质良好，主要超标因子为无机氮；东海近岸海域水质差，主要超标因子为无机氮和活性磷酸盐。

这些典型的海洋灾害和海洋环境特征与本年度黄、东海观测站长期的观测数据基本吻合。特别是通过黄、东海观测站位于北黄海、南黄海和长江口邻近海域的海上观测浮标获取的关键参数，对上述特征可有效印证。

该图集是关于中国科学院近海海洋观测研究网络黄海海洋观测研究站和东海海洋观测研究站的观测数据图集第七分册（总第Ⅶ卷），起止时间为 2016 年 1 月 1 日至 12 月 31 日，为一年周期的数据累积成果。观测站点的分布主要集中于 3 个区域，分别是北黄海长海县附近海域、南黄海山东荣成楮岛和青岛灵山岛海域，以及东海长江口外海附近海域（见技术说明中浮标分布图，图 2.1），观测站点选取 9 个浮标的观测数据，主要观测项目包括海洋气象、水文、水质，具体使用的观测设备和获取的观测参数等内容可参见技术说明部分。

该图集的编写方式主要选取典型站位浮标的观测数据进行曲线绘制，并针对每一个参数全年的曲线变化特征进行简要概括描述和分析，同时会就本年度该观测参数所记录的特殊天气现象进行专题描述，如寒潮和台风等。这样做的主要目的是通过数据曲线展示中国科学院近海观测研究网络黄海海洋观测研究站和东海海洋观测研究站的数据获取情况和数据质量情况，进而吸引广大海洋科研工作者深入挖掘数据或者是申请我们已经获取的长序列观测数据，以支持其相关研究。因此，该图集的出版核心是宣传和促进数据应用及共享，这一宗旨与国家近几年所大力提倡的开放数据和共享数据的精神是完全符合的。

基于这一新的图集编写目的，我们在观测站点的选择上也就没有必要面面俱到，更不必要对所有获取的原始数据进行处理、质量控制和成图。我们需要做的仅仅是将我们拥有的观测数据宣传出去，让众多的海洋科研工作者知道我们的资源，通过合作或直接申请的方式大力推进数据共享和应用。致力于深入研究海洋的学者们对原始数据进行全面、深入的处理与分析，将会具有更加明确的目的性，其效果也会事半功倍。

本年度数据获取情况整体评价为优良。有很多浮标获取的观测参数时长超过 300 天，甚至有浮标获取到全年 366 天的连续观测数据，且数据有效率均达到 99% 以上，数据质量高。北黄海的 01 号浮标由于 1—3 月大修导致数据缺测，浮标布放后各参数数据获取率为 97% ~ 99%；南黄海浮标的整体运行较为稳定，其中位于南黄海的 09 号浮标获取的风速数据、风向数据、表层水温数据、表层盐度数据以及有效波高数据、有效波周期数据的连续时长均达到了 362 天，数据获取率达到 98%；位于东海花鸟岛附近海域的 11 号浮标运行全年稳定，各项参数获得了全年时长序列的观测数据，达到 366 天，完成 100% 的数据获取率，且数据有效率均达到 99% 以上，数据质量高。这对于以锚系式定点观测方式而言，是十分难得的。我们用表格的形式展示本年度几个典型浮标获取参数的时长情况，以供大家参阅。

2016 年度黄海站、东海站典型浮标获取主要参数的时长列表

浮标	位置	观测参数	时长 / 天	主要时间段	备注
01	北黄海 大连 长海县 附近海域	气温、气压	265	4 月 6 日至 4 月 22 日 4 月 24 日至 9 月 1 日 9 月 5 日至 11 月 27 日 11 月 29 日至 12 月 31 日	浮标大修（1 月 1 日至 4 月 6 日）及传感器故障导致数据缺失
		风速、风向	267	4 月 6 日至 9 月 1 日 9 月 5 日至 12 月 31 日	
		表层水温	266	4 月 6 日至 9 月 1 日 9 月 5 日至 11 月 27 日 11 月 29 日至 12 月 31 日	
		表层盐度	266		
		有效波高、有效波周期	221	4 月 6 日至 6 月 21 日 8 月 2 日至 9 月 1 日 9 月 9 日至 11 月 27 日 11 月 29 日至 12 月 31 日	
06	东海舟山 嵊山岛 海礁附近 海域	气温、气压	242	4 月 30 日至 9 月 1 日 9 月 5 日至 11 月 27 日 11 月 29 日至 12 月 31 日	浮标大修（1 月 27 日至 4 月 30 日）及传感器故障导致数据缺失
		风速、风向	245	5 月 1 日至 6 月 1 日 6 月 2 日至 12 月 31 日	
		有效波高、有效波周期	269	1 月 1 日至 1 月 27 日 4 月 30 日至 9 月 1 日 9 月 5 日至 11 月 27 日 11 月 29 日至 12 月 31 日	
07	黄海 荣成楮岛 附近海域	气温、气压	331	1 月 1 日至 5 月 26 日 6 月 30 日至 11 月 27 日 11 月 29 日至 12 月 31 日	浮标大修（5 月 26 日至 6 月 30 日）和通信故障导致数据缺失
		风速、风向	331		
		有效波高、有效波周期	331		
09	黄海青岛 灵山岛 附近海域	气温、气压	362	1 月 1 日至 9 月 1 日 9 月 5 日至 11 月 27 日 11 月 29 日至 12 月 31 日	通信故障导致数据缺失
		风速、风向	362		
		表层水温	362		
		表层盐度	362		
		有效波高、有效波周期	362		
11	东海舟山 花鸟岛 附近海域	气温、气压	366	全年，连续	
		风速、风向	366		
		有效波高、有效波周期	366		

续表

<table>
<tr><th>浮标</th><th>位置</th><th>观测参数</th><th>时长 / 天</th><th>主要时间段</th><th>备注</th></tr>
<tr><td rowspan="3">12</td><td rowspan="3">东海舟山
黄泽洋
附近海域</td><td>气温、气压</td><td>355</td><td>1 月 1 日至 11 月 4 日
11 月 13 日至 12 月 6 日
12 月 10 日至 12 月 31 日</td><td rowspan="3">通信及传感器故障导致数据缺失</td></tr>
<tr><td>风速、风向</td><td>353</td><td rowspan="2">1 月 1 日至 11 月 4 日
11 月 13 日至 11 月 29 日
12 月 2 日至 12 月 6 日
12 月 10 日至 12 月 31 日</td></tr>
<tr><td>有效波高、有效波周期</td><td>353</td></tr>
<tr><td rowspan="3">17</td><td rowspan="3">黄海
青岛仰口
附近海域</td><td>气温、气压</td><td>322</td><td rowspan="3">1 月 1 日至 7 月 30 日
9 月 13 日至 12 月 31 日</td><td rowspan="3">浮标大修（7 月 30 日至 9 月 13 日）导致数据缺失</td></tr>
<tr><td>风速、风向</td><td>322</td></tr>
<tr><td>有效波高、有效波周期</td><td>322</td></tr>
<tr><td rowspan="3">19</td><td rowspan="3">黄海
日照近海
海域</td><td>气温、气压</td><td>362</td><td rowspan="3">1 月 1 日至 3 月 22 日
3 月 26 日至 8 月 3 日
8 月 4 日至 11 月 27 日
11 月 29 日至 12 月 31 日</td><td rowspan="3">通信系统故障导致数据缺失</td></tr>
<tr><td>风速、风向</td><td>362</td></tr>
<tr><td>有效波高、有效波周期</td><td>362</td></tr>
</table>

根据数据曲线可以基本概括出几个观测海域的环境变化特征。通过 01 号浮标获取的气温、气压数据可以看出，北黄海海域月度变化特征与该海域常年季节气候变化特点基本吻合，年度最低气温（−5.6℃）出现在 12 月（由于 1—3 月标体大修造成数据缺测的情况），平均气温值最高的月份为 8 月，并且在该时间段内观测到年度最高气温（28.9℃），在一定程度上反映出该海域冬、夏季代表月的特征性明显。通过风速、风向数据，可以看出，该海域冬季盛行偏东北风，且 6 级（风速为 10.8 ~ 13.8 m/s）以上大风天数较多，夏季盛行偏南风，6 级以上大风天数较少；水温数据与气温数据密切相关，盐度变化特征受该海域降水影响明显，年度水温平均值为 17.53℃，年度盐度平均值为 31.76；测得的年度最高水温和最低水温分别为 30.2℃ 和 5.1℃；测得的年度最高盐度和最低盐度分别为 32.8 和 29.8。测得的波浪数据主要为有效波高和有效波周期，根据数据统计得出年度有效波高平均值为 0.75 m，年度有效波周期平均值为 4.62 s；测得的年度最大有效波高为 4.3 m，对应的有效波周期为 7.7 s。

通过 09 号浮标获取的气温、气压数据可以看出，南黄海海域月度变化特征与该海域常年季节气候变化特点基本吻合，年度最低气温（−13.7℃）出现在 1 月，平均气温值最高的月份为 8 月，并且在该时间段内观测到年度最高气温（31.1℃），这反映出该海域冬、夏季代表月的特征性明显。通过风速、风向数据，可以看出，该海域冬季盛行偏北风，且 6 级以上大风天数较多，夏季盛行偏南风，6 级以上大风天数较少；水温数据与气温数据密切相关，盐度变化特征受该海域降水影响明显，年度水温平均值为 15.16℃，年度盐度平均值为 30.95；测得的年度最高水温和最低水温分别为 29.5℃和 3.6℃；测得的年度最高盐度和最低盐度分别为 32.9 和 26.4。测得的波浪数据主要为有效波高和有效波周期，根据数据统计得出年度有效波高平均值为 0.51 m，年度有效波周期平均值为 5.47 s；测得的年度最大有效波高为 2.4 m，对应的有效波周期为 6.2 s。

通过 11 号浮标获取的气温、气压数据可以看出，长江口邻近海域月度变化特征与该海域常年季节气候变化特点基本吻合，气温平均值最低的月份为 2 月，年度最低气温（-6.1℃）出现在 1 月，气温平均值最高的月份为 8 月，并且在该时间段内观测到年度最高气温（31.8℃），这反映出该海域冬、夏季代表月的特征性明显。通过风速、风向数据，可以看出，该海域 6 级以上大风天数较黄海海域明显偏多，全年冬季盛行偏西北风，且 6 级以上大风天数较多，夏季盛行南西南风，6 级以上大风天数也不太少。测得的波浪数据主要为有效波高和有效波周期，根据数据统计得出年度有效波高平均值为 1.13 m，年度有效波周期平均值为 6.23 s；测得的年度最大有效波高为 5.5 m，对应的有效波周期为 9.7 s。

上述内容是对 2016 年度获取数据的简单概述，详细曲线特征信息各位读者可以参照图集正文对应的数据曲线，做深入的分析。

在本图集编著的过程中，吸取已经出版分册的数据质量控制经验，同样对原始数据进行了质量控制，但是依然存在由于观测浮标系统长时间锚系于海面，多变的天气、复杂的海况、海洋生物附着观测传感器及传感器自身的问题、通信不畅等诸多因素造成的观测数据中断现象。因此，在图集制作的过程中，如前所述，首先是选择数据获取较为完整的代表性浮标，其次是对原始数据进行了较为严格的质量控制，剔除明显有悖事实的数据；并对缺失数据情况做了简要说明。

本图集是集体劳动的结晶。自 2007 年黄海站、东海站开始建站以来，几十位管理与技术人员付出了艰辛的努力，中国科学院海洋研究所的孙松、侯一筠、王凡、任建明、宋金明等领导付出了很大的精力，先后指导了此项工作的实施，具体实施的技术人员包括刘长华、陈永华、贾思洋、王春晓、王旭、王彦俊、冯立强、张斌、李一凡、杨青军、张钦等。同时相关兄弟单位的管理和技术人员也给予了无私的帮助和关心，主要有上海市气象局的黄宁立、陈智强、费燕军，荣成楮岛水产有限公司的王军威，獐子岛集团股份有限公司的臧有才、赵学伟、张晓芳、杨殿群、张永国等，特向他们表示深深的感谢！

本图集由刘长华、王旭、贾思洋、王春晓和王彦俊等编制完成，刘长华负责图集整体构思、前言部分的撰写和通稿，王旭负责数据的整理、曲线绘制和各参数年度曲线特征的描述，王彦俊给予曲线绘制的技术支持，其他几位同志分别负责数据的质量控制、曲线的校正和修订以及原始数据的获取等工作，在此一并表示诚挚的感谢！

该图集虽然较以往出版的图集有很大改进，如编写内容的编排、曲线的进一步标准化、部分参数年度曲线特征的简单描述等，都是总结前几分册的不足而做的改进和提升。但是整体上与我们的设想仍相距甚远，与各位读者的要求也差距更大，尤其是获取数据的质量和连续性以及采用的数据获取技术方法，均有诸多欠缺和不足，敬请读者不吝赐教，批评指正！

刘长华

2020 年 10 月于青岛汇泉湾畔

中国科学院近海海洋观测研究网络黄海站、东海站观测数据图集Ⅶ

技术说明

《中国科学院近海海洋观测研究网络黄海站、东海站观测数据图集Ⅶ》根据黄海站和东海站对黄海海域、东海海域长期累积的观测数据编制完成。观测内容包括海洋气象、海洋水文、水质等参数。本图集系 2016 年 1—12 月间月度、年度所积累的观测数据，选择气温、气压、风速、风向、海表水温、海表盐度、有效波高和有效波周期等要素进行绘图。

黄海站、东海站主要通过布放在海上的锚泊式海洋观测研究浮标系统进行海洋参数的采集，黄海站、东海站长期安全在位运行浮标系统 20 余套。浮标系统主要搭载了风速风向仪、温湿仪、气压仪、能见度仪、声学多普勒流速剖面仪、波浪仪、温盐仪、叶绿素 - 浊度仪、溶解氧仪等观测设备，浮标的数据采集系统控制上述设备对中国近海海域的海洋气象参数、水文参数和水质参数等进行实时、动态、连续的观测，并通过 CDMA/GPRS 和北斗通信方式将观测数据传输至陆基站接收系统进行分类存储。

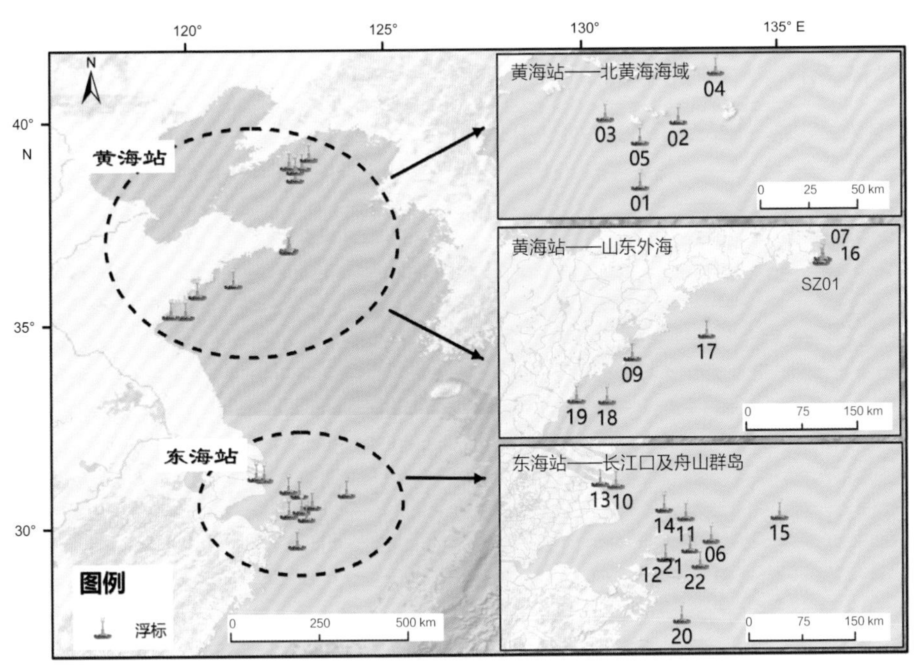

浮标分布图

海洋观测浮标系统的设计参照海洋行业标准《小型海洋环境监测浮标》（HY/T 143—2011）和《大型海洋环境监测浮标》（HY/T 142—2011）执行；观测仪器的选择参照《海洋水文观测仪器通用技术条件》（GB/T 13972—1992）执行。重要海洋气象、海洋水文、水质等参数的观测工作参照《海

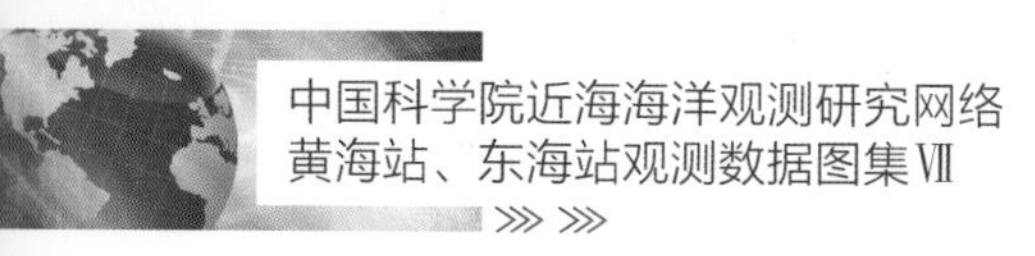

洋调查规范》（GB/T 12763—2007）和《海滨观测规范》（GB/T 14914—2006）执行。

一、数据采集设备

（一）温湿仪

观测气温使用的设备为美国 RM Young 公司生产的 41382LC 型温湿仪，气温测量采用高精度铂电阻温度传感器，观测范围为 −50 ～ 50℃，观测精度为 ±0.3℃，响应时间为 10 s。

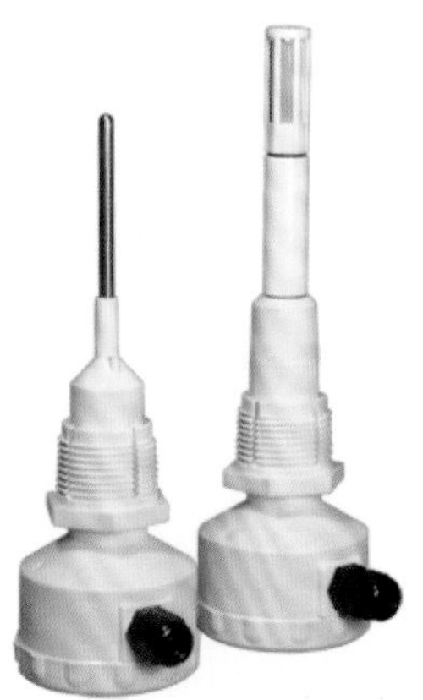

41382LC 型温湿仪

（二）气压仪

观测气压使用的设备为美国 RM Young 公司生产的 61302V 型气压仪，在浮标上使用时配备防风装置保证数据的稳定可靠，观测范围为 500 ～ 1 100 hPa，观测精度为 0.2 hPa（25℃）～ 0.3 hPa（−40 ～ 60℃）。

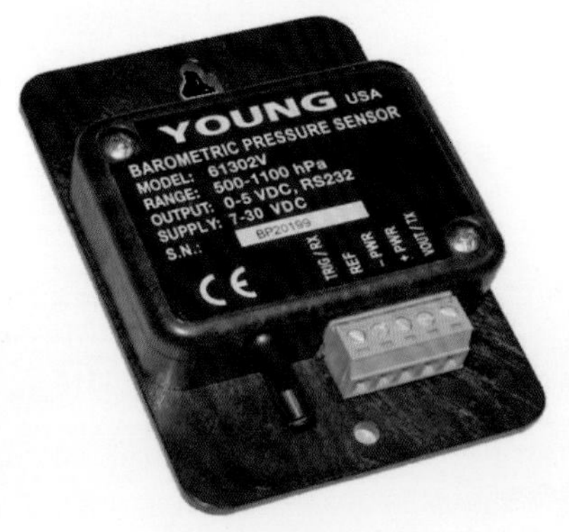

61302V 型气压仪

（三）温盐仪

浮标上安装的获取水温、盐度的设备为日本 JFE 公司生产的 ACTW-CAR 型温盐仪，该设备的电导率测量采用七电极探头并安装有可自动上下移动的防污清扫活刷，在每次测量时，活塞式清扫刷自动清洁探头内壁，从而有效防止生物附着，保证 2 ~ 3 个月不用维护也能获得稳定的测量数据。该设备水温测量范围为 -3 ~ 45℃，精度为 0.01℃；电导率测量范围为 2 ~ 70 mS/cm，精度为 0.01 mS/cm。

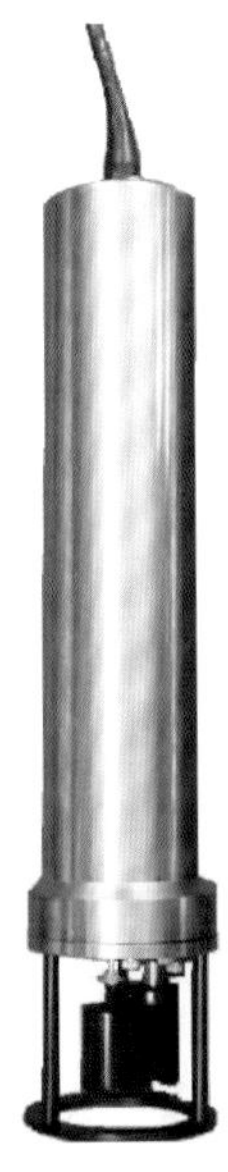

ACTW-CAR 型温盐仪

（四）波浪仪

浮标上安装的获取波浪相关（波高、波周期和波向）数据的设备为山东省海洋仪器仪表研究所研制的 SBY1-1 型波浪测量仪，采用最先进的三轴加速度计与数字积分算法，具备高精度、高可靠性、低功耗和稳定性好等特点。该设备波高的测量范围为 0.2 ~ 25.0 m，精度为 ±（0.1 + 10%H），H 为实测波高值；波周期的测量范围为 2.0 ~ 30.0 s，准确度为 ±0.25 s；波向的测量范围为 0° ~ 359°，准确度为 ±10°。浮标在位运行过程中，若遇到风平浪静或波周期极短的情况，实际波高或波周期数据超出设备测量范围时，波浪仪仅给出参考值，如波高小于 0.2 m 以及波周期小于 2.0 s 的参考数据。考虑到数据准确性问题，本图集对超出设备测量范围的波高和波周期仅用于曲线绘制，参考值不参与平均值计算。

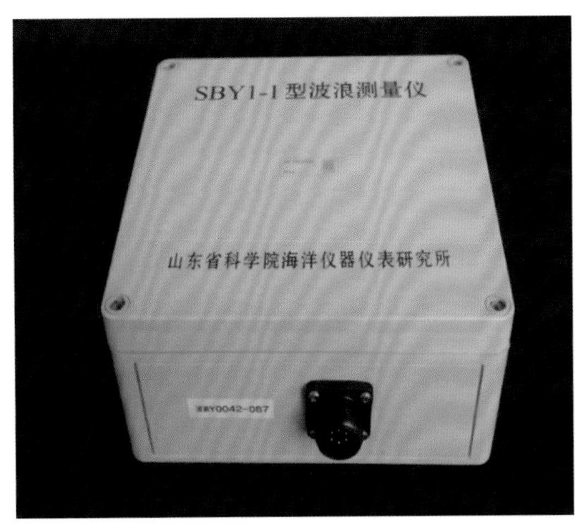

SBY1-1 型波浪测量仪

（五）风速风向仪

浮标安装的风速风向传感器为美国 RM Young 公司生产的 05106 型风速风向仪，是专门为海洋环境设计的增强型风速风向仪，能够适应海洋上高湿度、高盐度、高腐蚀性的环境，具有卓越的性能和优异的环境适应性，能够适应各种复杂的测量环境。同时它对强沙尘环境也拥有良好的适应性，拥有比同类型其他产品更高的使用寿命。该风速风向仪的风速测量范围为 0 ~ 100 m/s，精度为 ±0.3 m/s 或读数的 1%，启动风速为 1.1 m/s；风向测量范围为 0° ~ 359°，精度为 ±3°。

05106 型风速风向仪

二、数据采集方法及采样周期

常规观测参数采集频率为每 10 min 1 次（波浪参数每 30 min 1 次），数据传输间隔可设置为 10 min、30 min、60 min（可选）。

（一）气象观测

1. 风

采用双传感器工作。每点次进行风速、风向观测，观测参数为：每 1 min 风速和风向、最大风速、最大风速的风向、最大风速出现的时间、极大风速、极大风速的时间、瞬时风速、瞬时风向、10 min 平均风速、10 min 平均风向、2 min 平均风速和 2 min 平均风向。风速单位：m/s。风向单位：（°）。

项　目	采样长度 / min	采样间隔 / s	采样数量 / 次
10 min 平均风速	10	1	600
10 min 平均风向	10	1	600

2. 气温与湿度

每 10 min 观测 1 次。

项　目	采样长度 / min	采样间隔 / s	采样数量 / 次
气温	4	6	40
湿度	4	6	40

3. 气压与能见度

每 10 min 观测 1 次。

项　目	采样长度 / min	采样间隔 / s	采样数量 / 次
气压	4	6	40
能见度	4	6	40

（二）水文观测

1. 波浪

每 30 min 观测 1 次，观测内容：有效波高和对应周期、最大波高和对应周期、平均波高和对应周期、十分之一波高和对应周期及波向（每 10° 区间出现的概率，并确定主要波向）。

2. 剖面流速流向

每 10 min 观测 1 次。

3. 水温、盐度

每 10 min 观测 1 次。

（三）水质观测

浊度、叶绿素、溶解氧

每 10 min 观测 1 次。

三、英文缩写范例

气温：AT，Air Temperature	风速：WS，Wind Speed
气压：AP，Air Pressure	风向：WD，Wind Direction
水温：WT，Water Temperature	有效波高：SignWH，Significant Wave Height
盐度：SL，Salinity	有效波周期：SignWP，Significant Wave Period

01 号浮标

03 号浮标

06 号浮标

07 号浮标

09 号浮标

11 号浮标

17 号浮标

19 号浮标

目 录

气象观测

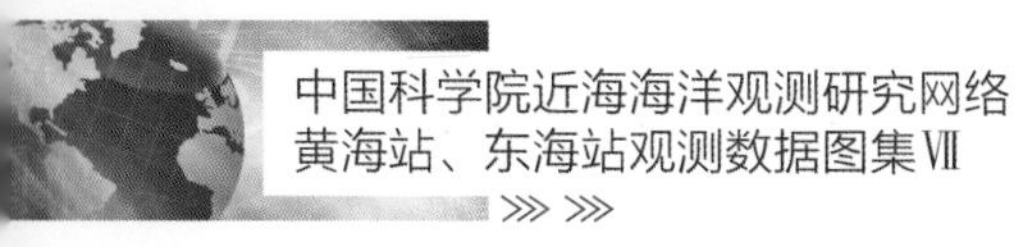

2016年度01号浮标观测数据概述及曲线
（气温和气压）

01号浮标位于中国近海观测研究网络黄海站观测范围最北端的海域（38°45′N，122°45′E），是一套直径3 m的圆盘形综合观测平台。可获取的观测参数包括气象、水文和水质，气温和气压数据是气象参数中的重要观测内容。

2016年，01号浮标共获取265天的气温和气压长序列观测数据。获取数据的区间共四个时间段，具体为4月6日07:00至22日12:00、4月24日14:30至9月1日14:30、9月5日11:00至11月27日06:30、11月29日21:30至12日31日23:30。

通过对获取数据质量控制和分析，01号浮标观测海域本年度气温、气压数据和季节数据特征如下：年度气温数据平均值为15.41℃，年度气压数据平均值为1 011.49 hPa。测得的全年最高气温和最低气温分别为28.9℃（8月4日13:30）和−5.6℃（12月27日11:00）；测得的全年最高气压和最低气压分别为1 033.2 hPa（11月9日08:30—09:00）和980.7 hPa（5月3日07:30）。以5月为春季代表月，观测海域春季的平均气温是12.76℃，平均气压是1 007.65 hPa；以8月为夏季代表月，观测海域夏季的平均气温是25.78℃，平均气压是1 004.17 hPa；以11月为秋季代表月，观测海域秋季的平均气温是7.81℃，平均气压是1 020.62 hPa。

2016年，01号浮标布放海域月度气温、气压变化特征与该海域常年季节气候变化特点基本吻合。浮标观测的气温、气压的月平均值和最高值、最低值数据参见表1。从表1中可以看出，气温平均值最低的月份为12月，并且在该时间段内观测到年度最低气温（−5.6℃），气温平均值最高的月份为8月，并且在该时间段内观测到年度最高气温（28.9℃）。气压平均值最低的月份为7月，年度最低气压（980.7 hPa）出现在5月，气压平均值最高的月份为12月，年度最高气压（1 033.2 hPa）出现在11月。从月度气温、气压的变化情况分析，气温变化最为剧烈的是10月，最高温度为21.6℃，最低温度为1.8℃，变化幅度为19.8℃，气压变化最为剧烈的是5月，最高气压为1 022.6 hPa，最低气压为980.7 hPa，变化幅度为41.9 hPa；比较而言，气温变化幅度较小的月份是7月，最高温度为26.1℃，最低温度为19.2℃，变化幅度为6.9℃，气压变化幅度较小的月份是6月，最高气压为1 010.8 hPa，最低气压为993.9 hPa，变化幅度为16.9 hPa。

2016年，01号浮标共记录到2次寒潮过程。第一次寒潮过程，01号浮标观测到10月30日19:00（15.6℃）至31日11:30（1.8℃），16.5 h内气温下降了13.8℃，寒潮期间气压最高值为

1 032.3 hPa（10 月 31 日 09:30）；第二次寒潮过程，01 号浮标观测到 12 月 12 日 14:30 （8.5℃）至 14 日 10:00 （−3.9℃），43.5 h 内气温下降 12.4℃，寒潮期间气压最高值为 1 029.7 hPa（12 月 15 日 19:00），0℃以下气温持续时长为 69.5 h（12 月 13 日 10:30 至 16 日 08:00）。

表 1　01 号浮标各月份气温、气压观测数据情况详表

月份	气温 / ℃			气压 / hPa			备注
	平均	最高	最低	平均	最高	最低	
1	—	—	—	—	—	—	浮标大修，无数据
2	—	—	—	—	—	—	冬季代表月 浮标大修，无数据
3	—	—	—	—	—	—	浮标大修，无数据
4	8.90	14.2	4.3	1 010.01	1 021.3	997.5	浮标大修，缺测 6 天数据
5	12.76	20.9	7.2	1 007.65	1 022.6	980.7	春季代表月
6	19.60	24.7	15.6	1 004.20	1 010.8	993.9	
7	22.92	26.1	19.2	1 003.88	1 012.9	995.7	
8	25.78	28.9	18.3	1 004.17	1 010.5	988.6	夏季代表月
9	21.07	25.0	13.6	1 011.89	1 020.1	991.8	传感器故障，缺测 3 天数据
10	15.39	21.6	1.8	1 017.90	1 032.9	1 006.9	记录 1 次寒潮过程
11	7.81	15.1	−3.9	1 020.62	1 033.2	1 004.5	秋季代表月，传感器故障， 缺测 1 天数据
12	3.00	10.3	−5.6	1 023.51	1 032.8	1 008.1	记录 1 次寒潮过程

01 号浮标 2016 年气温、气压观测数据曲线
AT and AP of 01 buoy in 2016

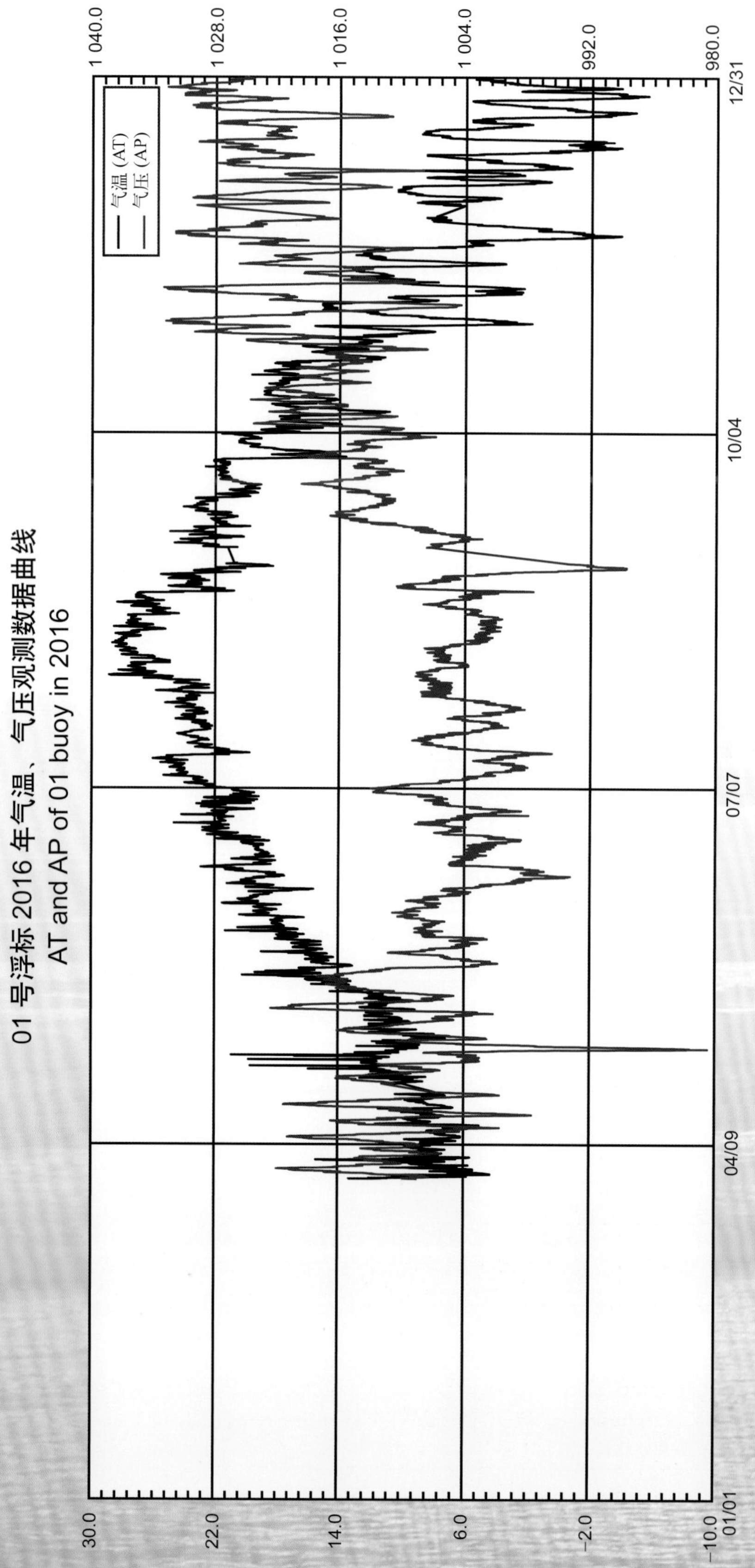

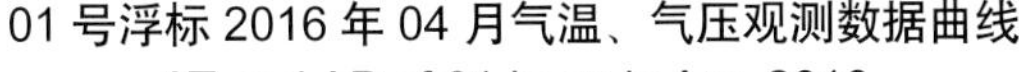

01 号浮标 2016 年 04 月气温、气压观测数据曲线
AT and AP of 01 buoy in Apr. 2016

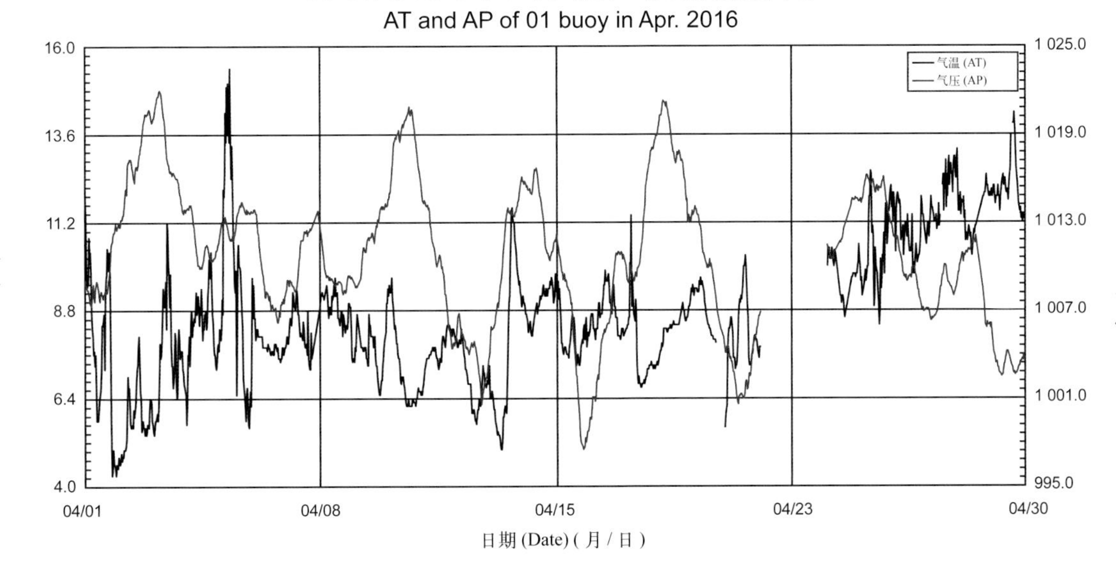

01 号浮标 2016 年 05 月气温、气压观测数据曲线
AT and AP of 01 buoy in May 2016

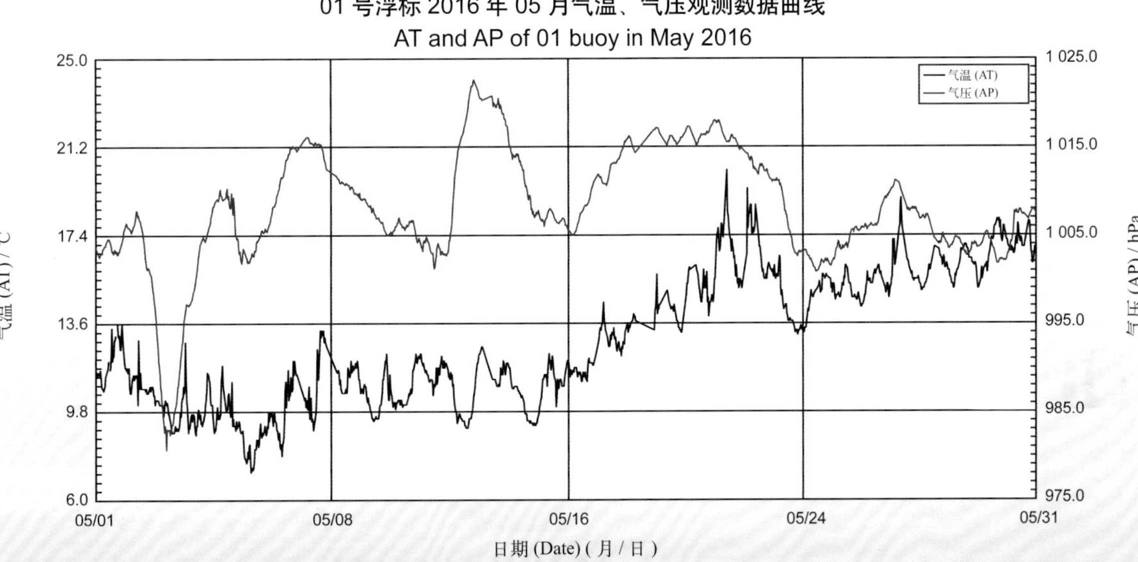

01 号浮标 2016 年 06 月气温、气压观测数据曲线
AT and AP of 01 buoy in Jun. 2016

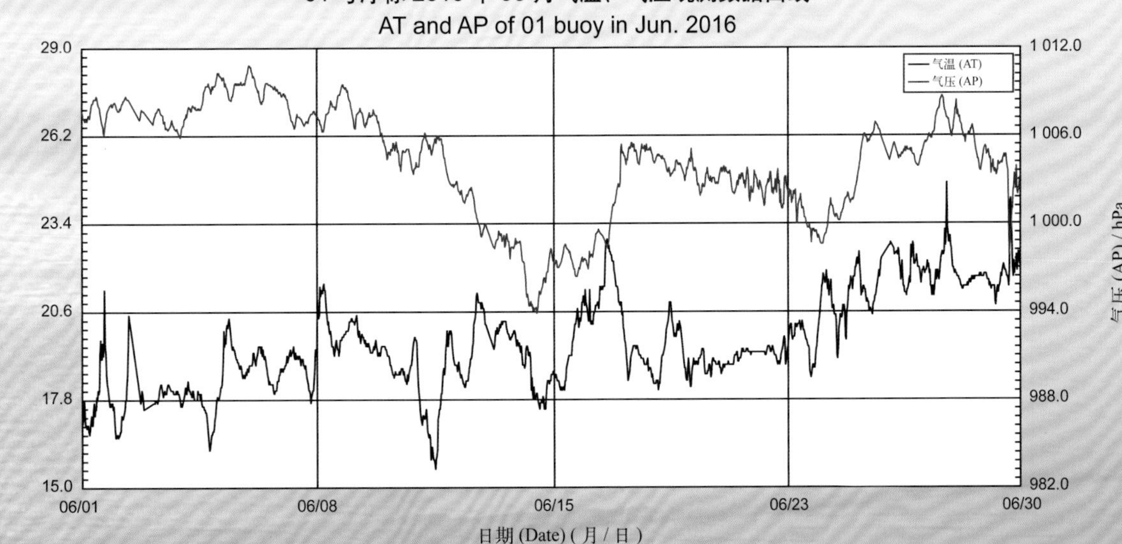

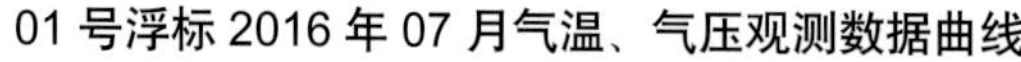

01 号浮标 2016 年 07 月气温、气压观测数据曲线
AT and AP of 01 buoy in Jul. 2016

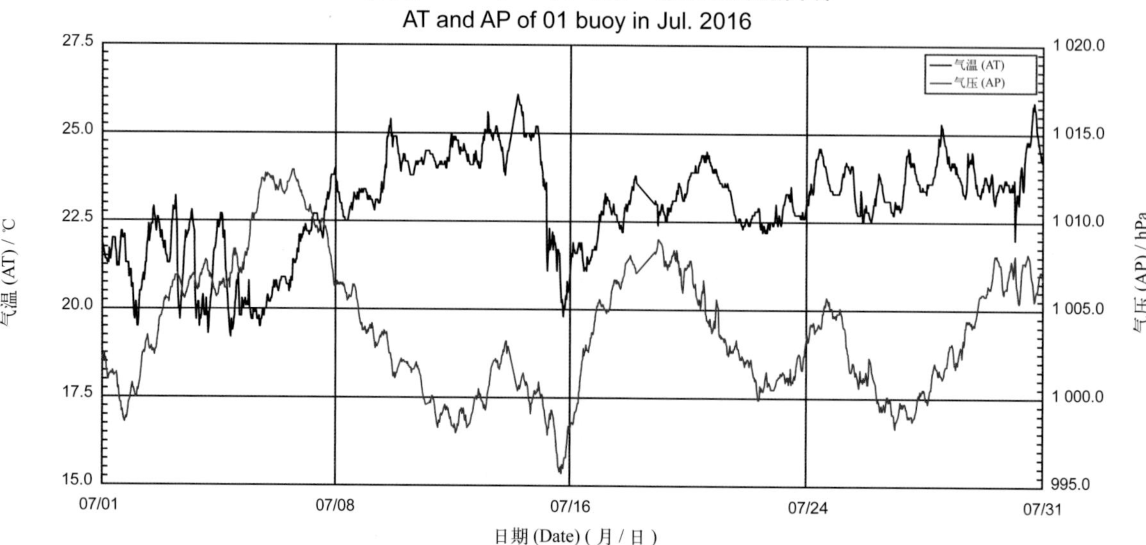

01 号浮标 2016 年 08 月气温、气压观测数据曲线
AT and AP of 01 buoy in Aug. 2016

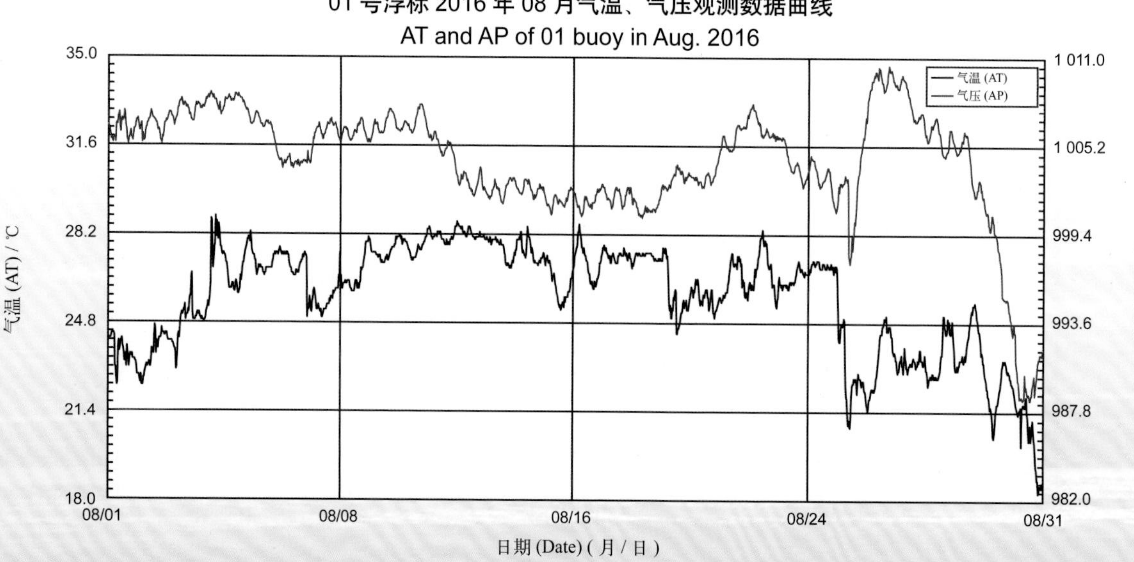

01 号浮标 2016 年 09 月气温、气压观测数据曲线
AT and AP of 01 buoy in Sep. 2016

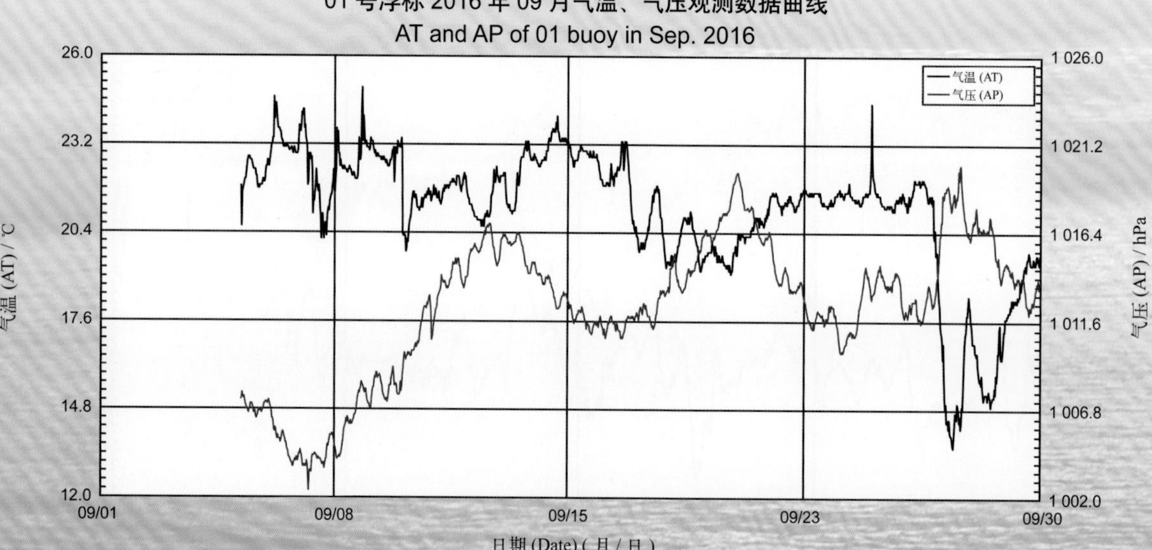

01 号浮标 2016 年 10 月气温、气压观测数据曲线
AT and AP of 01 buoy in Oct. 2016

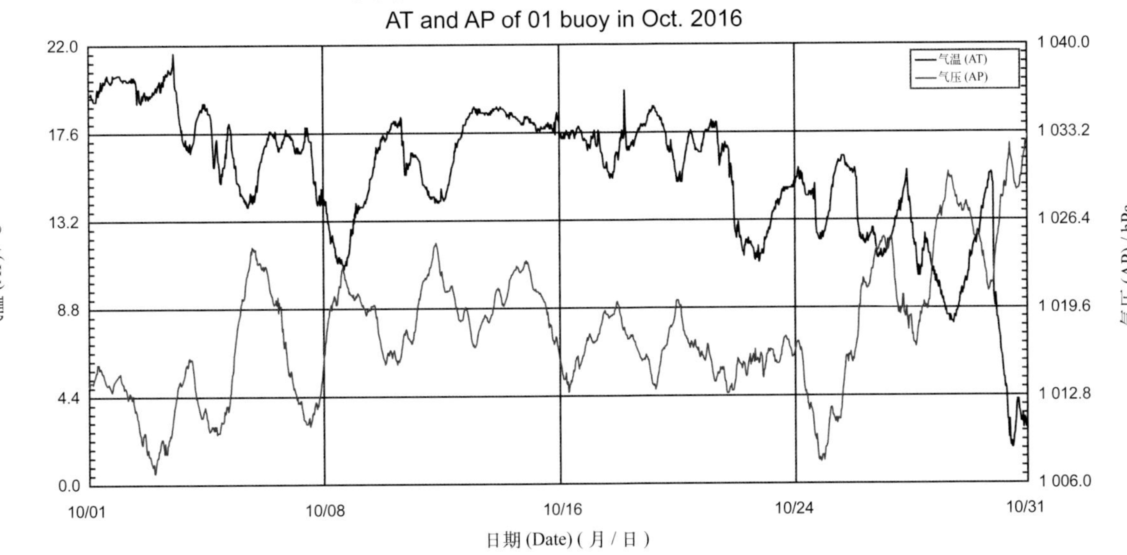
气温 (AT)
气压 (AP)
22.0
17.6
13.2
8.8
4.4
0.0
1 040.0
1 033.2
1 026.4
1 019.6
1 012.8
1 006.0
气温 (AT) / ℃
气压 (AP) / hPa
10/01
10/08
10/16
10/24
10/31
日期 (Date) (月 / 日)

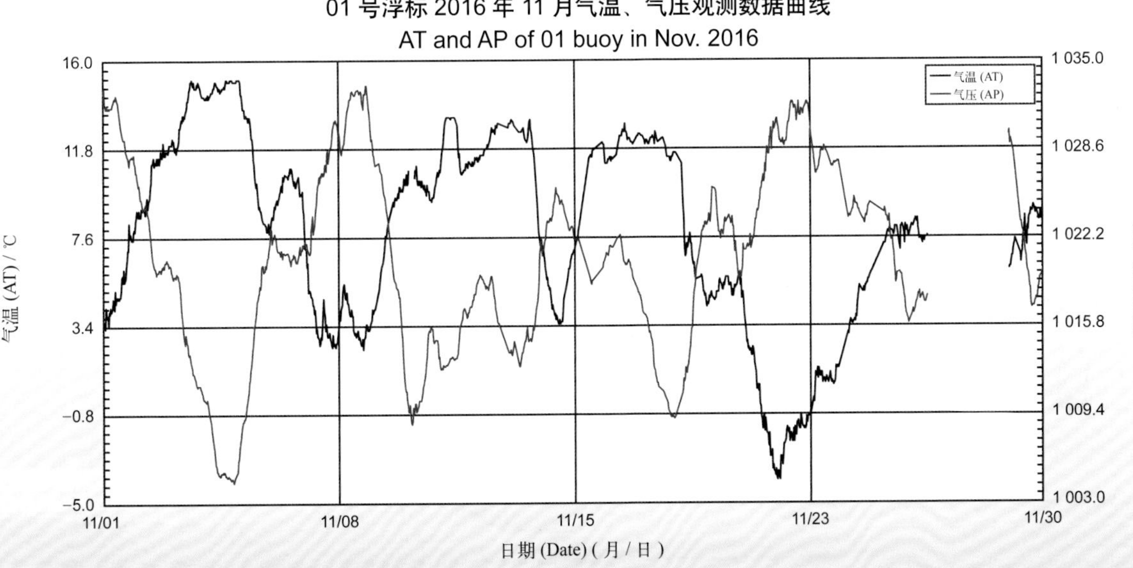
01 号浮标 2016 年 11 月气温、气压观测数据曲线
AT and AP of 01 buoy in Nov. 2016
气温 (AT)
气压 (AP)
16.0
11.8
7.6
3.4
−0.8
−5.0
1 035.0
1 028.6
1 022.2
1 015.8
1 009.4
1 003.0
气温 (AT) / ℃
气压 (AP) / hPa
11/01
11/08
11/15
11/23
11/30
日期 (Date) (月 / 日)

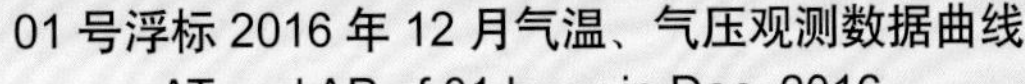
01 号浮标 2016 年 12 月气温、气压观测数据曲线
AT and AP of 01 buoy in Dec. 2016

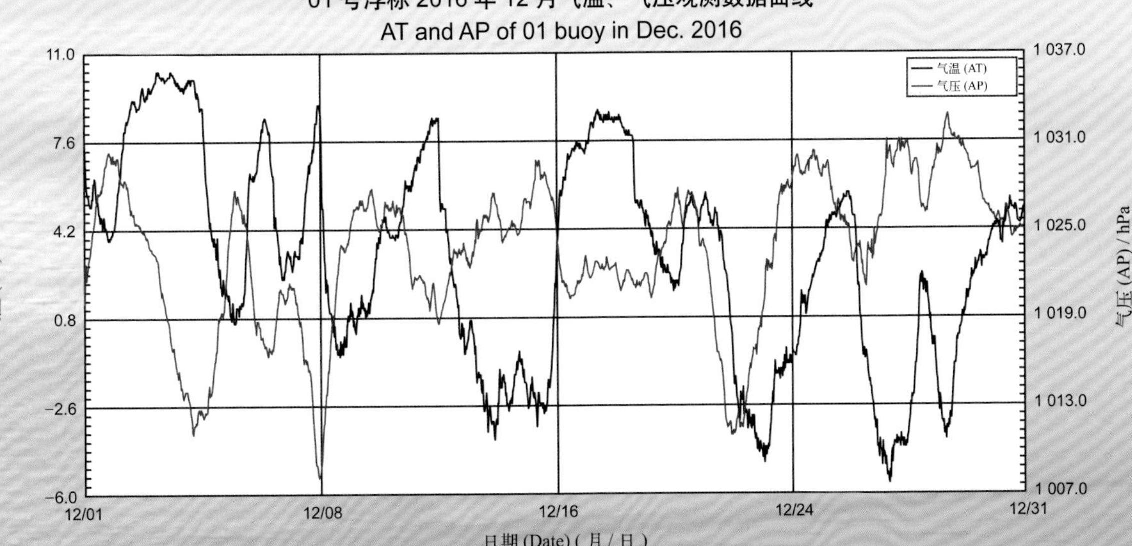
气温 (AT)
气压 (AP)
11.0
7.6
4.2
0.8
−2.6
−6.0
1 037.0
1 031.0
1 025.0
1 019.0
1 013.0
1 007.0
气温 (AT) / ℃
气压 (AP) / hPa
12/01
12/08
12/16
12/24
12/31
日期 (Date) (月 / 日)

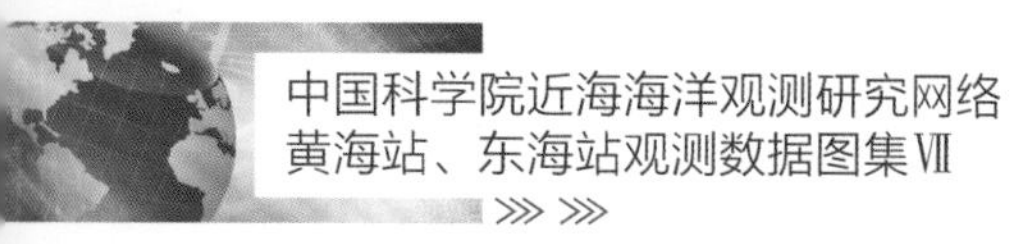

2016 年度 06 号浮标观测数据概述及曲线
（气温和气压）

06 号浮标位于东海舟山嵊山岛海礁附近海域（30°43′N，123°08′E），是一套直径 10 m 的圆盘形综合观测平台。可获取的观测参数包括气象、水文和水质，气温和气压数据是气象参数中的重要观测内容。

2016 年，06 号浮标共获取 242 天气温和气压长序列观测数据。获取数据的区间共三个时间段，具体为 4 月 30 日 05:00 至 9 月 1 日 14:30、9 月 5 日 11:30 至 11 月 27 日 07:00、11 月 29 日 14:30 至 12 月 31 日 23:30。

通过对获取数据质量控制和分析，06 号浮标观测海域本年度气温、气压数据和季节数据特征如下：年度气温数据平均值为 20.54℃，年度气压数据平均值为 1 013.16 hPa。测得的全年最高气温和最低气温分别为 30.8℃（8 月 16 日 15:30）和 5.8℃（12 月 27 日 16:00）；测得的全年最高气压和最低气压分别为 1 033.5 hPa（12 月 29 日 21:30）和 998.6 hPa（5 月 3 日 01:30、7 月 15 日 18:30）。以 5 月为春季代表月，观测海域春季的平均气温是 17.62℃，平均气压是 1 011.51 hPa；以 8 月为夏季代表月，观测海域夏季的平均气温是 27.33℃，平均气压是 1 005.49 hPa；以 11 月为秋季代表月，观测海域秋季的平均气温是 16.09℃，平均气压是 1 021.37 hPa。

2016 年，06 号浮标布放海域月度气温、气压变化特征与该海域常年季节气候变化特点基本吻合。浮标观测的气温、气压的月平均值和最高值、最低值数据参见表 2。从表 2 中可以看出，已观测到的数据中气温平均值最低的月份为 12 月，并且在该时间段内观测到年度最低气温（5.8℃），气温平均值最高的月份为 8 月，并且在该时间段内观测到年度最高气温（30.8℃）。气压平均值最低的月份为 8 月，年度最低气压（998.6 hPa）出现在 5 月和 7 月，气压平均值最高的月份为 12 月，并且在该时间段内观测到年度最高气压（1 033.5 hPa）。从月度气温、气压的变化情况分析，气温变化最为剧烈的是 12 月，最高温度为 18.4℃，最低温度为 5.8℃，变化幅度为 12.6℃，气压变化最为剧烈的是 10 月，最高气压为 1 029.5 hPa，最低气压为 1 002.3 hPa，变化幅度为 27.2 hPa；比较而言，气温变化幅度较小的月份是 9 月，最高温度为 26.3℃，最低温度为 21.4℃，变化幅度为 4.9℃，气压变化幅度较小的月份是 8 月，最高气压为 1 009.2 hPa，最低气压为 1 002.1 hPa，变化幅度为 7.1 hPa。

2016 年，06 号浮标共记录了 3 次台风过程。06 号浮标分别于 9 月 15—18 日、9 月 18—21 日、10 月 3—6 日，获取到第 14 号超强台风“莫兰蒂”、第 16 号强台风“马勒卡”、第 18 号超强台风“暹芭”的相关数据，获取到相应的最低气压分别为 1 005.9 hPa（9 月 16 日 18:30）、1 004.6 hPa（9 月 19 日 02:00）、1 003.9 hPa（10 月 4 日 15:30、17:00）。

表2　06号浮标各月份气温、气压观测数据情况详表

月份	气温 / ℃			气压 / hPa			备注
	平均	最高	最低	平均	最高	最低	
1	—	—	—	—	—	—	浮标大修，无数据
2	—	—	—	—	—	—	冬季代表月，浮标大修，无数据
3	—	—	—	—	—	—	浮标大修，缺测29天数据
4	—	—	—	—	—	—	浮标大修，无数据
5	17.62	21.5	13.4	1 011.51	1 021.2	998.6	春季代表月
6	20.99	25.3	16.5	1 007.46	1 013.3	999.6	
7	25.83	28.8	23.2	1 006.43	1 014.2	998.6	
8	27.33	30.8	23.8	1 005.49	1 009.2	1 002.1	夏季代表月
9	23.76	26.3	21.4	1 011.59	1 019.9	1 001.5	传感器故障，缺测3天数据，记录2次台风过程
10	21.42	26.2	15.6	1 016.23	1 029.5	1 002.3	记录1次台风过程
11	16.09	21.7	9.4	1 021.37	1 030.7	1 012.4	秋季代表月，传感器故障，缺测1天数据
12	12.01	18.4	5.8	1 025.08	1 033.5	1 013.9	

06 号浮标 2016 年气温、气压观测数据曲线
AT and AP of 06 buoy in 2016

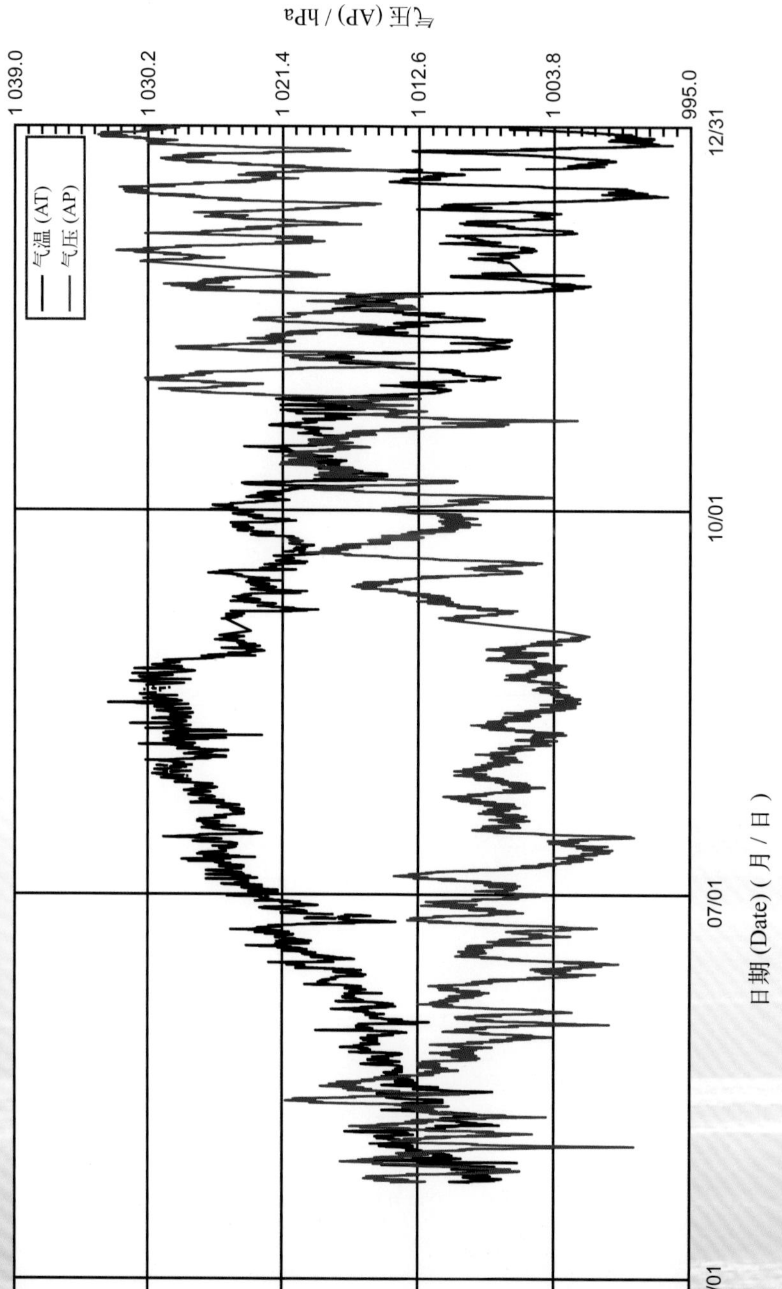

气温 (AT)
气压 (AP)

气温 (AT) / ℃
35.0
29.0
23.0
17.0
11.0
5.0

气压 (AP) / hPa
1 039.0
1 030.2
1 021.4
1 012.6
1 003.8
995.0

01/01
04/01
07/01
10/01
12/31

日期 (Date) (月 / 日)

06 号浮标 2016 年 05 月气温、气压观测数据曲线
AT and AP of 06 buoy in May 2016

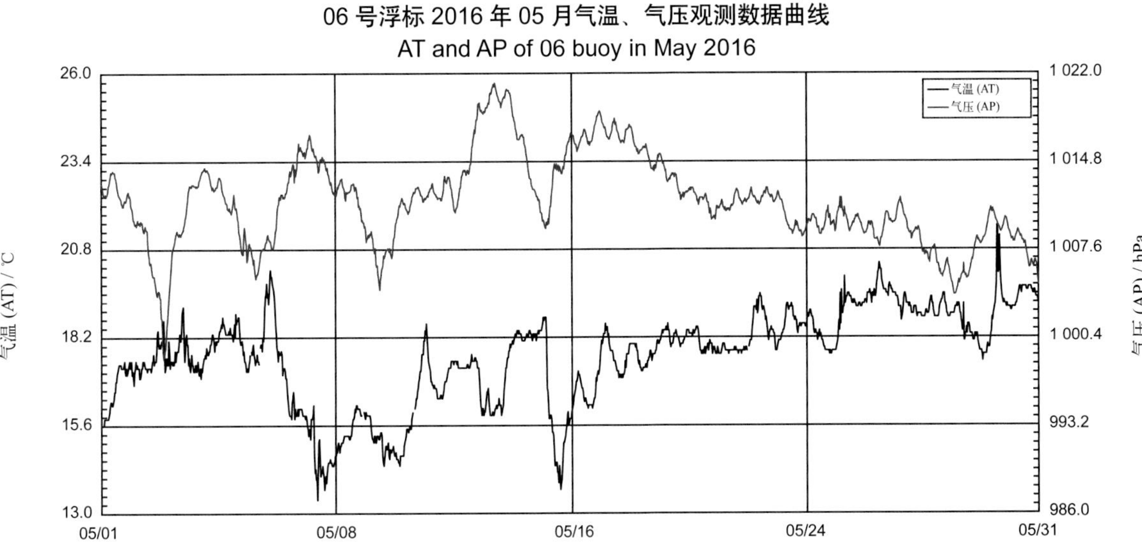

06 号浮标 2016 年 06 月气温、气压观测数据曲线
AT and AP of 06 buoy in Jun. 2016

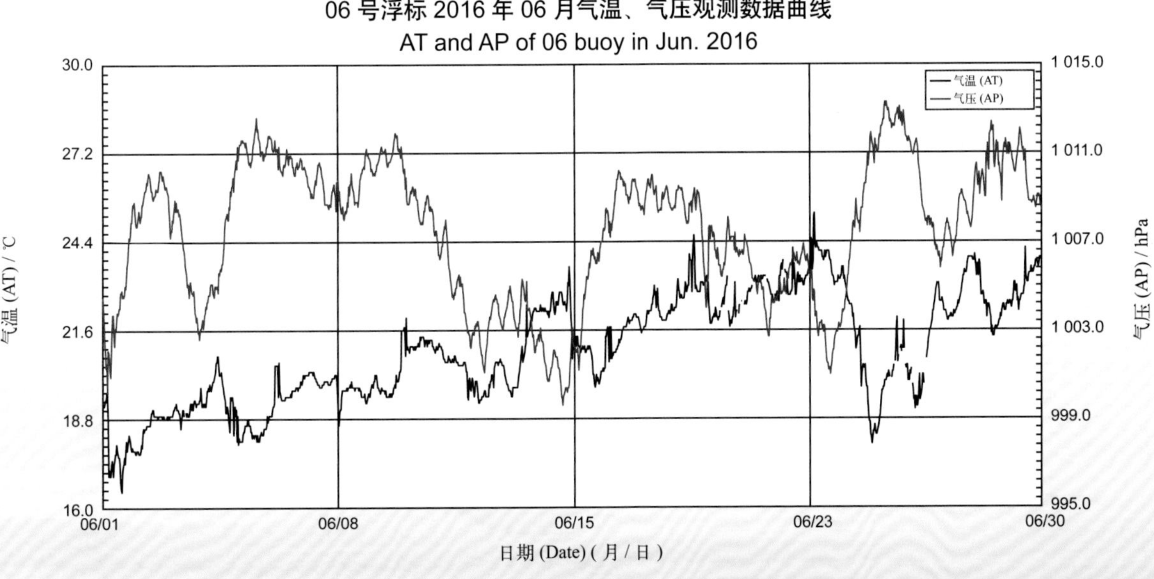

06 号浮标 2016 年 07 月气温、气压观测数据曲线
AT and AP of 06 buoy in Jul. 2016

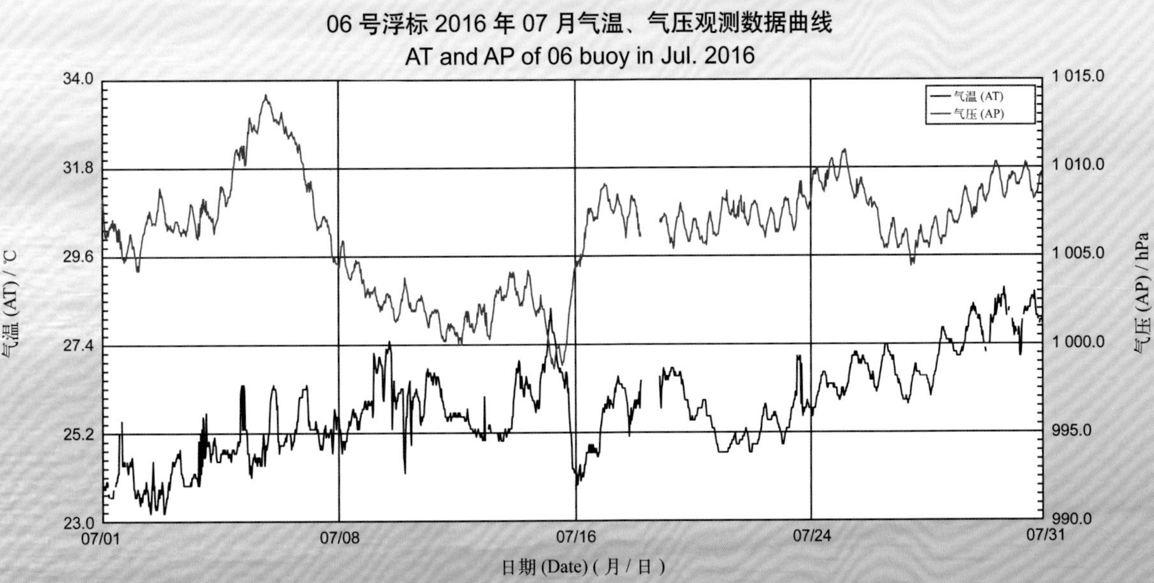

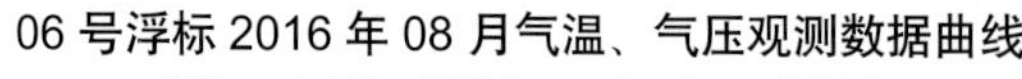

06 号浮标 2016 年 08 月气温、气压观测数据曲线
AT and AP of 06 buoy in Aug. 2016

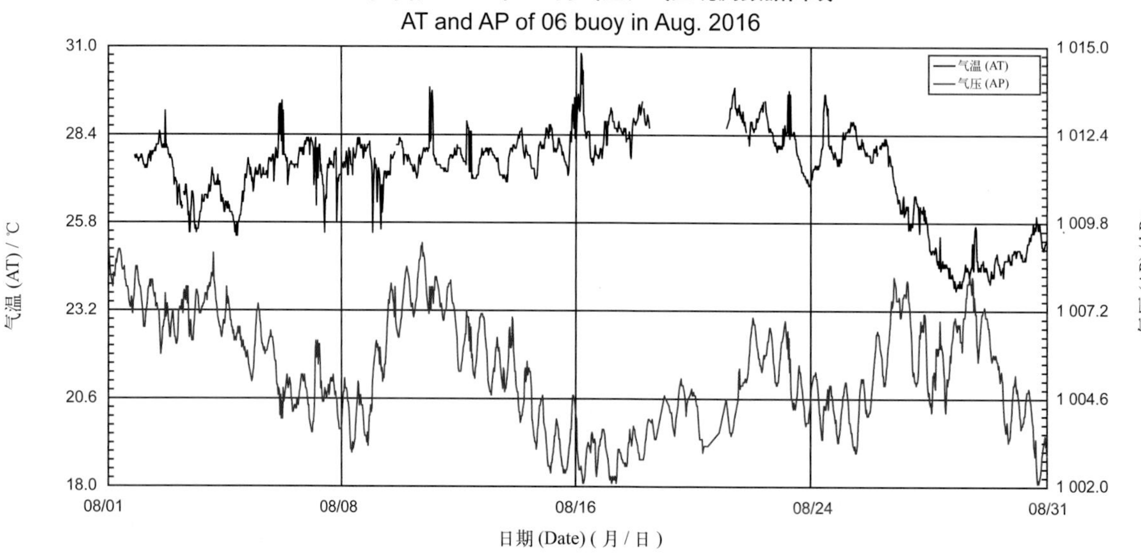

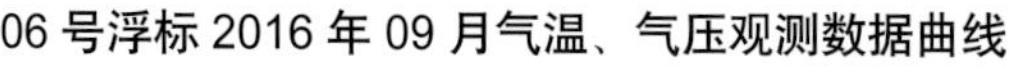

06 号浮标 2016 年 09 月气温、气压观测数据曲线
AT and AP of 06 buoy in Sep. 2016

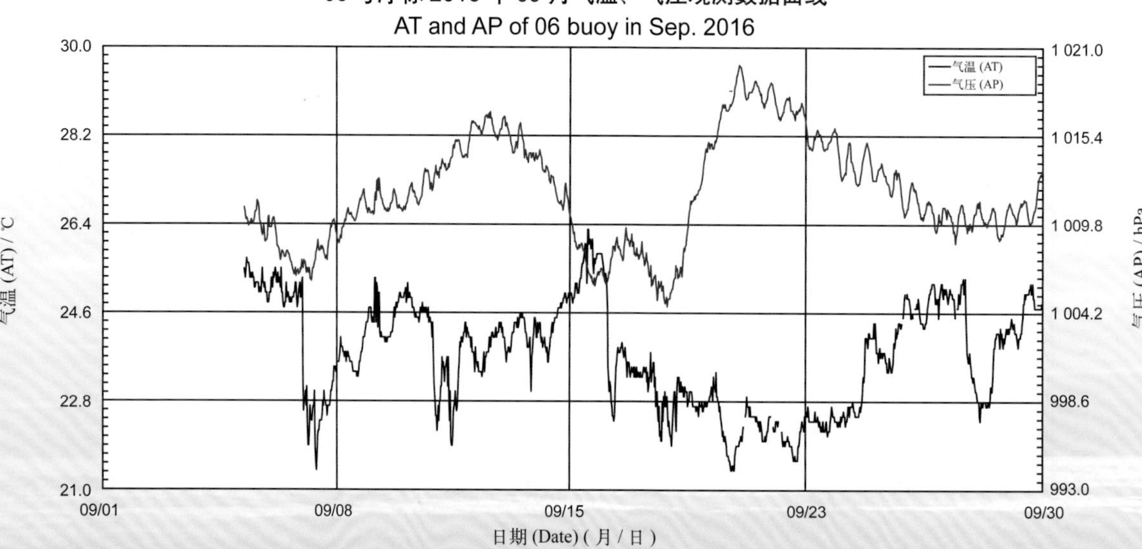

06 号浮标 2016 年 10 月气温、气压观测数据曲线
AT and AP of 06 buoy in Oct. 2016

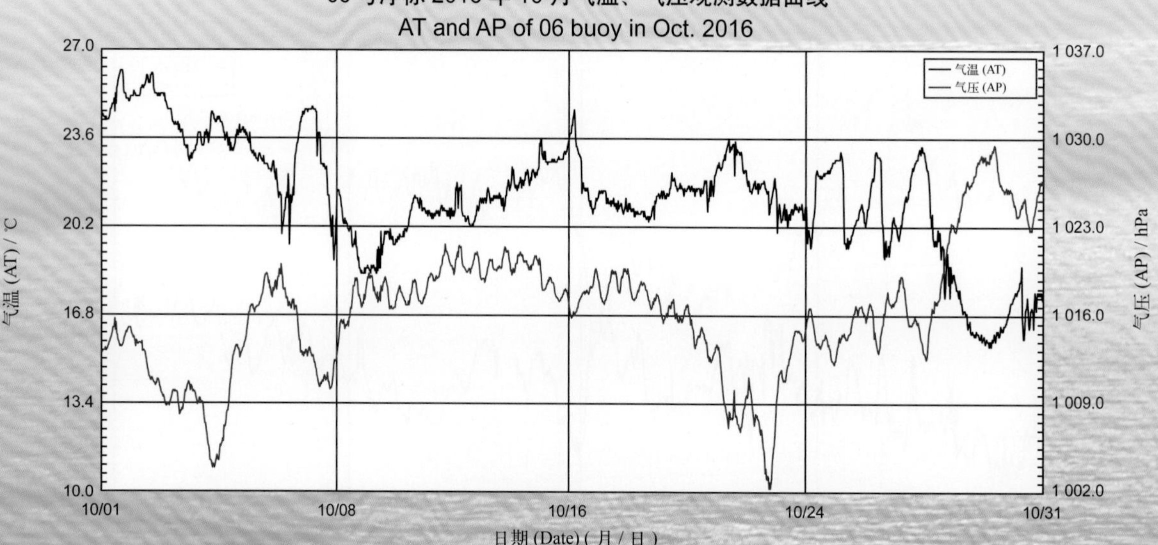

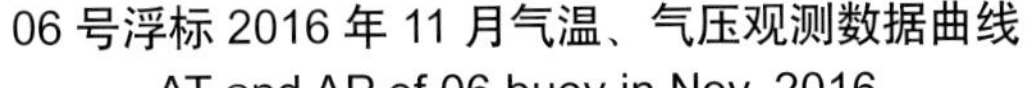

06 号浮标 2016 年 11 月气温、气压观测数据曲线
AT and AP of 06 buoy in Nov. 2016

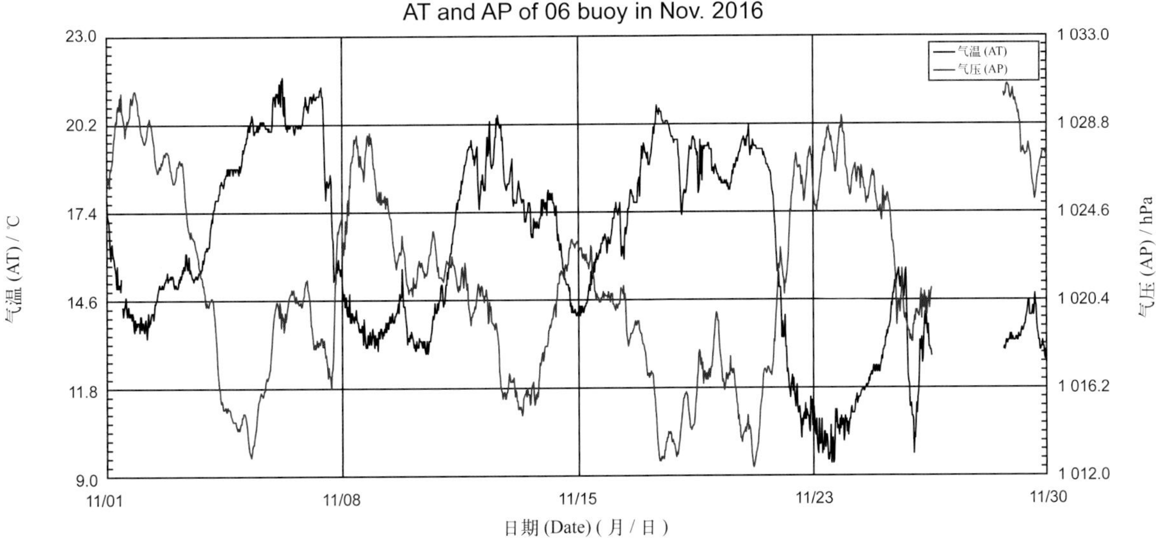

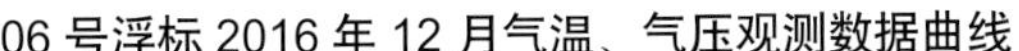

06 号浮标 2016 年 12 月气温、气压观测数据曲线
AT and AP of 06 buoy in Dec. 2016

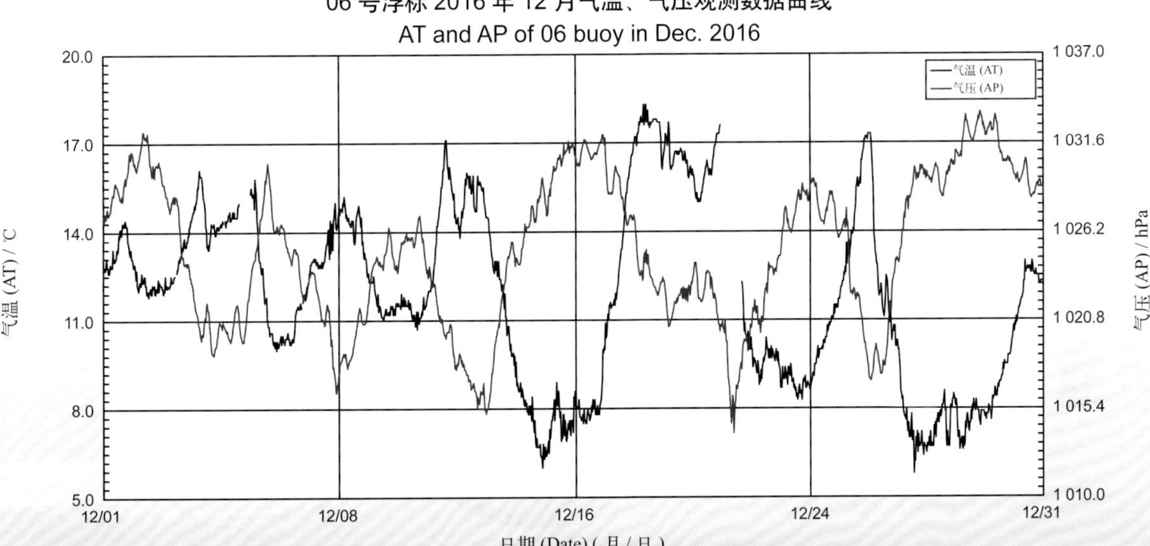

2016年度07号浮标观测数据概述及曲线
（气温和气压）

07号浮标位于黄海荣成楮岛附近海域（37°04′N，122°35′E），是一套直径3 m的圆盘形综合观测平台。可获取的观测参数包括气象、水文和水质，气温和气压数据是气象参数中的重要观测内容。

2016年，07号浮标共获取331天的气温和气压长序列观测数据。获取数据的区间共三个时间段，具体为1月1日00:00至5月26日11:10、6月30日14:30至11月27日13:10、11月29日07:20至12月31日23:50。

通过对获取数据质量控制和分析，07号浮标观测海域本年度气温、气压数据和季节数据特征如下：年度气温数据平均值为12.30℃，年度气压数据平均值为1 017.92 hPa。测得的全年最高气温和最低气温分别为29.9℃（8月21日11:30）和−11.6℃（1月23日20:20）；测得的全年最高气压和最低气压分别为1 041.2 hPa（2月24日08:40—08:50、09:30）和987.5 hPa（5月3日05:20）。以2月为冬季代表月，观测海域冬季的平均气温是0.95℃，平均气压是1 026.95 hPa；以5月为春季代表月，观测海域春季的平均气温是13.55℃，平均气压是1 012.19 hPa；以8月为夏季代表月，观测海域夏季的平均气温是24.24℃，平均气压是1 006.94 hPa；以11月为秋季代表月，观测海域秋季的平均气温是9.80℃，平均气压是1 024.03 hPa。

2016年，07号浮标布放海域月度气温、气压变化特征与该海域常年季节气候变化特点基本吻合。浮标观测的气温、气压的月平均值和最高值、最低值数据参见表3。从表3中可以看出，气温平均值最低的月份为1月，并且在该时间段内出现了年度最低气温（−11.6℃），气温平均值最高的月份为8月，并且在该时间段内出现了年度最高气温（29.9℃）。气压平均值最低的月份为7月，年度最低气压（987.5 hPa）出现在5月，气压平均值最高的月份为1月，年度最高气压（1 041.2 hPa）出现在2月。从月度气温、气压的变化情况分析，气温变化最为剧烈的是1月，最高温度为8.0℃，最低温度为−11.6℃，变化幅度为19.6℃，气压变化最为剧烈的是5月，最高气压为1 025 hPa，最低气压为987.5 hPa，变化幅度为37.5 hPa；比较而言，气温变化幅度较小的月份是7月，最高温度为26.6℃，最低温度为17.9℃，变化幅度为8.7℃，气压变化幅度较小的月份为8月，最高气压为1 012.0 hPa，最低气压为993.2 hPa，变化幅度为18.8 hPa。

2016年，07号浮标记录到1次显著的冷空气过程。07号浮标观测到自1月17日16:40开始气温数据下降到 0℃以下，1 月 23 日 20:20 下降到年度最低值（−11.6℃），0℃以下的气温一直持续到 1 月 27 日 11:40，寒潮期间 −5℃以下的气温累计时长为 98.5 h（1 月 18 日 07:40 至 19 日 21:10、1 月 22 日 21:30 至 25 日 10:30），寒潮期间最高气压为 1 026.4 hPa（1 月 19 日 02:30）。

表 3　07 号浮标各月份气温、气压观测数据情况详表

月份	气温 / ℃			气压 / hPa			备注
	平均	最高	最低	平均	最高	最低	
1	−0.54	8.0	−11.6	1 028.10	1 039.2	1 017.4	记录 1 次冷空气过程
2	0.95	6.7	−5.3	1 026.95	1 041.2	1 007.3	冬季代表月
3	4.51	12.5	−3.9	1 023.23	1 034.1	1 011.5	
4	9.32	17.2	4.9	1 013.97	1 025.0	993.2	
5	13.55	20.6	9.9	1 012.19	1 025.0	987.5	春季代表月，浮标大修，缺测 5 天数据
6	—	—	—	—	—	—	浮标大修，缺测 29 天数据
7	21.97	26.6	17.9	1 006.57	1 015.1	993.7	
8	24.24	29.9	20.8	1 006.94	1 012.0	993.2	夏季代表月
9	22.66	26.0	16.7	1 013.39	1 022.1	993.9	
10	17.33	22.5	5.6	1 021.14	1 035.1	1 007.8	
11	9.80	18.4	0.2	1 024.03	1 036.3	1 009.0	秋季代表月，传感器故障缺测 1 天数据
12	4.72	12.2	−2.4	1 026.85	1 035.9	1 012.7	

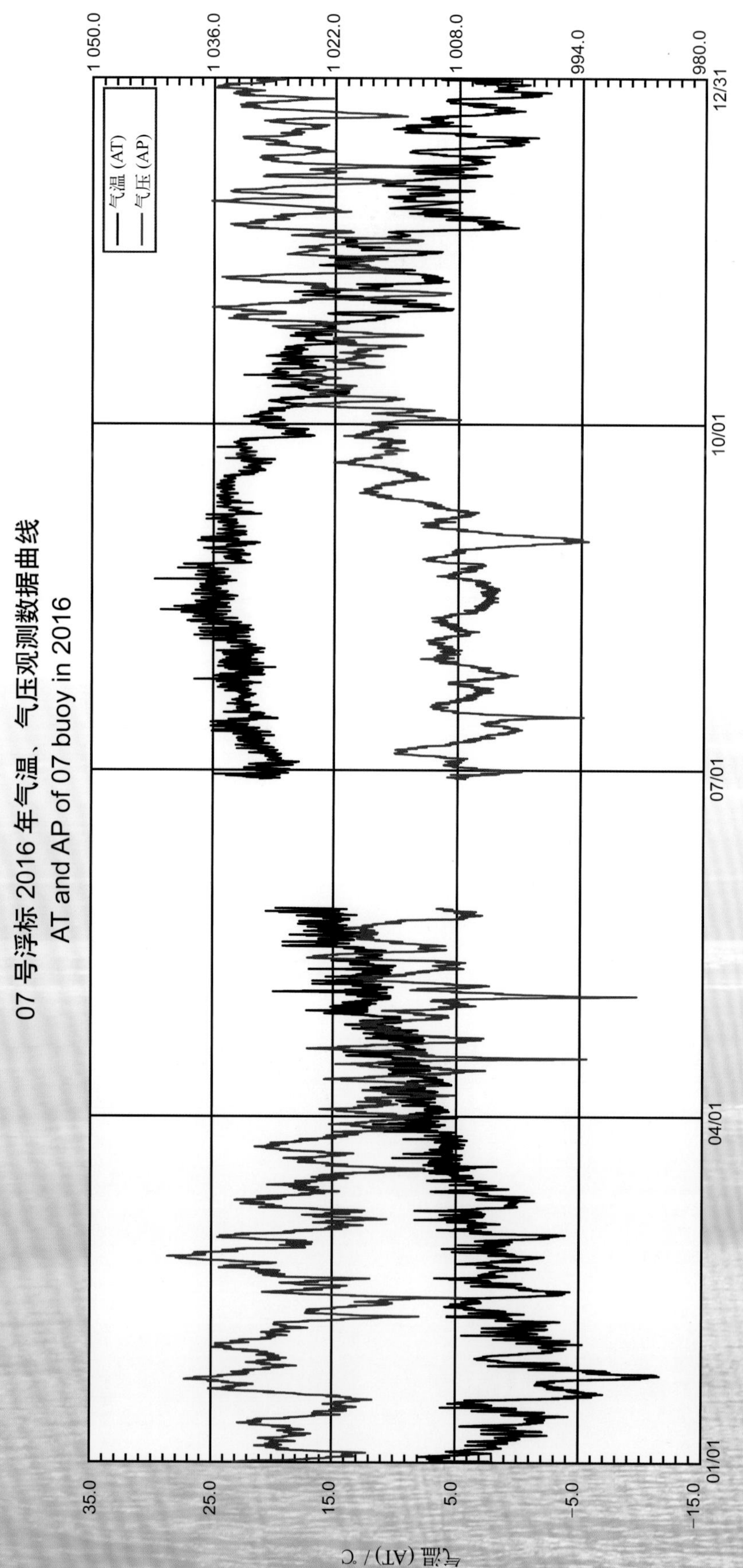
07 号浮标 2016 年气温、气压观测数据曲线
AT and AP of 07 buoy in 2016
气温 (AT)
气压 (AP)
气温 (AT) / ℃
35.0
25.0
15.0
5.0
−5.0
−15.0
气压 (AP) / hPa
1 050.0
1 036.0
1 022.0
1 008.0
994.0
980.0
01/01
04/01
07/01
10/01
12/31
日期 (Date) (月 / 日)

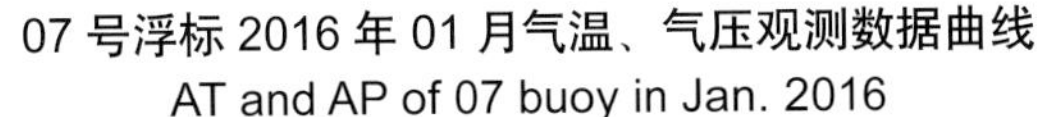

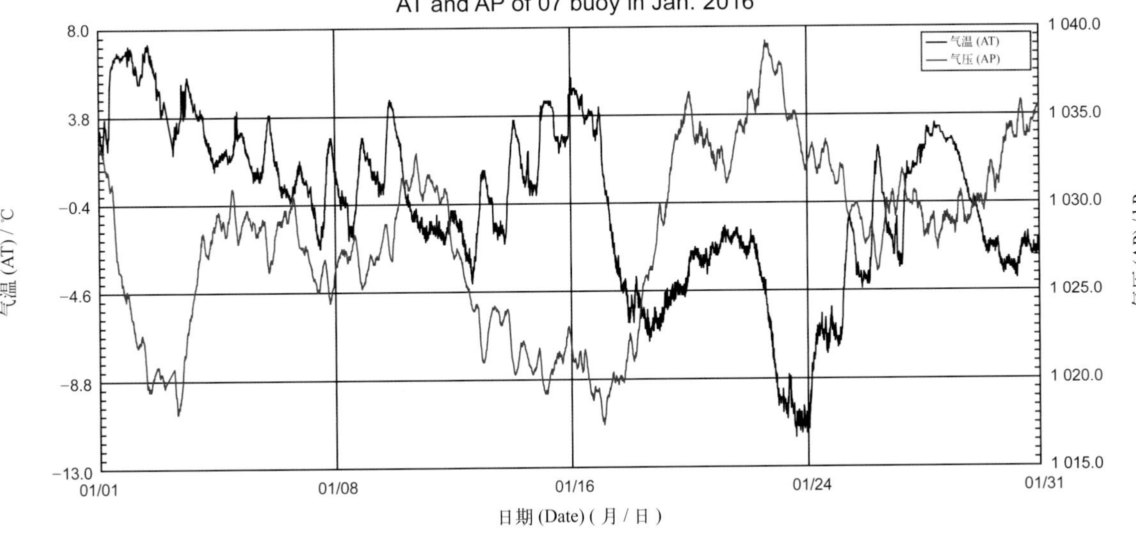

07 号浮标 2016 年 02 月气温、气压观测数据曲线
AT and AP of 07 buoy in Feb. 2016

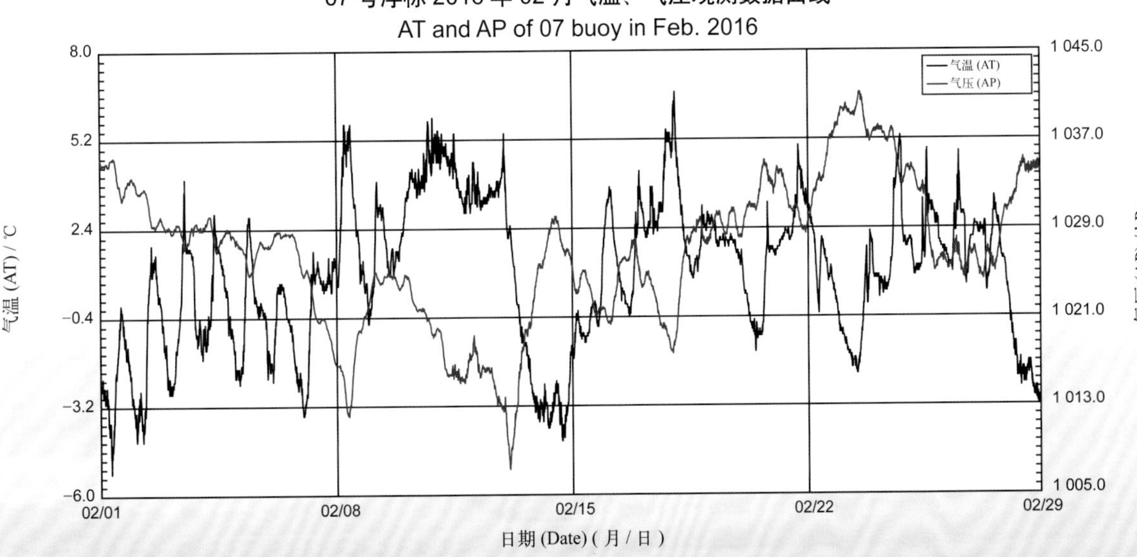

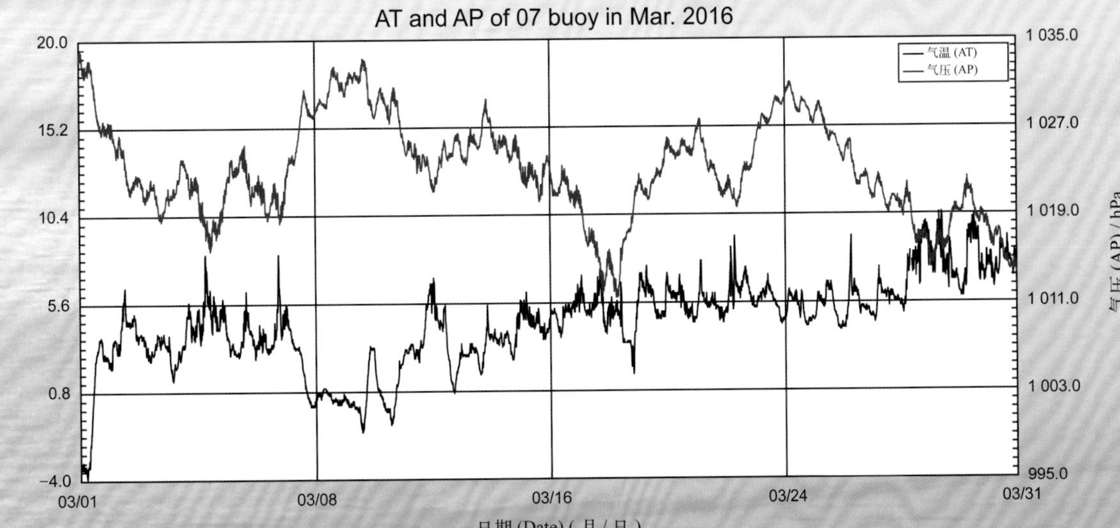

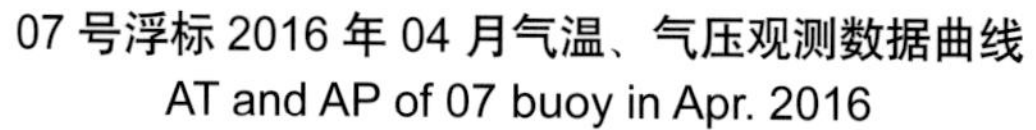

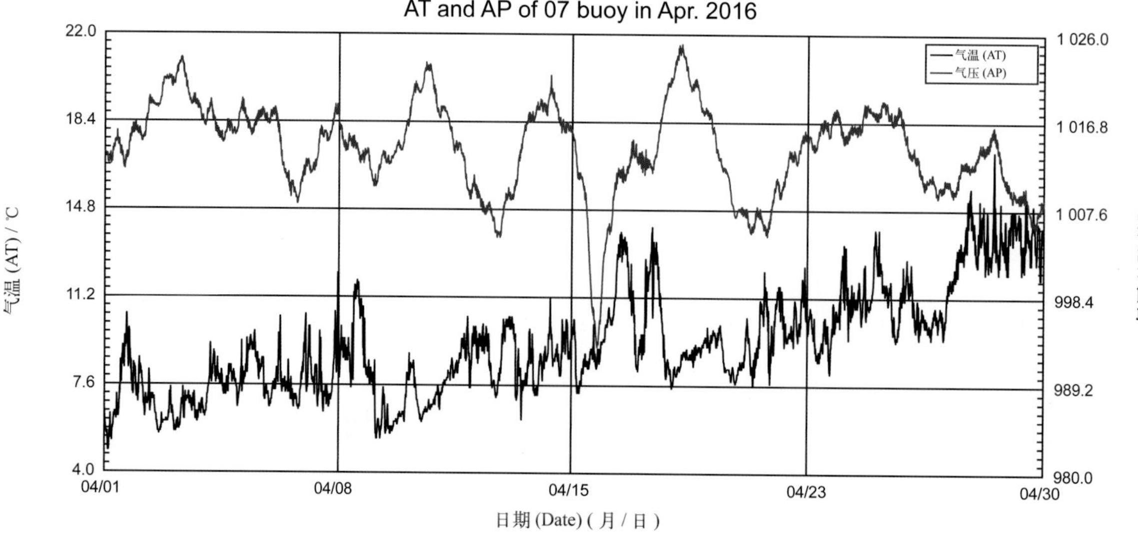

07 号浮标 2016 年 05 月气温、气压观测数据曲线
AT and AP of 07 buoy in May 2016

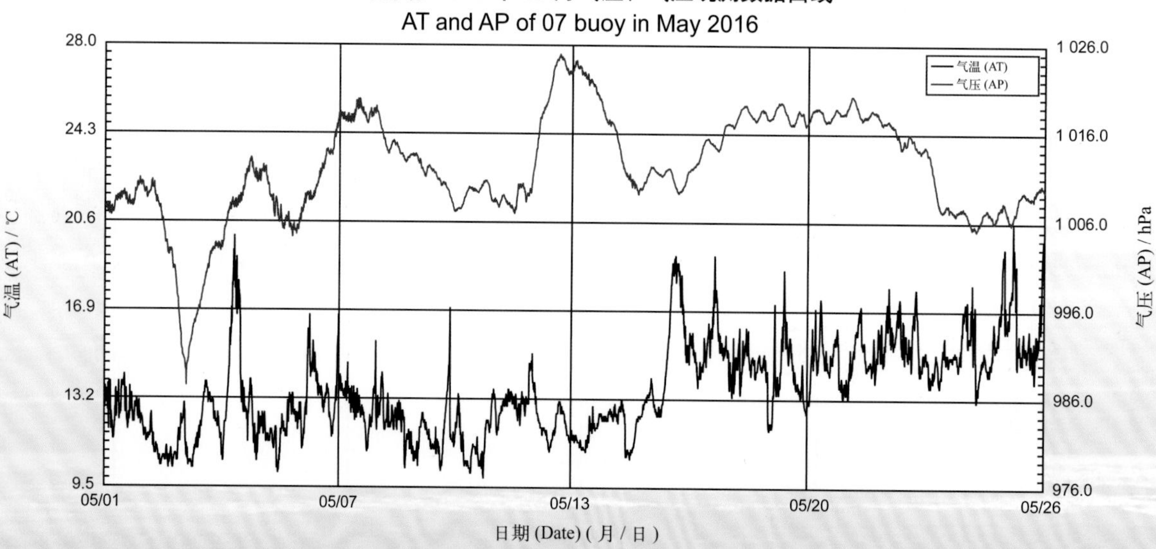

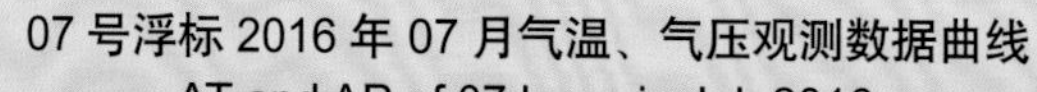

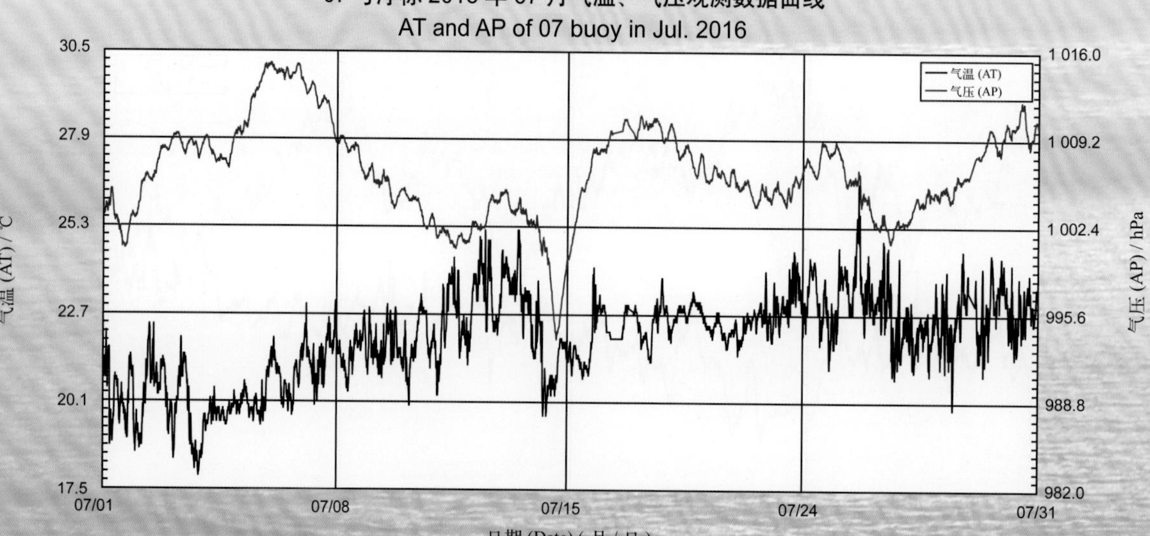

07 号浮标 2016 年 08 月气温、气压观测数据曲线
AT and AP of 07 buoy in Aug. 2016

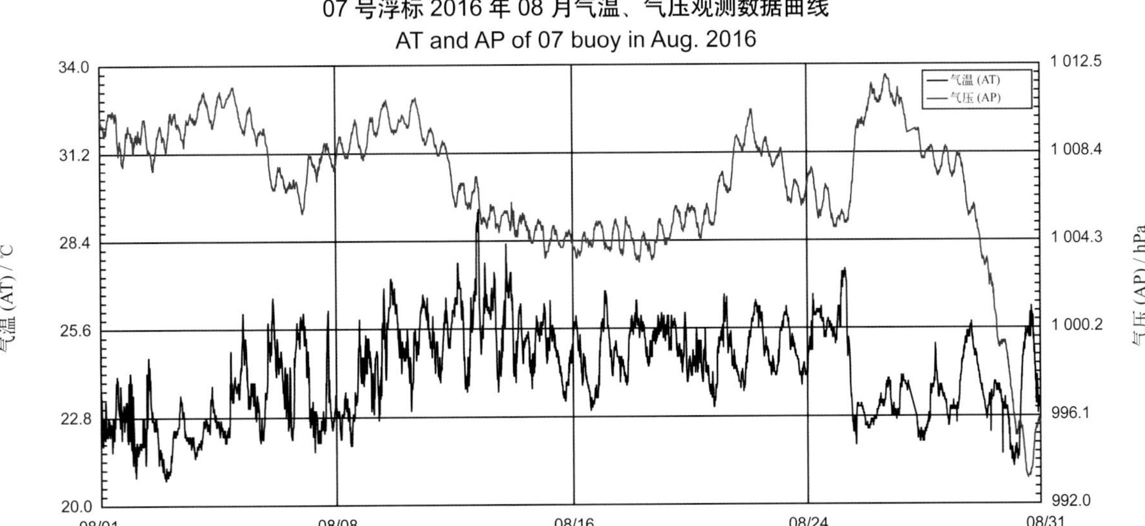

07 号浮标 2016 年 09 月气温、气压观测数据曲线
AT and AP of 07 buoy in Sep. 2016

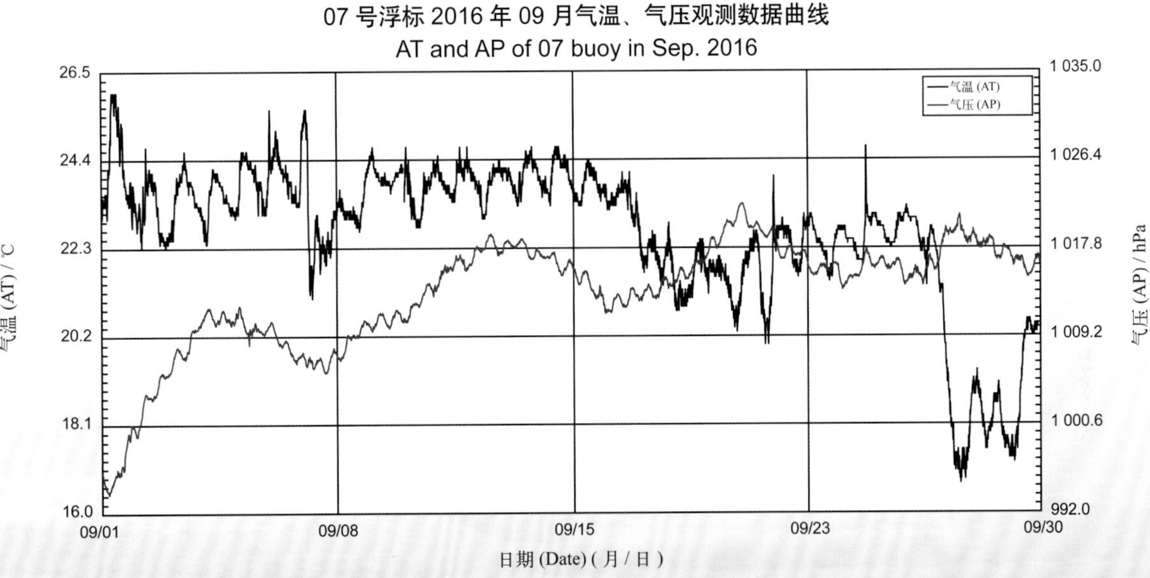

07 号浮标 2016 年 10 月气温、气压观测数据曲线
AT and AP of 07 buoy in Oct. 2016

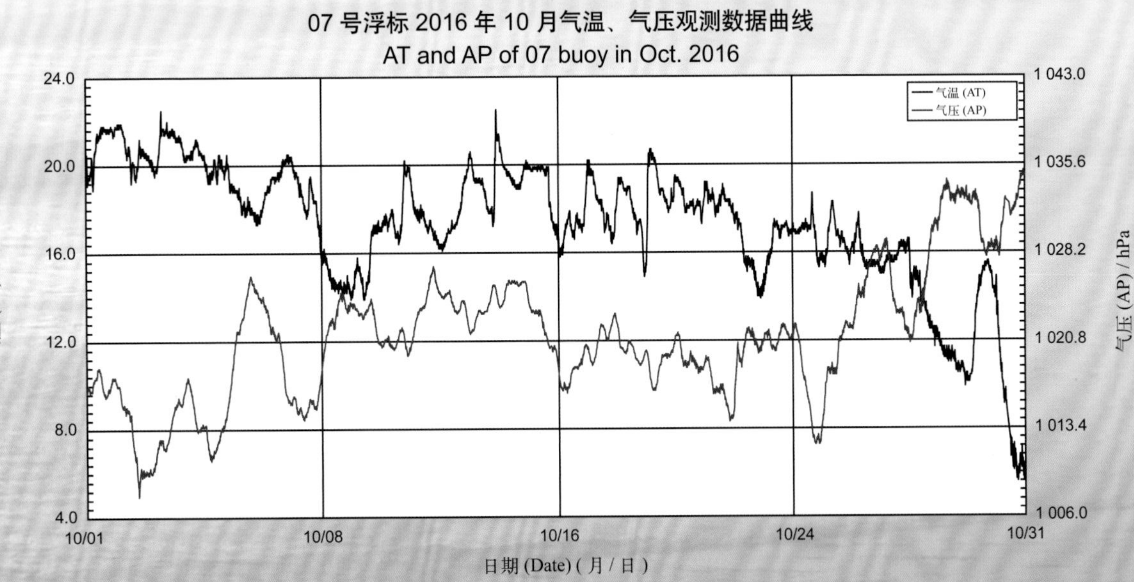

07 号浮标 2016 年 11 月气温、气压观测数据曲线
AT and AP of 07 buoy in Nov. 2016

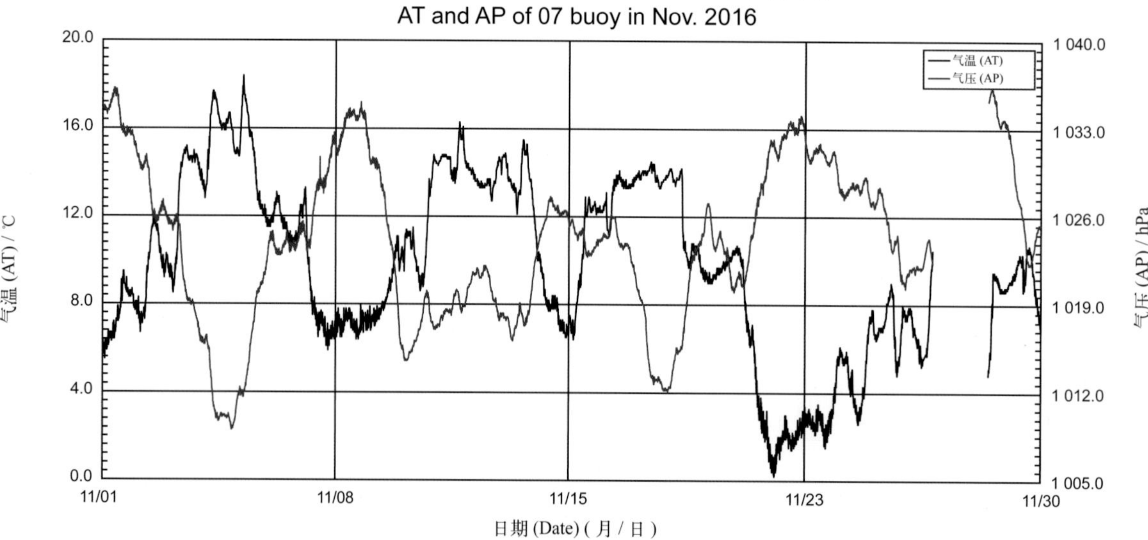

07 号浮标 2016 年 12 月气温、气压观测数据曲线
AT and AP of 07 buoy in Dec. 2016

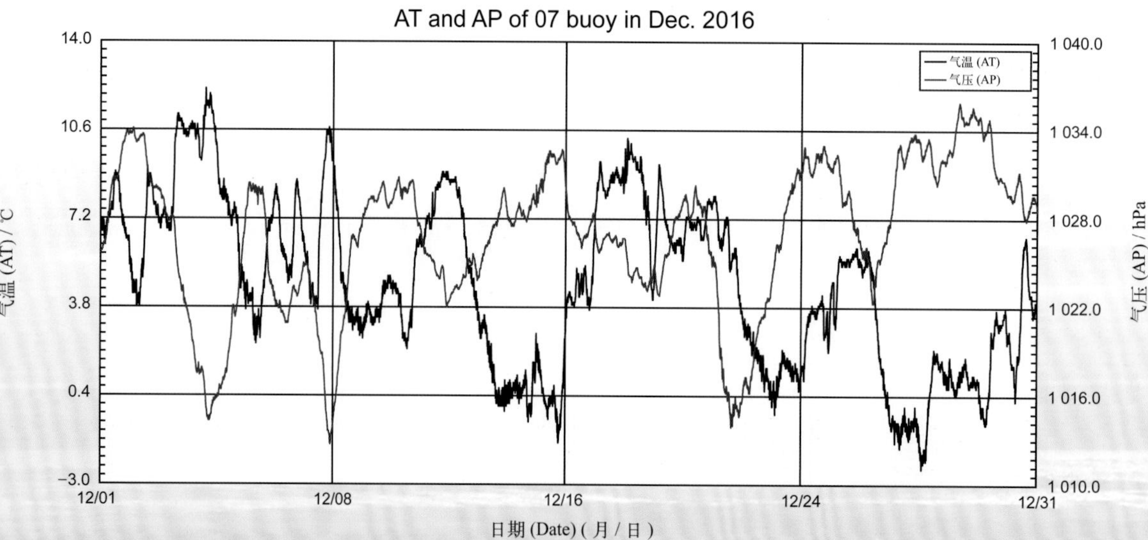

2016年度09号浮标观测数据概述及曲线（气温和气压）

09号浮标位于黄海青岛灵山岛附近海域（35°55′N，120°16′E），是一套直径3 m的圆盘形综合观测平台。可获取的观测参数包括气象、水文和水质，气温和气压数据是气象参数中的重要观测内容。

2016年，09号浮标共获取362天的气温和气压长序列观测数据。获取数据的区间共三个时间段，具体为1月1日00:00至9月1日14:30、9月5日11:30至11月27日07:00、11月29日14:50至12月31日23:50。

通过对获取数据质量控制和分析，09号浮标观测海域本年度气温、气压数据和季节数据特征如下：年度气温数据平均值为13.55℃，年度气压数据平均值为1 016.86 hPa。测得的全年最高气温和最低气温分别为31.1℃（8月31日16:30）和−13.7℃（1月24日07:20）；测得的全年最高气压和最低气压分别为1 041.4 hPa（1月23日09:00）和993.1 hPa（8月31日15:40）。以2月为冬季代表月，观测海域冬季的平均气温是2.67℃，平均气压是1 026.19 hPa；以5月为春季代表月，观测海域春季的平均气温是15.24℃，平均气压是1 010.98 hPa；以8月为夏季代表月，观测海域夏季的平均气温是27.02℃，平均气压是1 006.23 hPa；以11月为秋季代表月，观测海域秋季的平均气温是10.97℃，平均气压是1 023.39 hPa。

2016年，09号浮标布放海域月度气温、气压变化特征与该海域常年季节气候变化特点基本吻合。浮标观测的气温、气压的月平均值和最高值、最低值数据参见表4。从表4中可以看出，气温平均值最低的月份为1月，并且在该时间段内观测到年度最低气温（−13.7℃），平均值最高的月份为8月，并且在该时间段内观测到年度最高气温（31.1℃）。气压平均值最低的月份为7月，年度最低气压（993.1 hPa）出现在8月，气压平均值最高的月份为1月，并且在该时间段内观测到年度最高气压（1 041.4 hPa）。从月度气温、气压的变化情况分析，气温变化最为剧烈的是1月，最高温度为8.9℃，最低温度为−13.7℃，变化幅度为22.6℃，气压变化最为剧烈的是2月，最高气压为1 039.7 hPa，最低气压为1 006.9 hPa，变化幅度为32.8 hPa；比较而言，气温变化幅度较小的月份是6月，最高温度为25.4℃，最低温度为24.8℃，变化幅度为0.6℃，气压变化幅度较小的月份是7月，最高气压为1 014.0 hPa，最低气压为997.5 hPa，变化幅度为16.5 hPa。

2016年，09号浮标共记录到2次寒潮过程。第一次寒潮过程，09号浮标观测到1月22日10:00至24日07:20，45 h气温下降了13.7℃（0℃下降到−13.7℃），并且在此期间观测到年度最低气温值为−13.7℃（1月24日07:20），0℃以下气温持续时长为61 h（1月22日00:20至25日13:10），寒潮期间气压最高值为1041.4 hPa（1月23日09:00）；第二次寒潮过程，09号浮标观测到11月21日09:40至22日07:30，22 h气温下降11℃（13.3℃下降到2.3℃），之后气温一度下降到−0.7℃（11月23日08:30），第二次寒潮期间气压最高值为1 032.1 hPa（11月22日07:30）。

表4　09号浮标各月份气温、气压观测数据情况详表

月份	气温 / ℃			气压 / hPa			备注
	平均	最高	最低	平均	最高	最低	
1	0.69	8.9	−13.7	1 028.51	1 041.4	1 017.6	记录1次寒潮过程
2	2.67	8.9	−4.6	1 026.19	1 039.7	1 006.9	冬季代表月
3	6.21	15.0	0.0	1 022.17	1 033.3	1 011.1	
4	10.93	19.1	7.5	1 013.03	1 023.3	996.8	
5	15.24	20.9	11.7	1 010.98	1 024.6	994.2	春季代表月
6	18.97	25.4	24.8	1 006.61	1 012.9	995.5	
7	24.12	28.6	19.2	1 005.04	1 014.0	997.5	
8	27.02	31.1	20.6	1 006.23	1 012.2	993.1	夏季代表月
9	23.06	27.6	15.3	1 013.53	1 021.4	993.9	通信故障，缺测3天数据
10	17.86	23.4	6.1	1 019.67	1 035.7	1 009.1	
11	10.97	18.7	−0.9	1 023.39	1 036.7	1 008.2	秋季代表月 通信故障，缺测1天数据， 记录1次寒潮过程
12	5.63	12.9	−1.7	1 027.03	1 037.3	1 012.6	

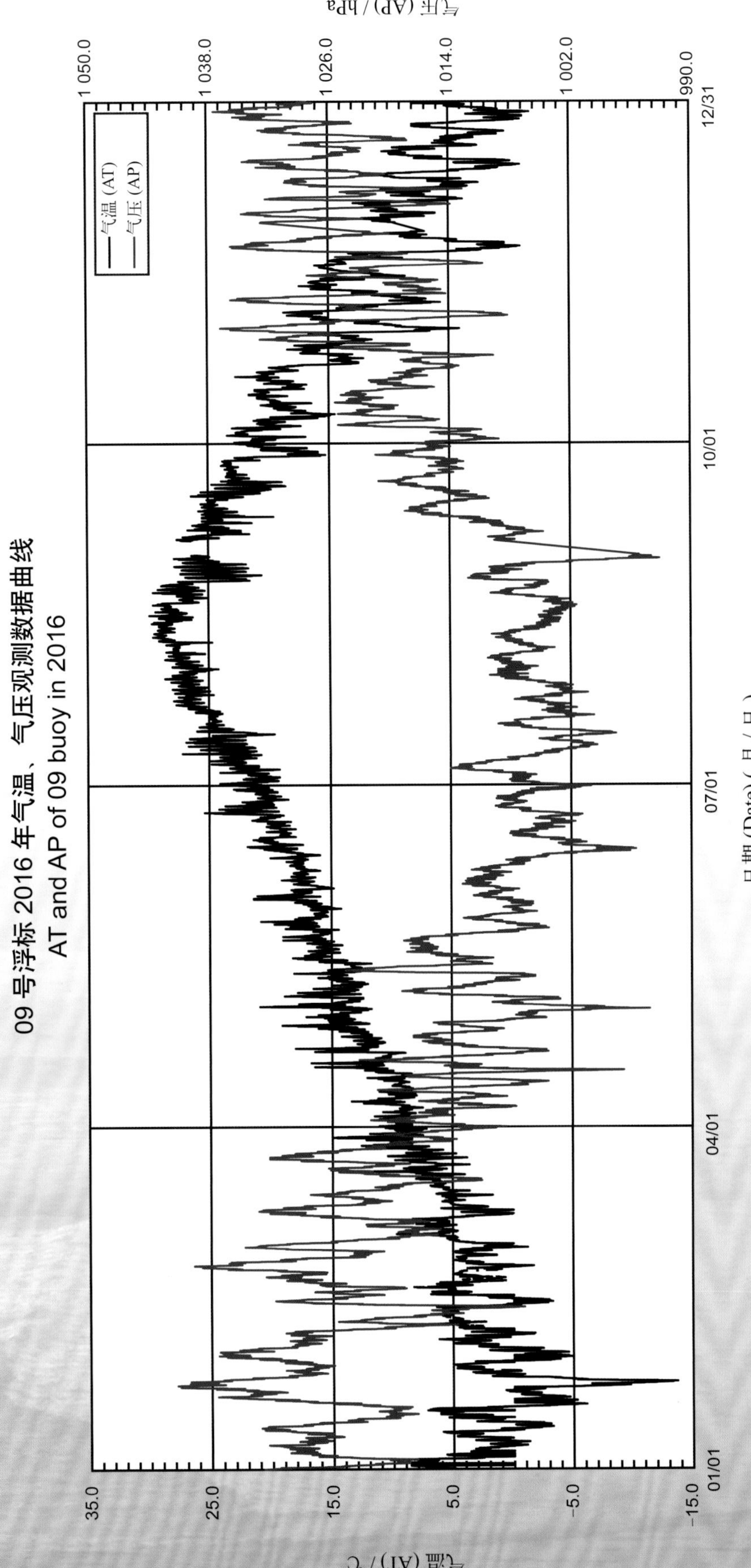

09 号浮标 2016 年气温、气压观测数据曲线
AT and AP of 09 buoy in 2016

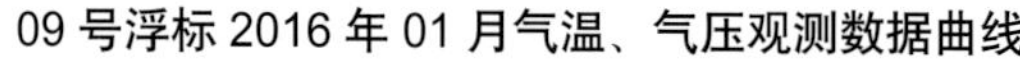

09 号浮标 2016 年 01 月气温、气压观测数据曲线
AT and AP of 09 buoy in Jan. 2016

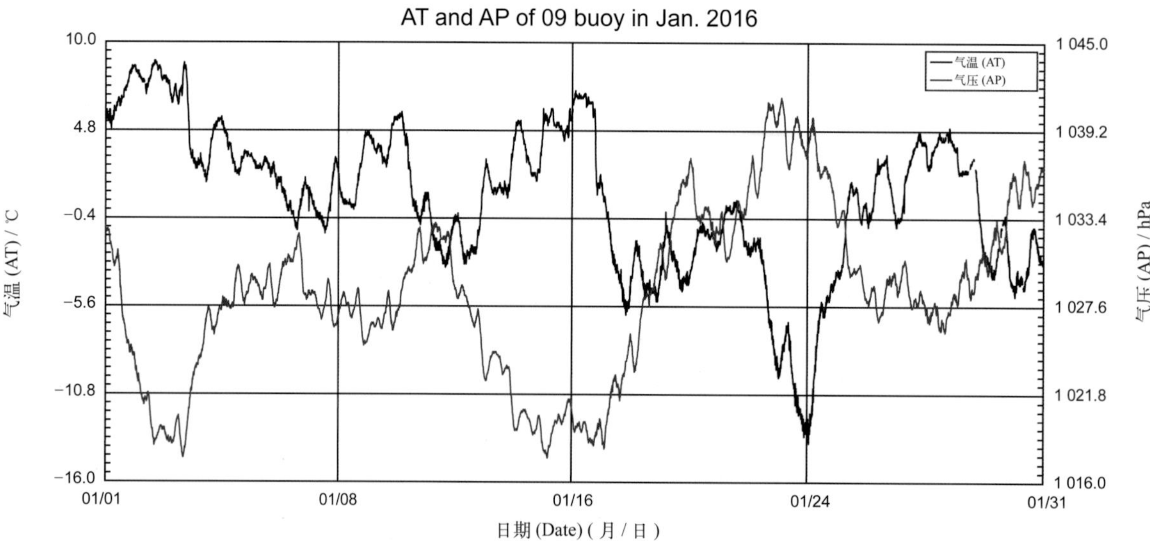

09 号浮标 2016 年 02 月气温、气压观测数据曲线
AT and AP of 09 buoy in Feb. 2016

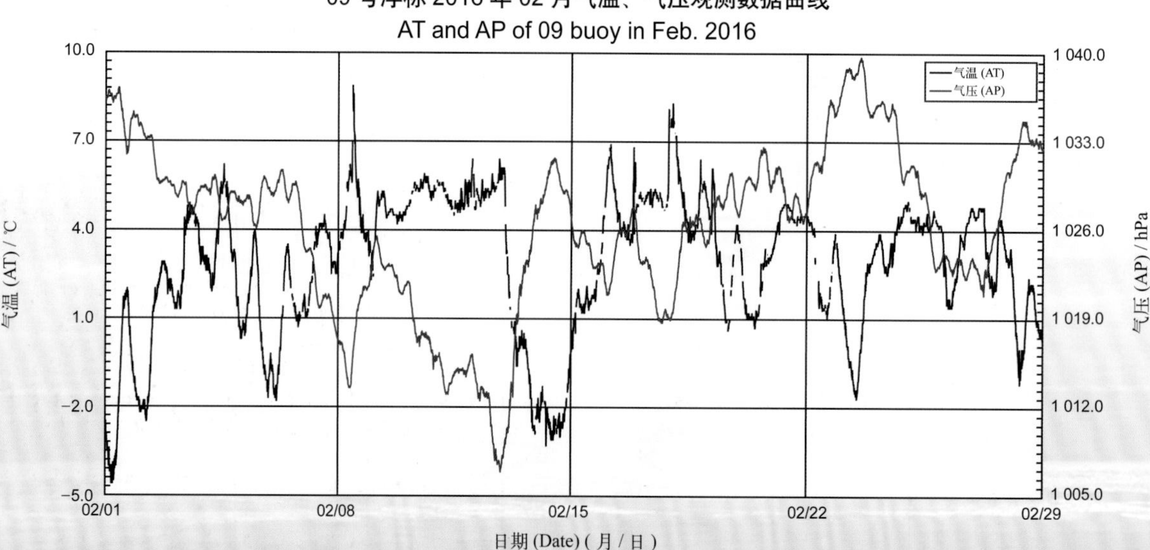

09 号浮标 2016 年 03 月气温、气压观测数据曲线
AT and AP of 09 buoy in Mar. 2016

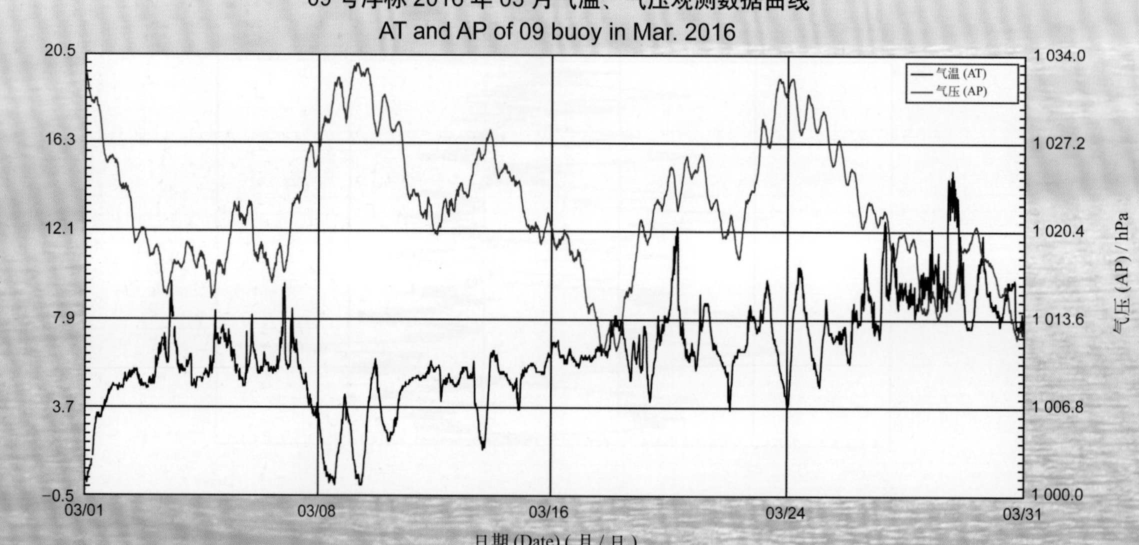

AT and AP of 09 buoy in Apr. 2016

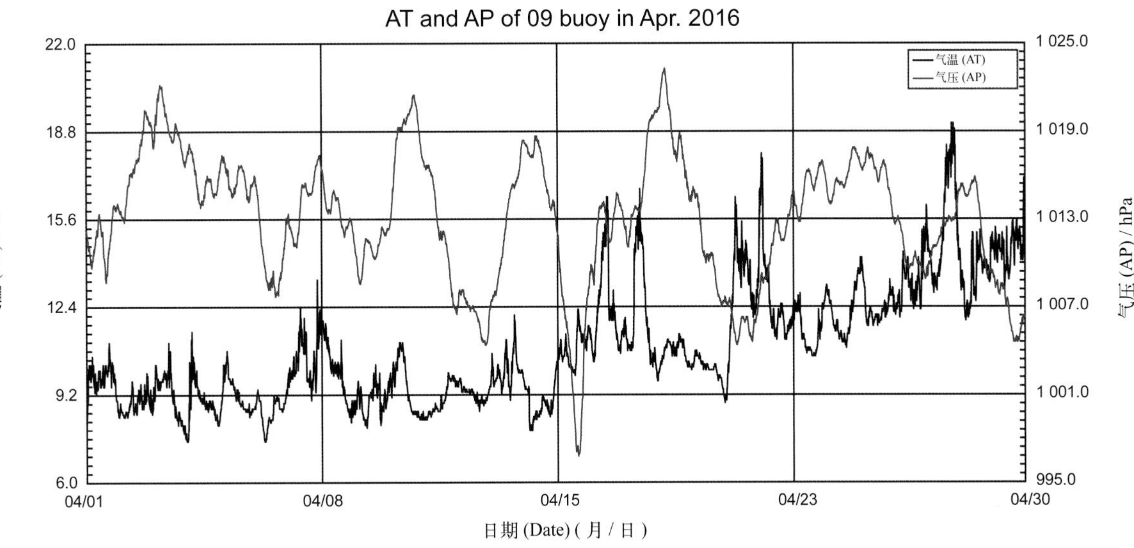

AT and AP of 09 buoy in May 2016

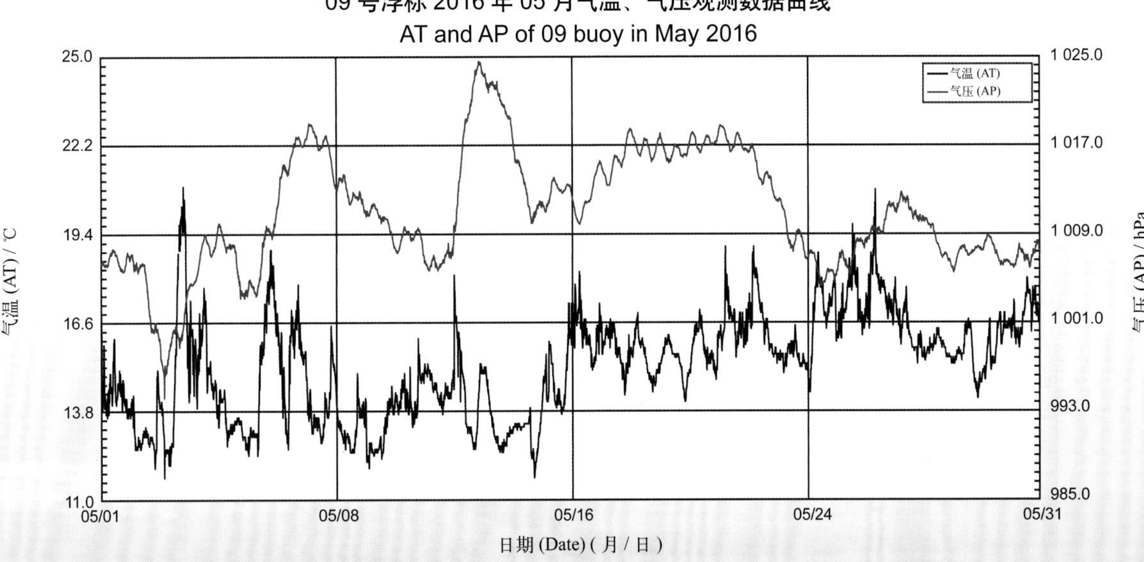

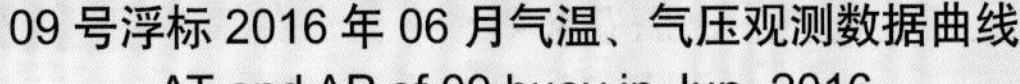

AT and AP of 09 buoy in Jun. 2016

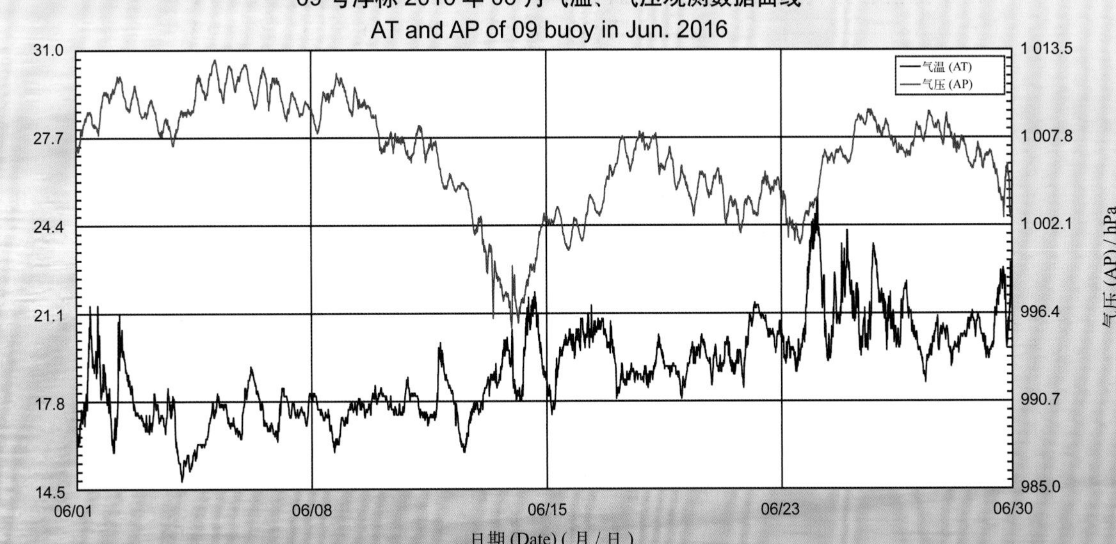

09 号浮标 2016 年 07 月气温、气压观测数据曲线
AT and AP of 09 buoy in Jul. 2016

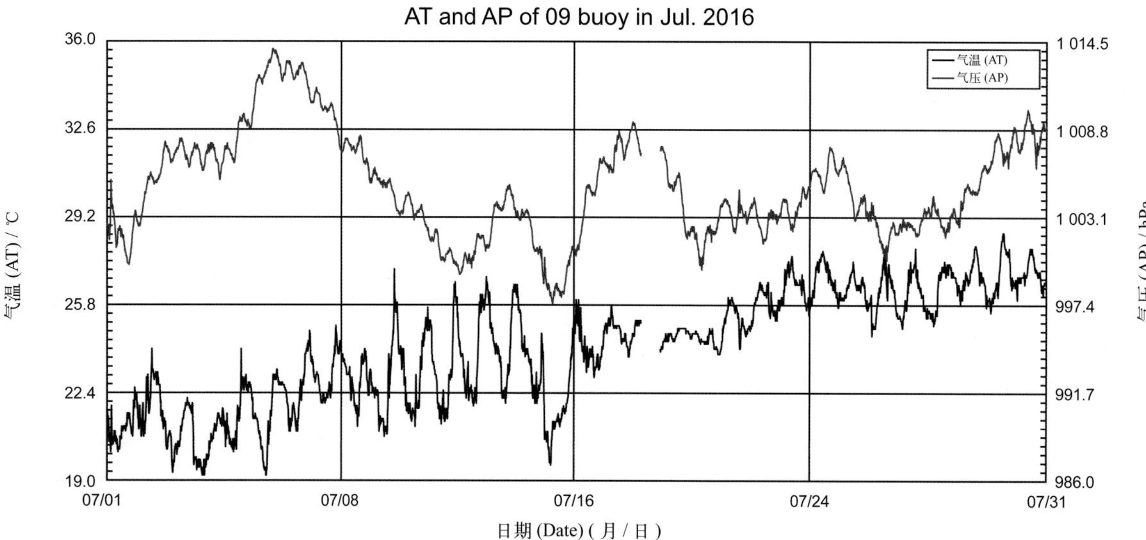

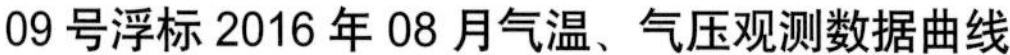

09 号浮标 2016 年 08 月气温、气压观测数据曲线
AT and AP of 09 buoy in Aug. 2016

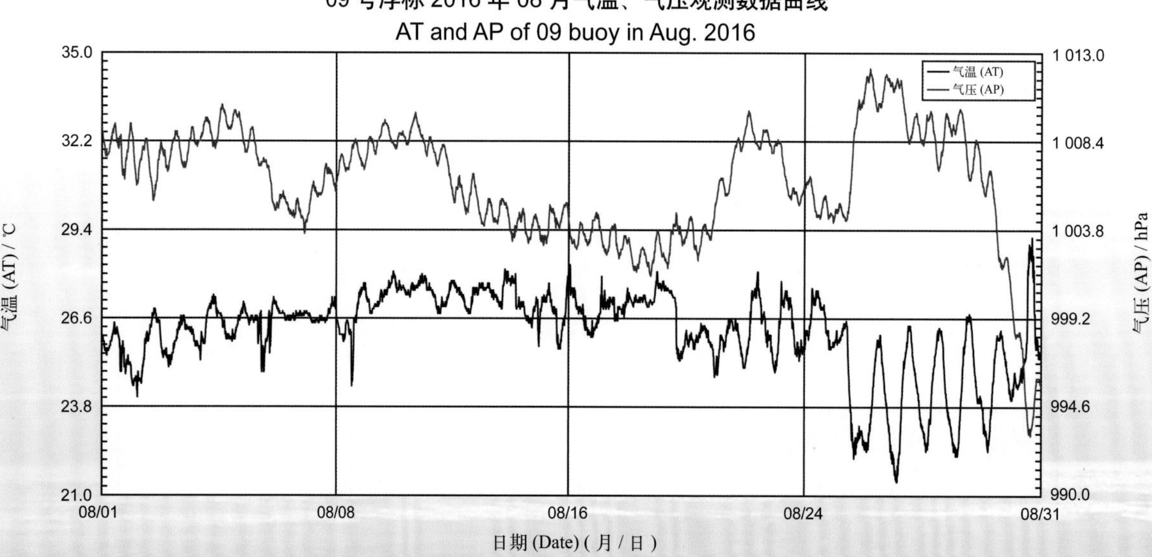

09 号浮标 2016 年 09 月气温、气压观测数据曲线
AT and AP of 09 buoy in Sep. 2016

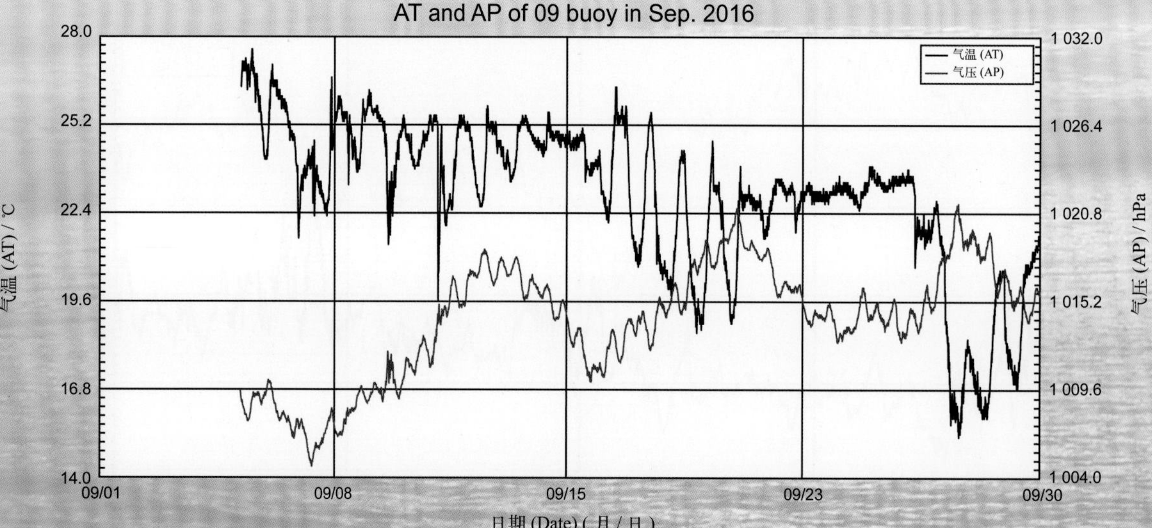

09 号浮标 2016 年 10 月气温、气压观测数据曲线
AT and AP of 09 buoy in Oct. 2016

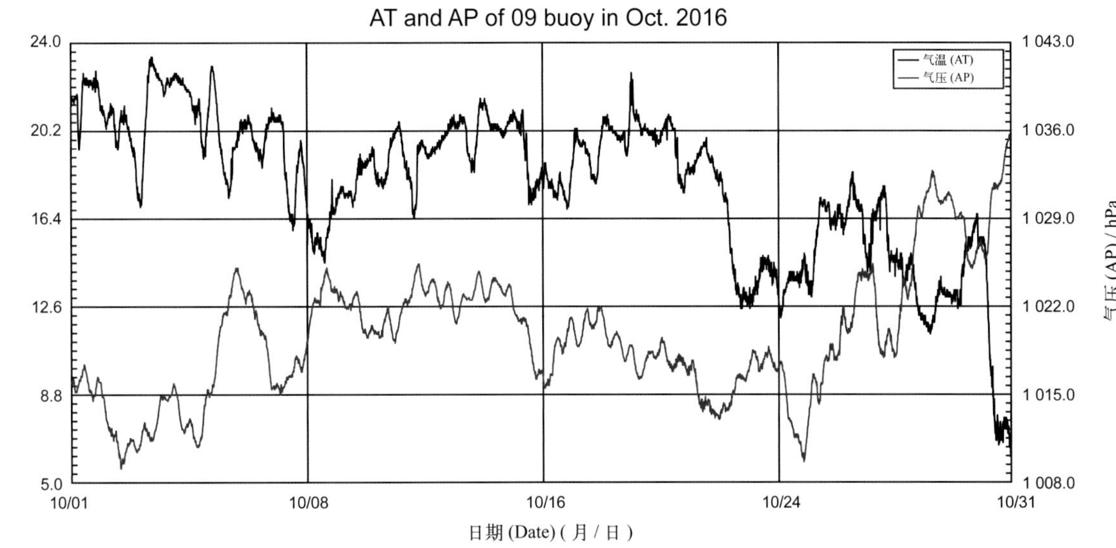

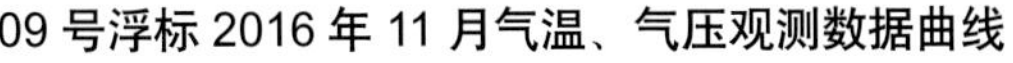
09 号浮标 2016 年 11 月气温、气压观测数据曲线
AT and AP of 09 buoy in Nov. 2016

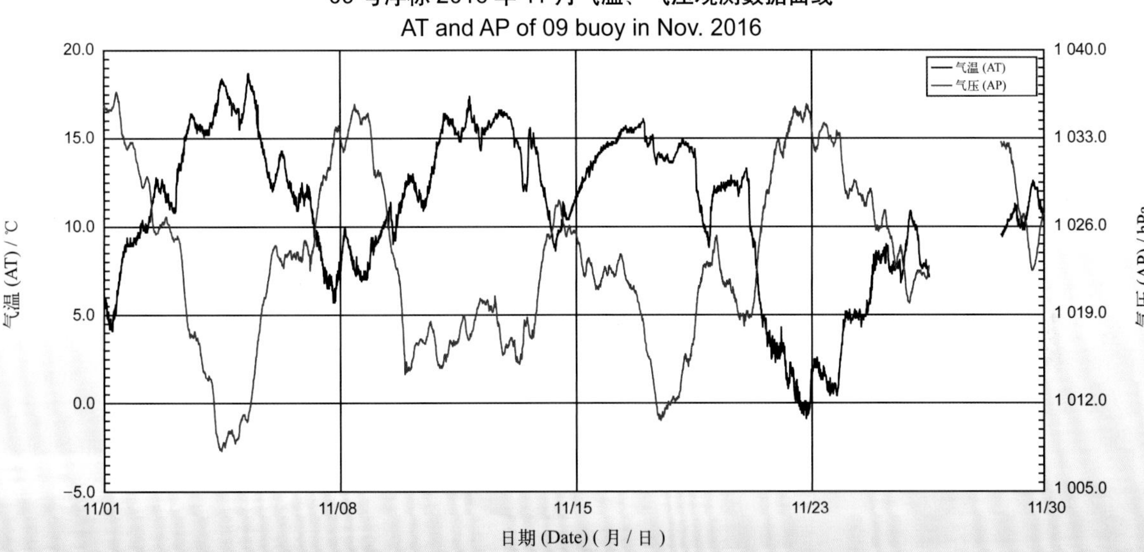

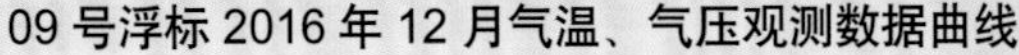
09 号浮标 2016 年 12 月气温、气压观测数据曲线
AT and AP of 09 buoy in Dec. 2016

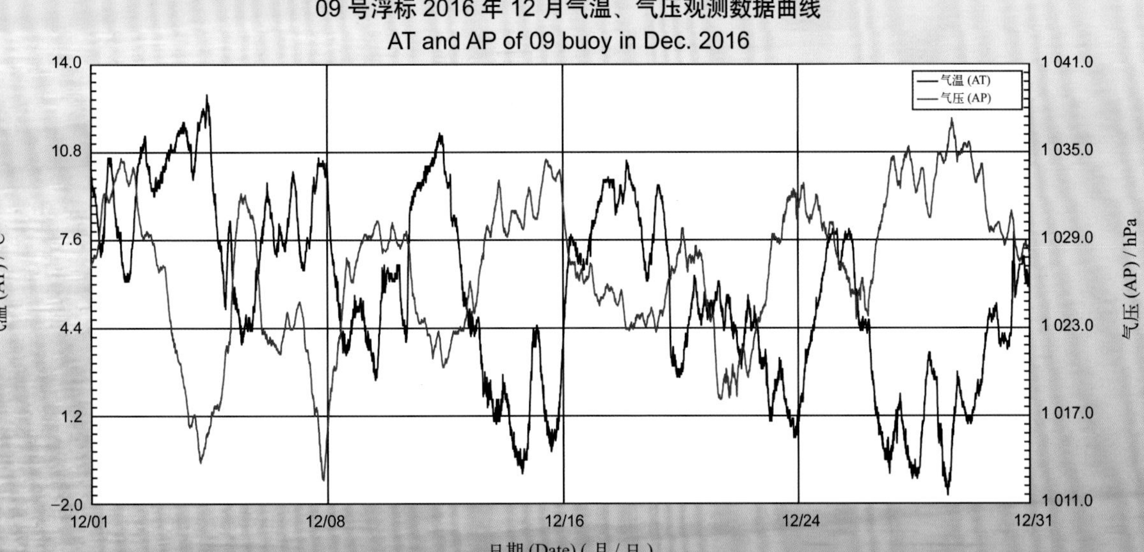

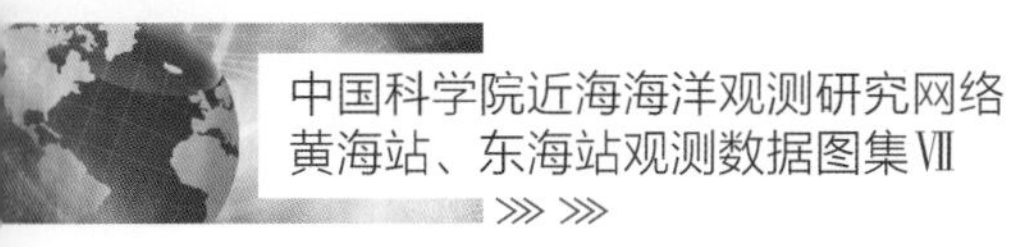

2016 年度 11 号浮标观测数据概述及曲线
（气温和气压）

11 号浮标位于东海舟山花鸟岛附近海域（31°N，122°49′E），是一套直径 10 m 的圆盘形综合观测平台。可获取的观测参数包括气象、水文和水质，气温和气压数据是气象参数中的重要观测内容。

2016 年，11 号浮标是中国科学院近海海洋观测研究网络黄海站、东海站获取气温、气压数据最为完整的一套观测系统，获取了全年 366 天的气温和气压长序列观测数据。

通过对获取数据质量控制和分析，11 号浮标观测海域本年度气温、气压数据和季节数据特征如下：年度气温数据平均值为 17.29℃，年度气压数据平均值为 1 016.34 hPa，测得的全年最高气温和最低气温分别为 31.8℃（8 月 16 日 16:30）和 −6.1℃（1 月 24 日 11:20）；测得的全年最高气压和最低气压分别为 1 039.8 hPa（1 月 24 日 21:30）和 998.6 hPa（7 月 15 日 18:00—18:10）。以 2 月为冬季代表月，观测海域冬季的平均气温是 7.07℃，平均气压是 1 026.69 hPa；以 5 月为春季代表月，观测海域春季的平均气温是 18.61℃，平均气压是 1 011.74 hPa；以 8 月为夏季代表月，观测海域夏季的平均气温是 28.10℃，平均气压是 1 006.00 hPa；以 11 月为秋季代表月，观测海域秋季的平均气温是 15.99℃，平均气压是 1 022.33 hPa。

2016 年，11 号浮标布放海域月度气温、气压变化特征与该海域常年季节气候变化特点基本吻合。浮标观测的气温、气压的月平均值和最高值、最低值数据参见表 5。从表 5 中可以看出，气温平均值最低的月份为 2 月，年度最低气温（−6.1℃）出现在 1 月，平均值最高的月份为 8 月，并且在该时间段内观测到年度最高气温（31.8℃）。气压平均值最低的月份为 8 月，年度最低气压（998.6 hPa）出现在 7 月，气压平均值最高的月份为 2 月，年度最高气压（1 039.8 hPa）出现在 1 月。从月度气温、气压的变化情况分析，气温变化最为剧烈的是 1 月，最高温度为 14.7℃，最低温度为 −6.1℃，变化幅度为 20.8℃，气压变化最为剧烈的是 2 月，最高气压为 1 039.3 hPa，最低气压为 1 006.6 hPa，变化幅度为 32.7 hPa；比较而言，气温变化幅度较小的月份是 9 月，最高温度为 27.1℃，最低温度为 21.6℃，变化幅度为 5.5℃，气压变化幅度较小的月份是 8 月，最高气压为 1 010.0 hPa，最低气压为 1 001.7 hPa，变化幅度为 8.3 hPa。

2016 年，11 号浮标共记录到 2 次寒潮过程和 3 次台风过程。第一次寒潮过程，11 号浮标观测到 1 月 22 日 11:30 至 24 日 02:30，39 h 内气温下降 10.7℃（7.6℃下降到 −3.1℃），最低气温下降到 −6.1℃（1 月 24 日 11:20），0℃ 以下的气温持续了 48 h（1 月 23 日 14:10 至 25 日 14:10），寒潮期间最高气压为 1 036.9 hPa（1 月 23 日 18:10）；第二次寒潮过程，11 号浮标观测到 2 月 13 日 04:10—22:10，18 h 内气温下降 8.4℃（14.4℃下降到 6℃），之后气温从 2 月 14 日 01:10 开始低于 5℃，

5℃以下的气温一直持续到 2 月 16 日 12:40，寒潮期间最高气压为 1031.2 hPa（2 月 15 日 08:50）。2016 年 11 号浮标记录的 3 次台风分别为：9 月 15—18 日观测到第 14 号超强台风“莫兰蒂”、9 月 18—21 日观测到第 16 号强台风“马勒卡”、10 月 3—6 日观测到第 18 号超强台风“暹芭”，并且获取到 3 次台风期间的最低气压分别为 1 005.6 hPa（9 月 17 日 01:50）、1 006.3 hPa（9 月 19 日 00:30）、1 005.6 hPa（10 月 5 日 15:30）。

表 5　11 号浮标各月份气温、气压观测数据情况详表

月份	气温 / ℃			气压 / hPa			备注
	平均	最高	最低	平均	最高	最低	
1	7.19	14.7	−6.1	1 026.49	1 039.8	1 012.8	记录 1 次寒潮过程
2	7.07	14.4	0.8	1 026.69	1 039.3	1 006.6	冬季代表月 记录 1 次寒潮过程
3	9.95	16.1	4.0	1 021.76	1 032.7	1 009.6	
4	13.96	19.1	10.4	1 013.85	1 025.2	998.8	
5	18.61	23.1	14.5	1 011.74	1 021.9	999.3	春季代表月
6	21.84	26.6	17.1	1 007.54	1 013.6	999.7	
7	26.37	29.9	24.1	1 006.49	1 014.4	998.6	
8	28.10	31.8	24.1	1 006.00	1 010.0	1 001.7	夏季代表月
9	24.97	27.1	21.6	1 011.56	1 020.9	1 001.1	记录 2 次台风过程
10	22.39	27.1	16.3	1 016.31	1 030.1	1 004.6	记录 1 次台风过程
11	15.99	21.6	8.6	1 022.33	1 032.7	1 012.3	秋季代表月
12	11.86	17.3	5.4	1 025.60	1 034.0	1 014.1	

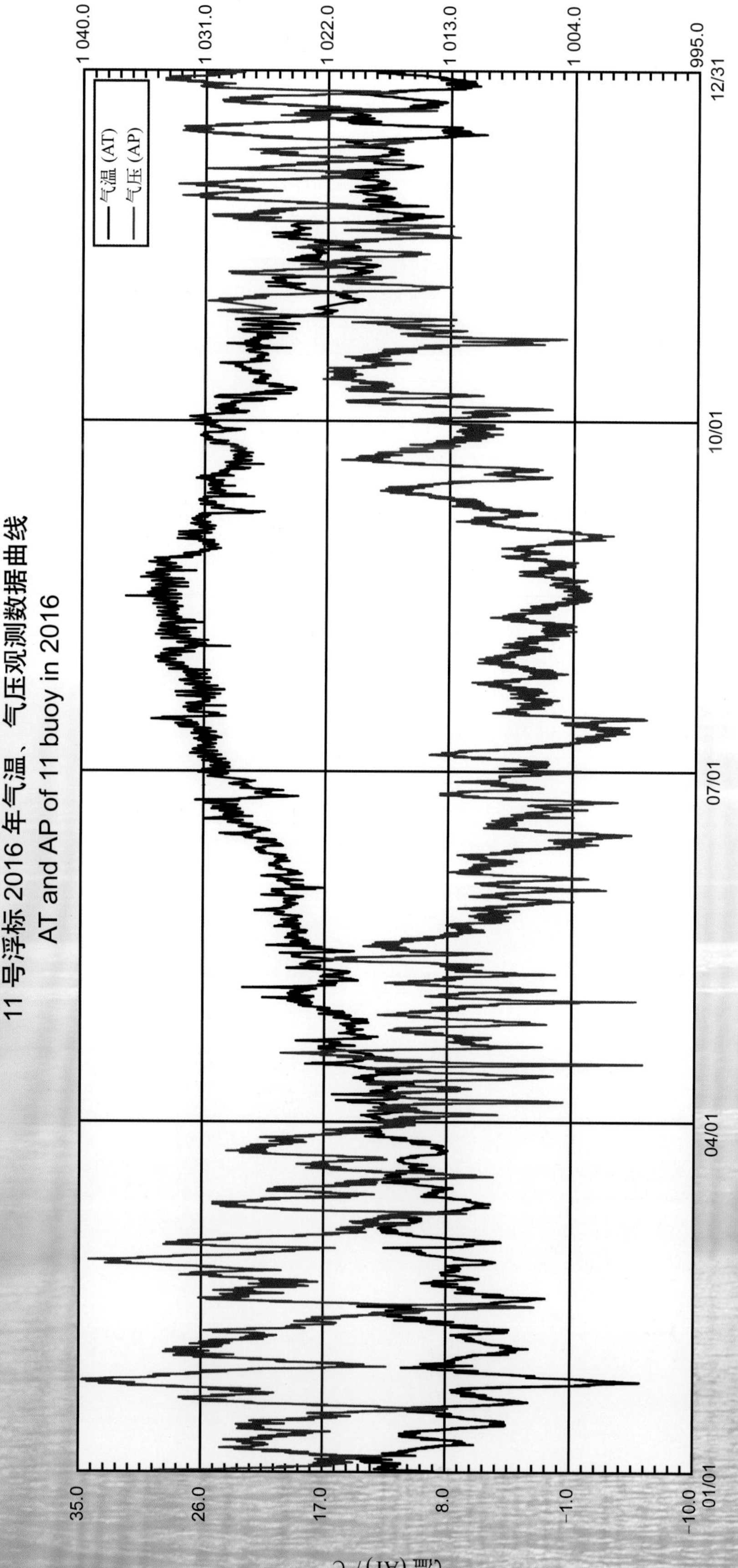
11 号浮标 2016 年气温、气压观测数据曲线
AT and AP of 11 buoy in 2016
气温 (AT)
气压 (AP)
气温 (AT) / ℃
气压 (AP) / hPa
日期 (Date) (月 / 日)
35.0
26.0
17.0
8.0
−1.0
−10.0
1 040.0
1 031.0
1 022.0
1 013.0
1 004.0
995.0
01/01
04/01
07/01
10/01
12/31

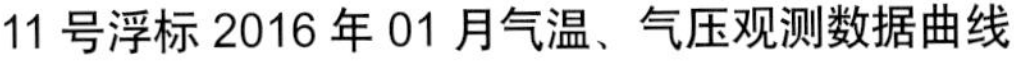

11 号浮标 2016 年 01 月气温、气压观测数据曲线

AT and AP of 11 buoy in Jan. 2016

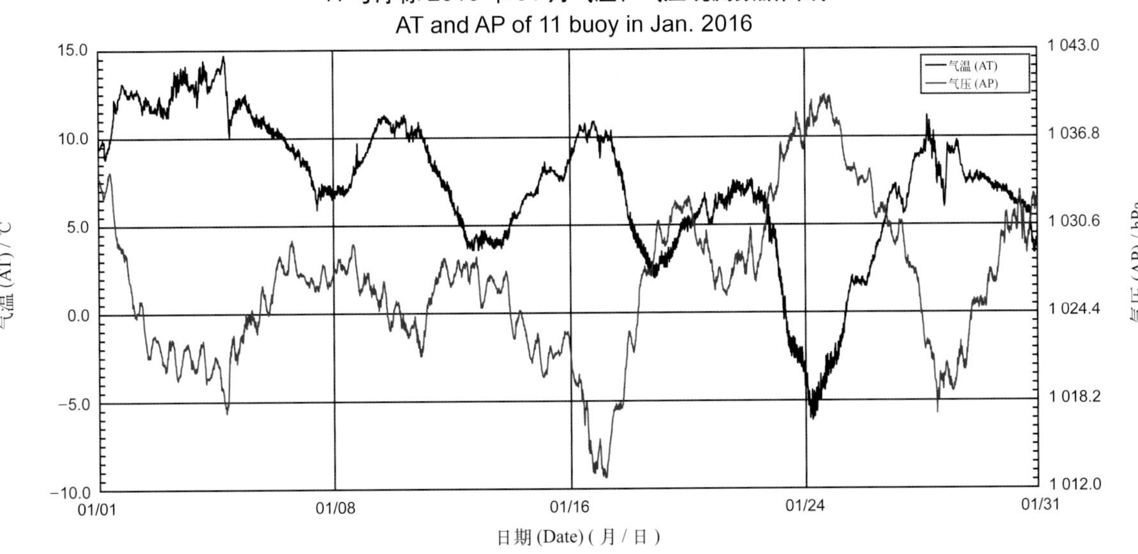

11 号浮标 2016 年 02 月气温、气压观测数据曲线

AT and AP of 11 buoy in Feb. 2016

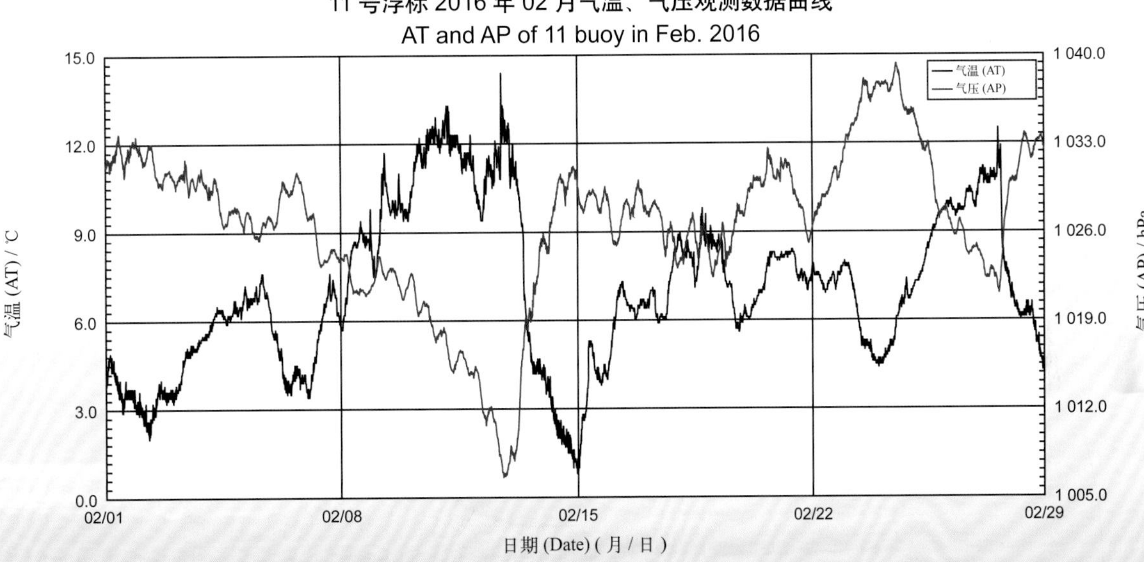

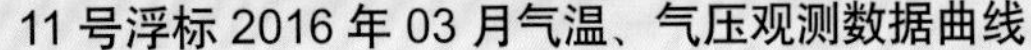

11 号浮标 2016 年 03 月气温、气压观测数据曲线

AT and AP of 11 buoy in Mar. 2016

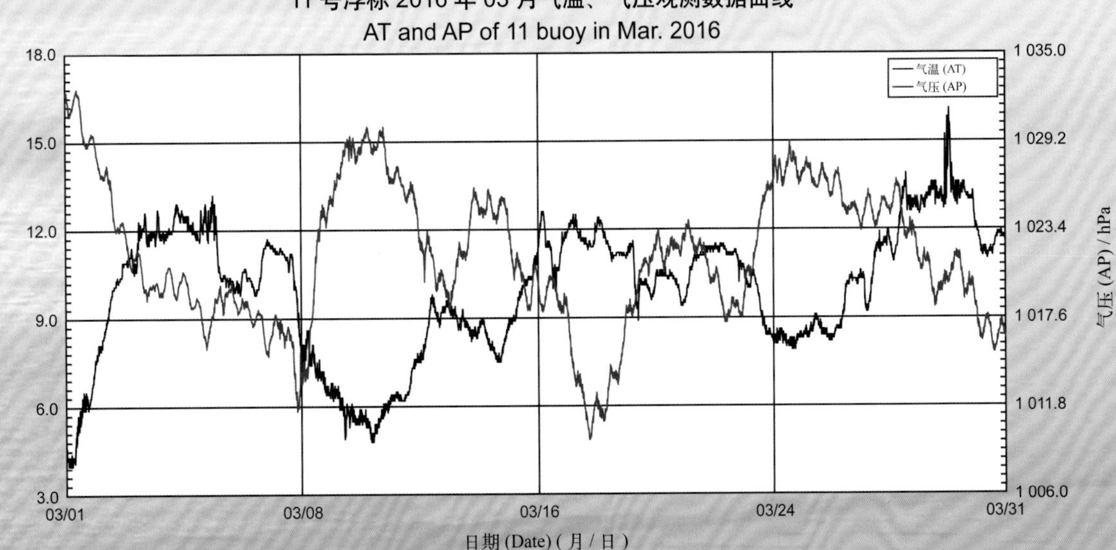

11 号浮标 2016 年 04 月气温、气压观测数据曲线
AT and AP of 11 buoy in Apr. 2016

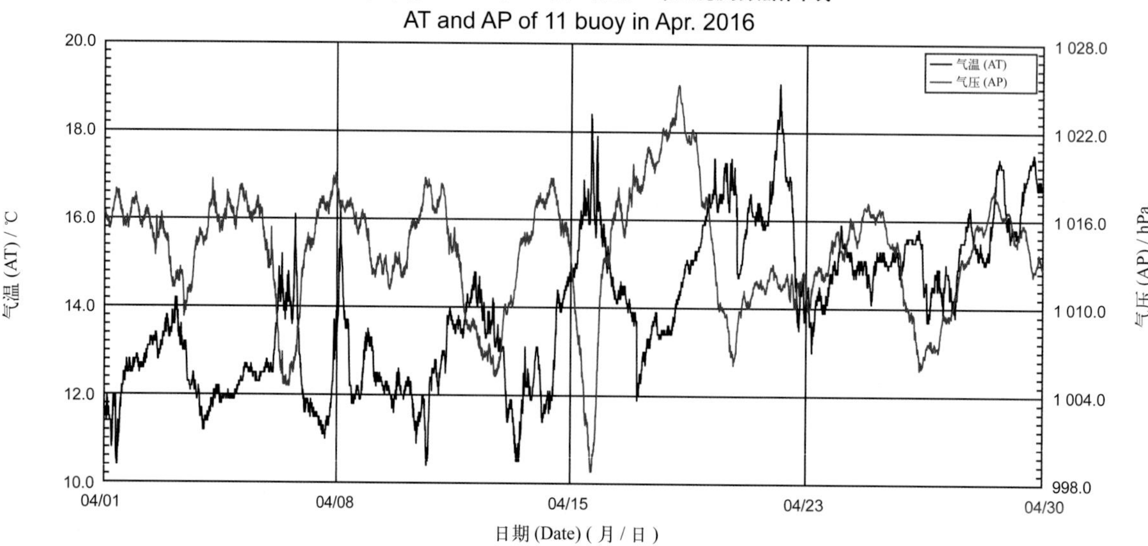

11 号浮标 2016 年 05 月气温、气压观测数据曲线
AT and AP of 11 buoy in May 2016

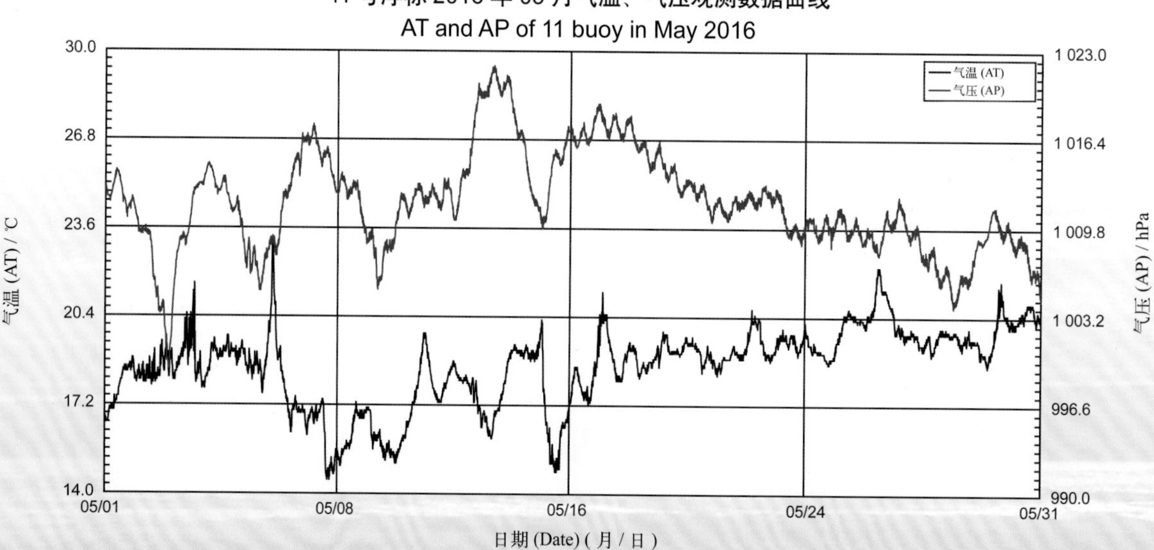

11 号浮标 2016 年 06 月气温、气压观测数据曲线
AT and AP of 11 buoy in Jun. 2016

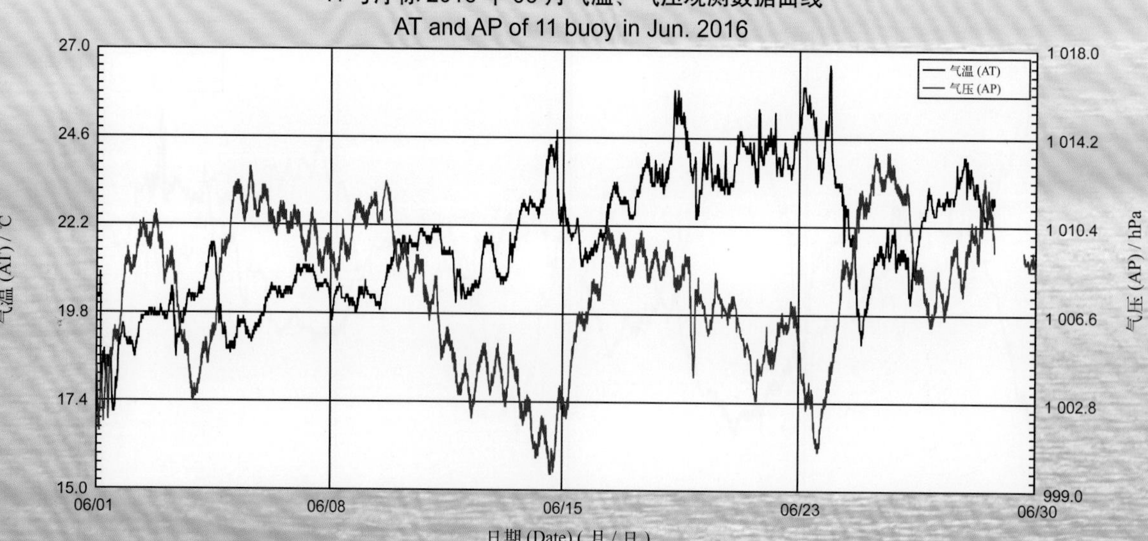

11 号浮标 2016 年 07 月气温、气压观测数据曲线
AT and AP of 11 buoy in Jul. 2016

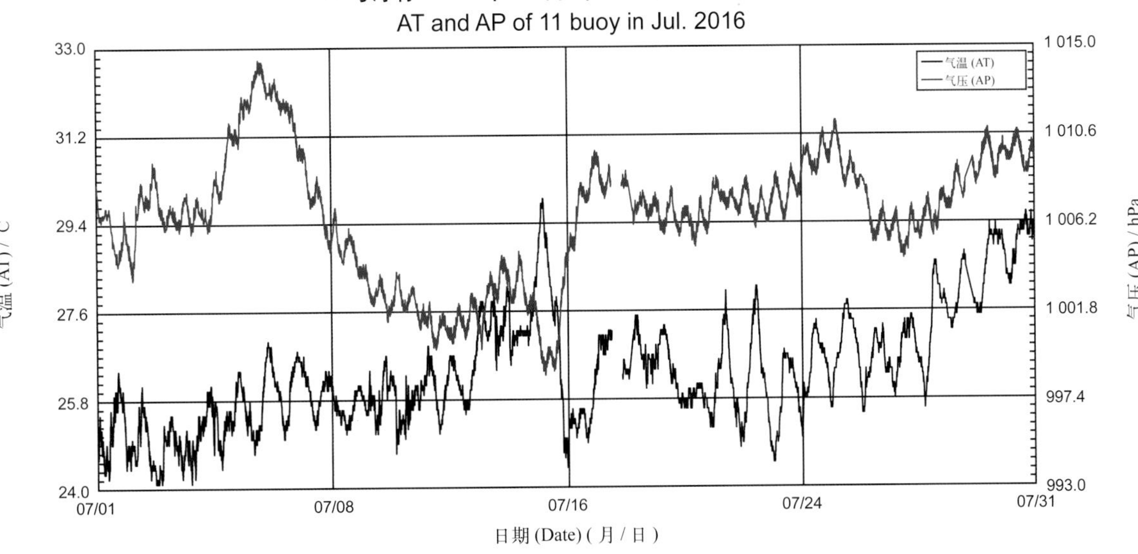

11 号浮标 2016 年 08 月气温、气压观测数据曲线
AT and AP of 11 buoy in Aug. 2016

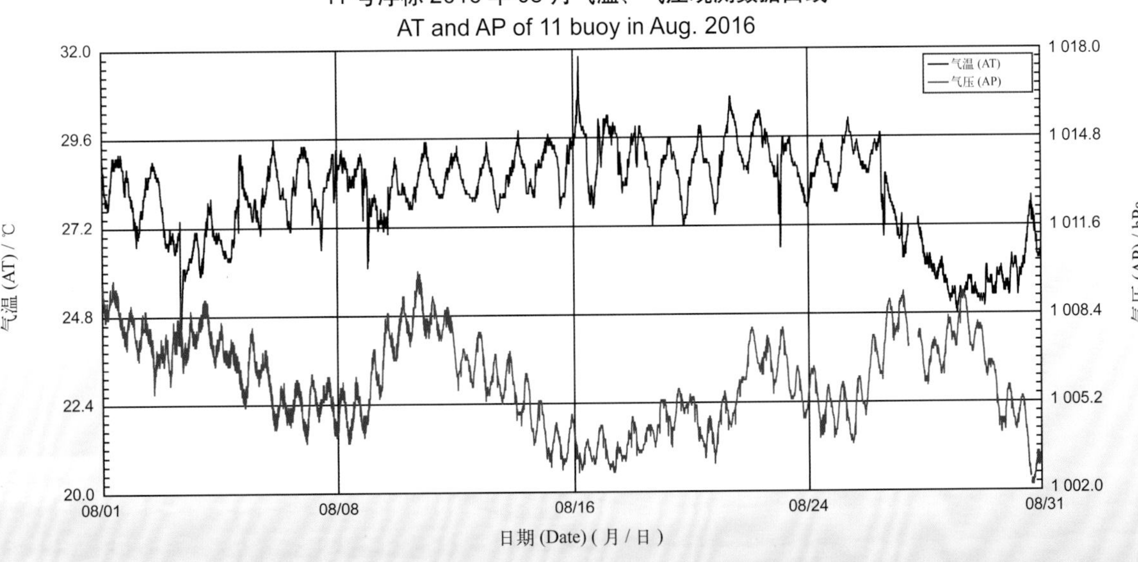

11 号浮标 2016 年 09 月气温、气压观测数据曲线
AT and AP of 11 buoy in Sep. 2016

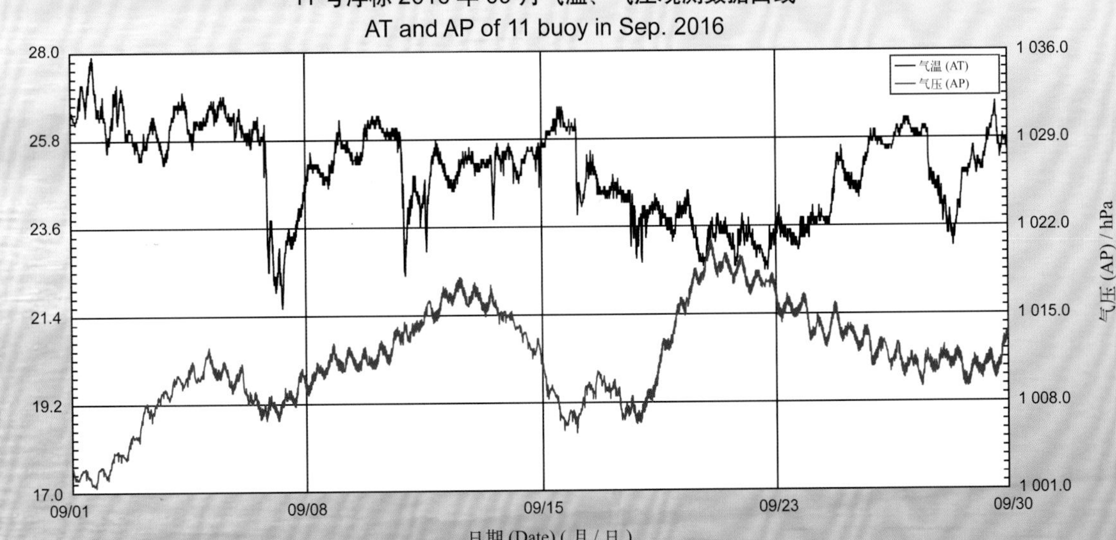

11 号浮标 2016 年 10 月气温、气压观测数据曲线

AT and AP of 11 buoy in Oct. 2016

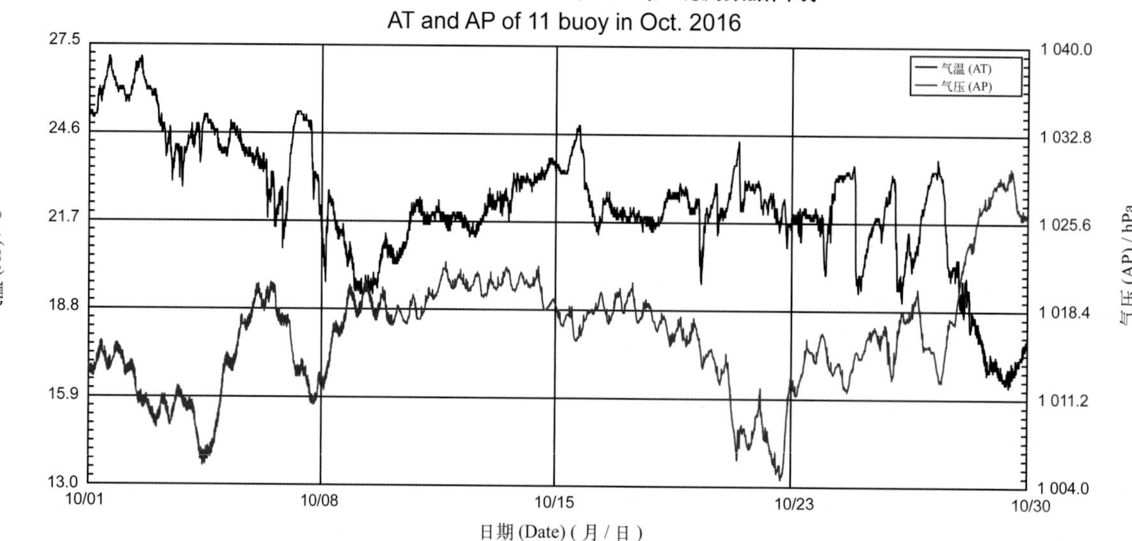

11 号浮标 2016 年 11 月气温、气压观测数据曲线

AT and AP of 11 buoy in Nov. 2016

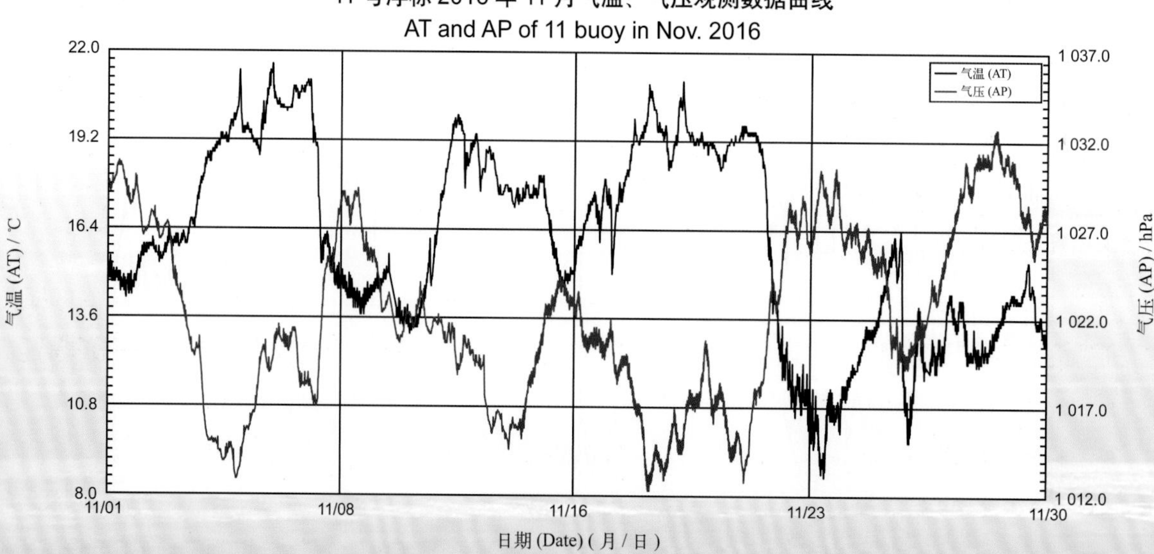

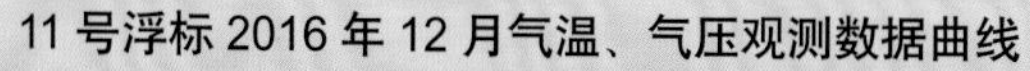
11 号浮标 2016 年 12 月气温、气压观测数据曲线

AT and AP of 11 buoy in Dec. 2016

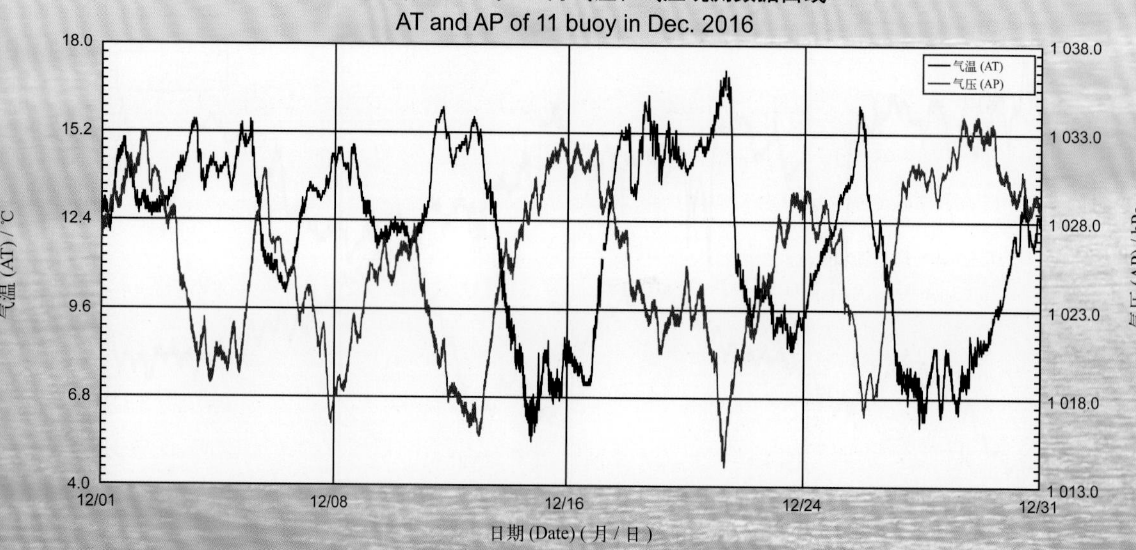

2016 年度 12 号浮标观测数据概述及曲线（气温和气压）

12 号浮标位于东海舟山黄泽洋附近海域（30°30′N，122°33′E），是一套船形综合观测平台。可获取的观测参数包括气象、水文和水质，气温和气压数据是气象参数中的重要观测内容。

2016 年，12 号浮标共获取 355 天的气温和气压长序列观测数据。获取数据的区间共三个时间段，具体为 1 月 1 日 00:00 至 11 月 4 日 04:30、11 月 13 日 10:30 至 12 月 6 日 07:20、12 月 10 日 15:20 至 31 日 23:50。

通过对获取数据质量控制和分析，12 号浮标观测海域本年度气温、气压数据和季节数据特征如下：年度气温数据平均值为 17.28℃，年度气压数据平均值为 1 014.13 hPa。测得的全年最高气温和最低气温分别为 29.9℃（8 月 16 日 16:10、8 月 21 日 15:50）和 −5.6℃（1 月 24 日 12:50）；测得的全年最高气压和最低气压分别为 1 039.8 hPa（1 月 24 日 19:20）和 995.3 hPa（7 月 15 日 15:40—15:50）。以 2 月为冬季代表月，观测海域冬季的平均气温是 6.91℃，平均气压是 1 025.85 hPa；以 5 月为春季代表月，观测海域春季的平均气温是 18.57℃，平均气压是 1 010.02 hPa；以 8 月为夏季代表月，观测海域夏季的平均气温是 27.31℃，平均气压是 1 002.79 hPa；以 11 月为秋季代表月，观测海域秋季的平均气温是 15.41℃，平均气压是 1 020.78 hPa。

2016 年，12 号浮标布放海域月度气温、气压变化特征与该海域常年季节气候变化特点基本吻合。浮标观测的气温、气压的月平均值和最高值、最低值数据参见表 6。从表 6 中可以看出，气温平均值最低的月份为 2 月，年度最低气温（−5.6℃）出现在 1 月，平均值最高的月份为 8 月，并且在该时间段内观测到年度最高气温（29.9℃）。气压平均值最低的月份为 8 月，年度最低气压（995.3 hPa）出现在 7 月，气压平均值最高的月份为 2 月，年度最高气压值（1 039.8 hPa）出现在 1 月。从月度气温、气压的变化情况分析，气温变化最为剧烈的是 1 月，最高温度为 15℃，最低温度为 −5.6℃，变化幅度为 20.6℃，气压变化最为剧烈的是 2 月，最高气压为 1 038.4 hPa，最低气压为 1 005.6 hPa，变化幅度为 32.8 hPa；比较而言，气温变化幅度较小的月份是 8 月，最高温度为 29.9℃，最低温度为 24.7℃，变化幅度为 5.2℃，气压变化幅度较小的月份亦是 8 月，最高气压为 1 007.2 hPa，最低气压为 997.0 hPa，变化幅度为 10.2 hPa。

2016 年，12 号浮标记录到 2 次寒潮过程和 3 次台风过程。第一次寒潮过程，12 号浮标观测到 1 月 22 日 21:50 至 23 日 21:50，24 h 内气温下降了 9.4℃（从 7.1℃下降至 −2.3℃），自 1 月 23 日 13:00 开始气温下降到 0℃以下，最低气温下降到 −5.6℃（1 月 24 日 12:50），0℃以下的气温一直持续到 1 月 25 日 14:10，寒潮期间最高气压为 1 038.2 hPa（1 月 24 日 10:10）；第二次寒潮过程，12 号浮标观测到 2 月 13 日 12:10 至 14 日 09:30，21 h 内气温下降了 11.0℃（从 14℃下降至 3℃），自 2 月 14 日 03:30 开始气温下降至 5℃以下，最低气温下降到 0.7℃（2 月 15 日 08:00、08:20），5℃以下的气温一直持续到 2 月 15 日 18:40，寒潮期间最高气压为 1 030.8 hPa（2 月 15 日 07:50）。台风方面，第一次台风过程，受第 14 号超强台风“莫兰蒂”影响，12 号浮标获取到台风期间最低气压为 1 002.6 hPa（9 月 16 日 17:00）；第二次台风过程，受第 16 号强台风“马勒卡”影响，12 号浮标获取到台风期间最低气压为 1 003.8 hPa（9 月 18 日 14:50）；第三次台风过程，受第 18 号超强台风“暹芭”影响，12 号浮标获取到台风期间最低气压为 1 003.2 hPa（10 月 4 日 15:40）。

表 6　12 号浮标各月份气温、气压观测数据情况详表

月份	气温 / ℃			气压 / hPa			备注
	平均	最高	最低	平均	最高	最低	
1	6.98	15.0	−5.6	1 025.57	1 039.8	1 011.3	记录 1 次寒潮过程
2	6.91	14.4	0.7	1 025.85	1 038.4	1 005.6	冬季代表月， 记录 1 次寒潮过程
3	9.88	14.9	4.3	1 020.77	1 032.0	1 008.6	
4	14.04	18.8	8.7	1 012.53	1 023.2	997.7	
5	18.57	22.5	13.3	1 010.02	1 020.3	998.0	春季代表月
6	21.63	28.6	17.5	1 005.48	1 012.2	996.8	
7	25.79	28.9	23.3	1 003.72	1 011.8	995.3	
8	27.31	29.9	24.7	1 002.79	1 007.2	997.0	夏季代表月
9	24.71	28.2	21.3	1 008.72	1 018.1	997.3	记录 2 次台风过程
10	22.12	26.6	16.2	1 014.21	1 028.2	1 000.4	记录 1 次台风过程
11	15.41	20.6	7.7	1 020.78	1 030.9	1 009.9	秋季代表月 通信故障，缺测 8 天数据
12	11.49	18.1	4.5	1 024.23	1 033.3	1 012.5	通信故障，缺测 3 天数据

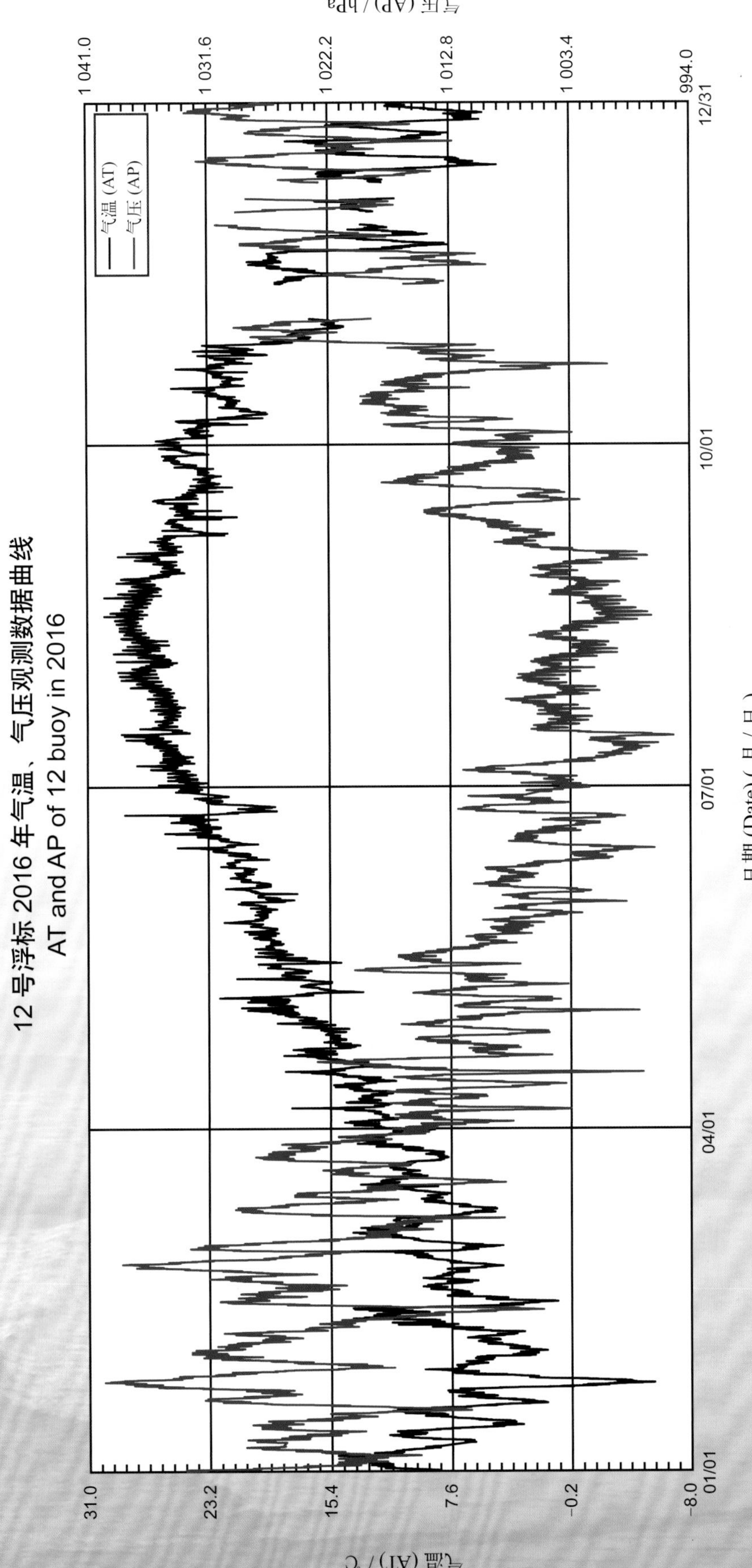

12 号浮标 2016 年气温、气压观测数据曲线
AT and AP of 12 buoy in 2016
气温 (AT)
气压 (AP)
气温 (AT) / ℃
31.0
23.2
15.4
7.6
-0.2
-8.0
气压 (AP) / hPa
1 041.0
1 031.6
1 022.2
1 012.8
1 003.4
994.0
01/01
04/01
07/01
10/01
12/31
日期 (Date) (月 / 日)

12 号浮标 2016 年 01 月气温、气压观测数据曲线
AT and AP of 12 buoy in Jan. 2016

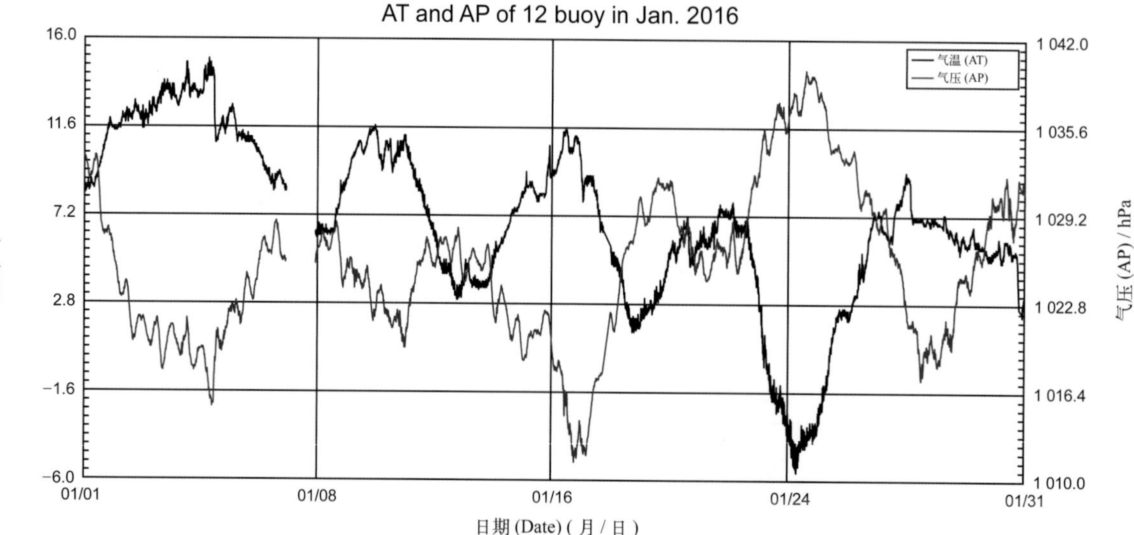

12 号浮标 2016 年 02 月气温、气压观测数据曲线
AT and AP of 12 buoy in Feb. 2016

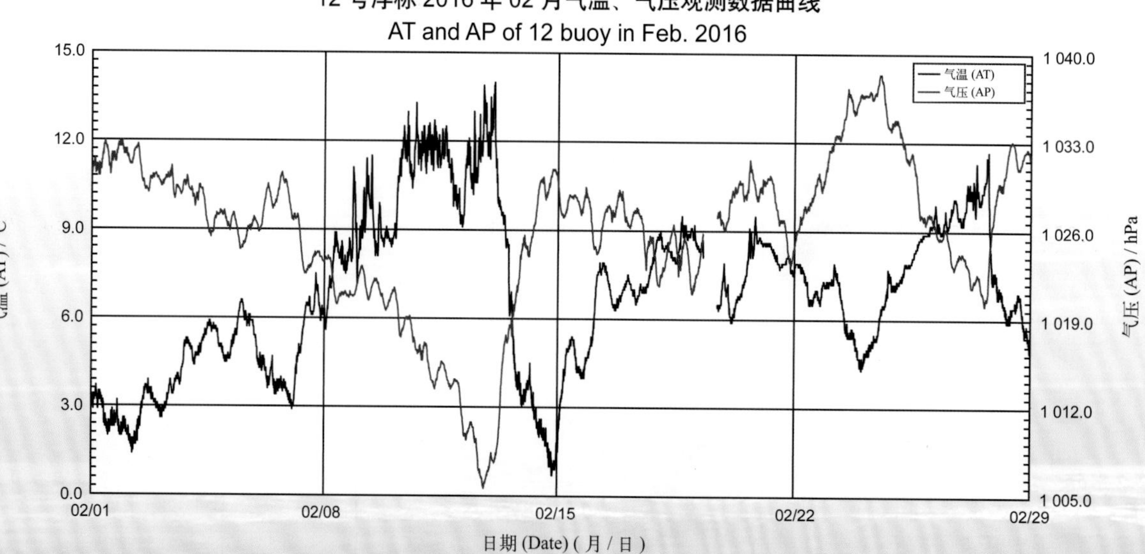

12 号浮标 2016 年 03 月气温、气压观测数据曲线
AT and AP of 12 buoy in Mar. 2016

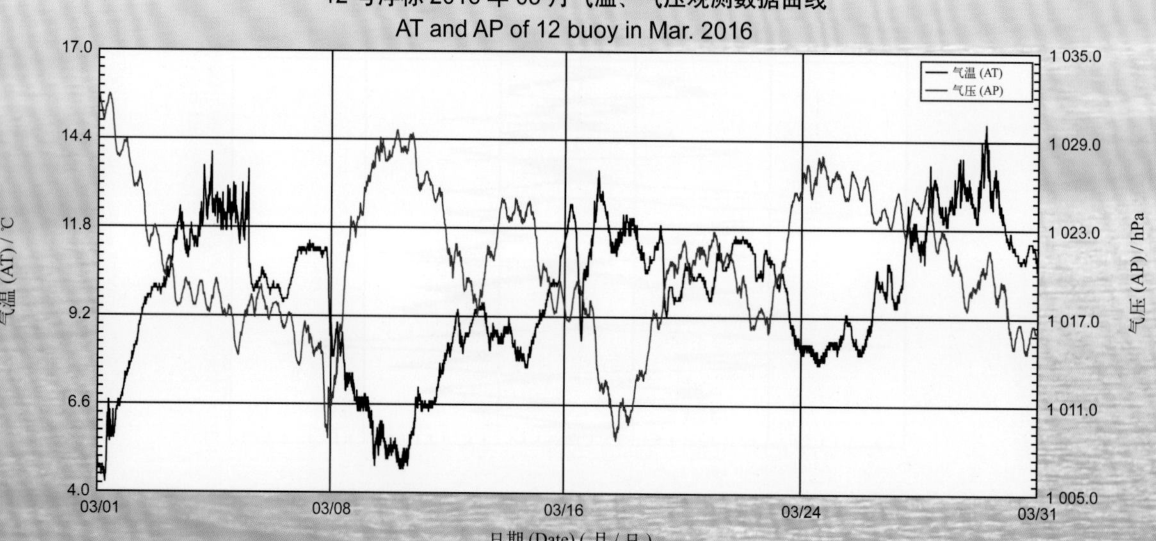

12 号浮标 2016 年 04 月气温、气压观测数据曲线
AT and AP of 12 buoy in Apr. 2016

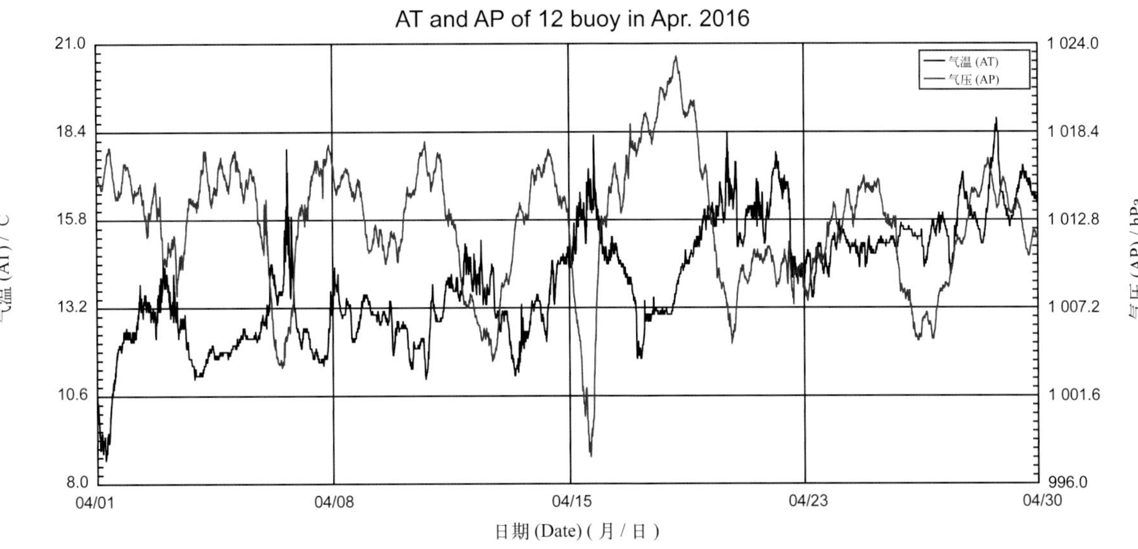

12 号浮标 2016 年 05 月气温、气压观测数据曲线
AT and AP of 12 buoy in May 2016

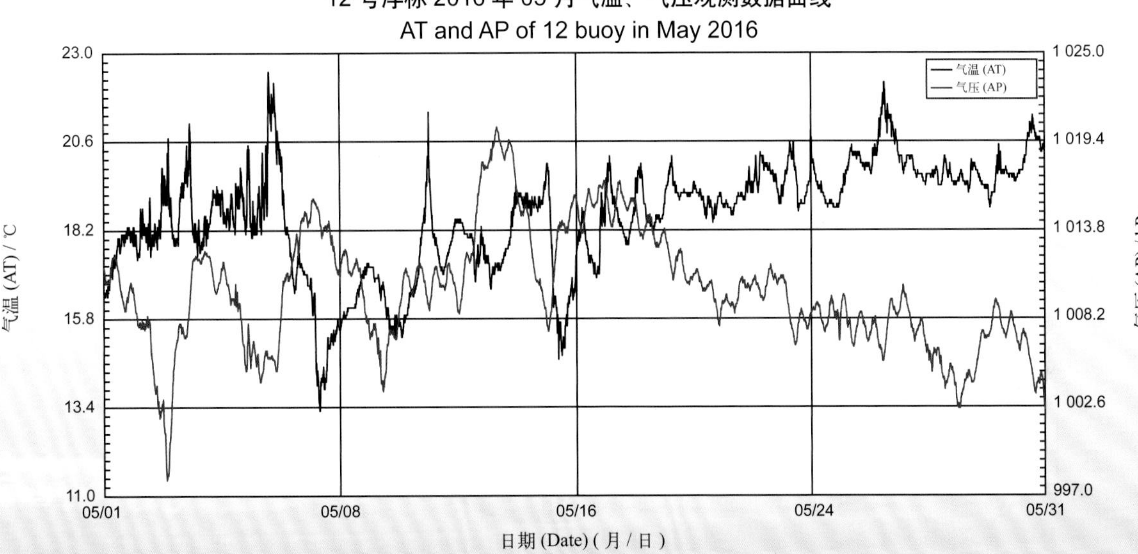

12 号浮标 2016 年 06 月气温、气压观测数据曲线
AT and AP of 12 buoy in Jun. 2016

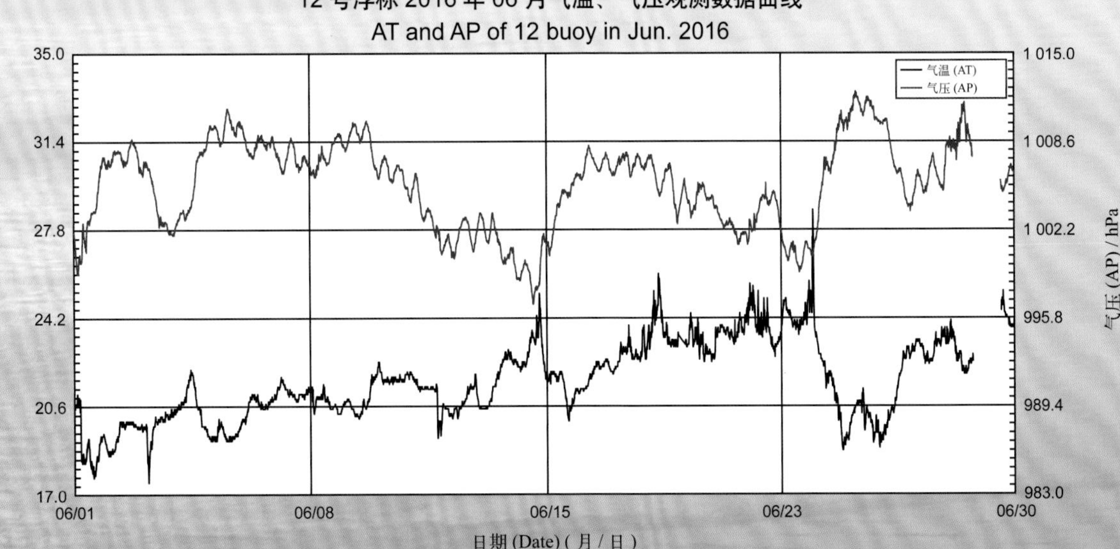

12 号浮标 2016 年 07 月气温、气压观测数据曲线
AT and AP of 12 buoy in Jul. 2016

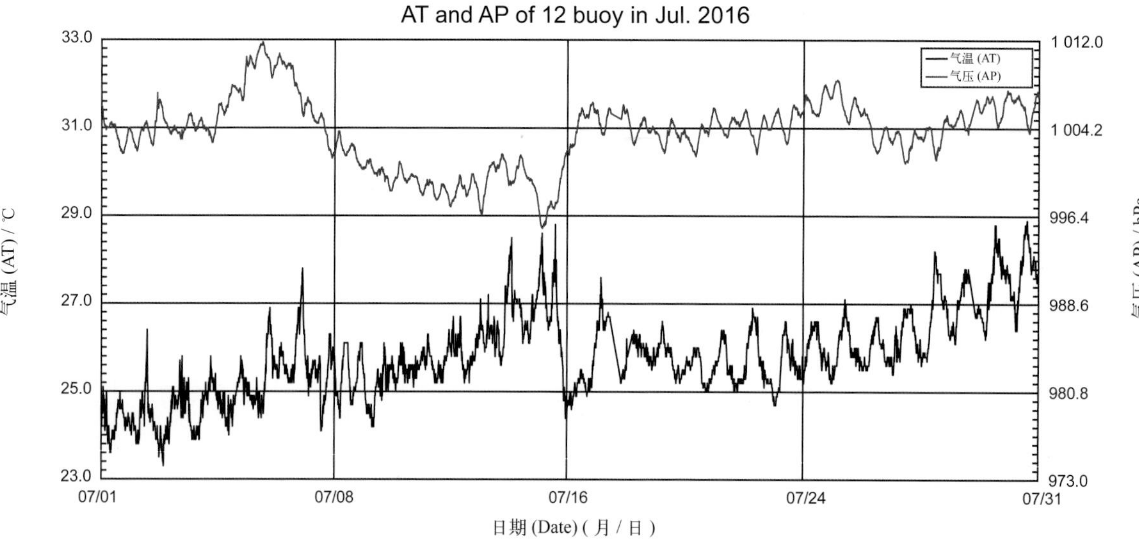

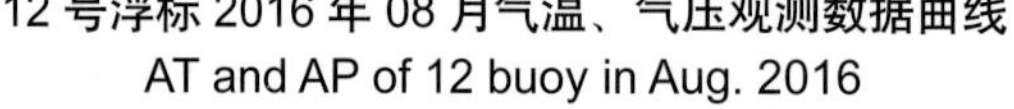
12 号浮标 2016 年 08 月气温、气压观测数据曲线
AT and AP of 12 buoy in Aug. 2016

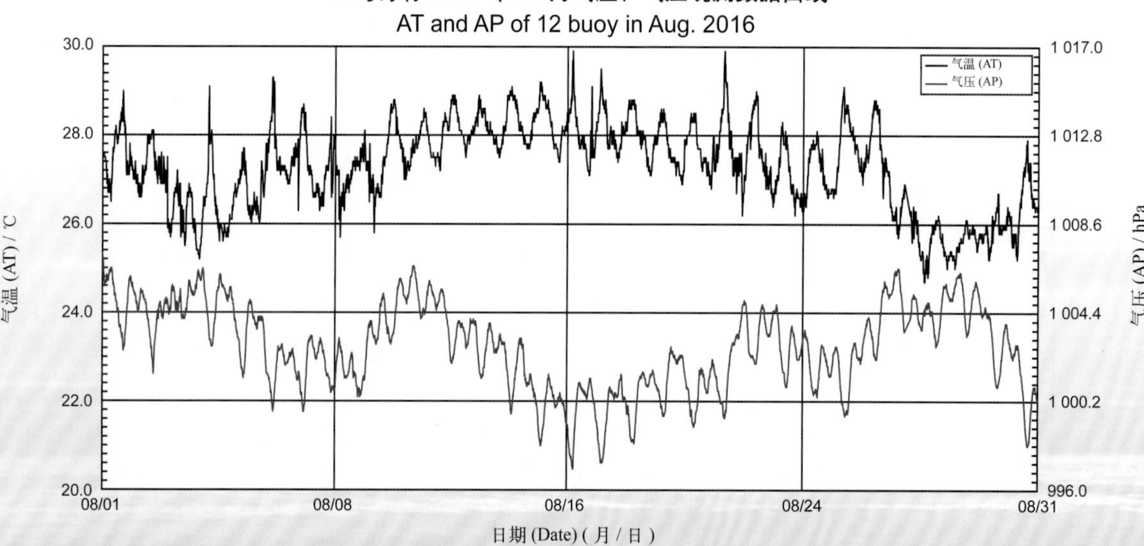

12 号浮标 2016 年 09 月气温、气压观测数据曲线
AT and AP of 12 buoy in Sep. 2016

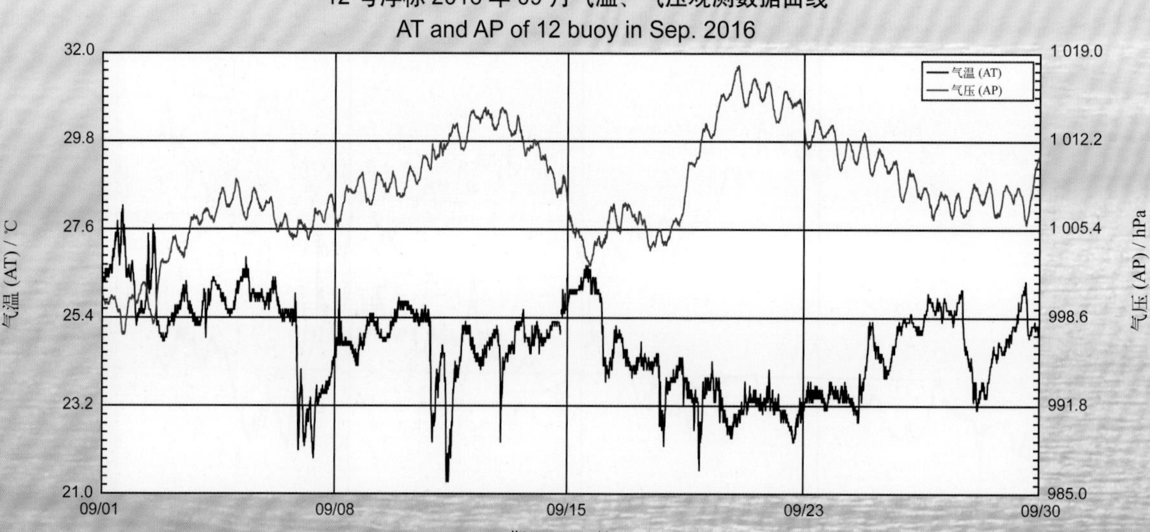

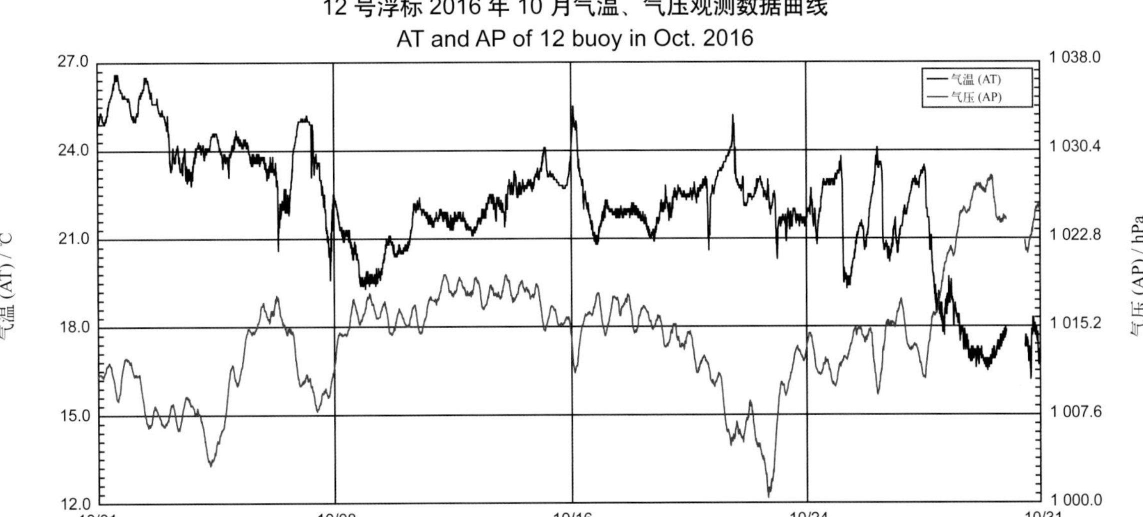
12 号浮标 2016 年 10 月气温、气压观测数据曲线
AT and AP of 12 buoy in Oct. 2016
气温 (AT)
气压 (AP)
27.0
24.0
21.0
18.0
15.0
12.0
1 038.0
1 030.4
1 022.8
1 015.2
1 007.6
1 000.0
10/01
10/08
10/16
10/24
10/31
气温 (AT) / ℃
气压 (AP) / hPa
日期 (Date) (月 / 日)

2016年度17号浮标观测数据概述及曲线
（气温和气压）

17号浮标位于黄海青岛仰口附近海域（36°11′N，121°13′E），是一套直径10 m的圆盘形综合观测平台。可获取的观测参数包括气象、水文和水质，气温和气压数据是气象参数中的重要观测内容。

2016年，17号浮标共获取322天的气温和气压长序列观测数据。获取数据的区间共两个时间段，具体为1月1日00:00至7月30日08:50、9月13日17:50至12月31日23:50。

通过对获取数据质量控制和分析，17号浮标观测海域本年度气温、气压数据和季节数据特征如下：年度气温数据平均值为12.37℃，年度气压数据平均值为1 018.13 hPa。测得的年度最高气温和最低气温分别为29.0℃（7月30日14:50）和−12.4℃（1月24日04:10）；测得的全年最高气压和最低气压分别为1039.6 hPa（1月22日23:10、1月23日09:50—10:00），最低气压为993.2 hPa（5月30日03:10）。以2月为冬季代表月，观测海域冬季的平均气温是2.47℃，平均气压是1 026.08 hPa；以5月为春季代表月，观测海域春季的平均气温是15.20℃，平均气压是1 011.40 hPa；以11月为秋季代表月，观测海域秋季的平均气温是10.75℃，平均气压是1 024.19 hPa。

2016年，17号浮标布放海域月度气温、气压变化特征与该海域常年季节气候变化特点基本吻合。浮标观测的气温、气压的月平均值和最高值、最低值数据参见表7。从表7中可以看出，已观测到的数据中，气温平均值最低的月份为1月，并且在该时间段内观测到年度最低气温（−12.4℃），平均值最高的月份为7月，并且在该时间段内观测到年度最高气温（29.0℃）。气压平均值最低的月份为7月，观测到的年度最低气压（993.2 hPa）出现在5月，气压平均值最高的月份为1月，并且在该时间段内观测到年度最高气压（1 039.6 hPa）。从月度气温、气压的变化情况分析，气温变化最为剧烈的是1月，最高温度为9.8℃，最低温度为−12.4℃，变化幅度为22.2℃，气压变化最为剧烈的是2月，最高气压为1 039.5 hPa，最低气压为1 006.5 hPa，变化幅度为33.0 hPa；比较而言，气温变化幅度较小的月份是7月，最高温度为29.0℃，最低温度为20.3℃，变化幅度为8.7℃，气压变化幅度较小的月份是6月，最高气压为1 013.4 hPa，最低气压为996.1 hPa，变化幅度为17.3 hPa。

2016年，17号浮标共记录到2次寒潮过程。第一次寒潮过程，17号浮标观测到1月17日00:00（7.5℃）至20:30（−3.7℃），20.5 h内气温下降了11.2℃，之后气温一度下降到−12.4℃（1月24日04:10），创下2016年度最低气温记录，寒潮期间从1月17日14:40开始气温下降到0℃，0℃以下的气温一直持续到1月25日22:00，期间低于−5℃的气温时长为24.8 h（1月22日23:00至24日

23:50）；第二次寒潮过程，17 号浮标观测到 11 月 21 日 13:00（11.2℃）至 22 日 04:50（0.4℃），近 16 h 内气温下降了 10.8℃，气温低于 5℃时间从 11 月 21 日 22:50 一直持续到 25 日 00:50。

表 7　17 号浮标各月份气温、气压观测数据情况详表

月份	气温 / ℃			气压 / hPa			备注
	平均	最高	最低	平均	最高	最低	
1	0.76	9.8	−12.4	1 028.21	1 039.6	1 017.7	记录 1 次寒潮过程
2	2.47	7.2	−4.1	1 026.08	1 039.5	1 006.5	冬季代表月
3	6.03	15.8	−1.1	1 022.35	1 032.8	1 011.4	
4	10.40	18.0	6.8	1 013.41	1 024.1	995.3	
5	15.20	21.2	11.0	1 011.40	1 025.0	993.2	春季代表月
6	20.22	26.8	15.0	1 007.25	1 013.4	996.1	
7	25.10	29.0	20.3	1 005.71	1 014.8	996.6	浮标大修，缺测 1 天数据
8	—	—	—	—	—	—	夏季代表月，浮标大修，无数据
9	23.28	28.8	15.6	1 013.45	1 021.7	995.3	浮标大修，缺测 12 天数据
10	18.47	23.1	6.1	1 019.26	1 035.8	1 008.9	
11	10.75	18.6	0.4	1 024.19	1 036.2	1 008.6	秋季代表月，记录 1 次寒潮过程
12	5.89	12.6	−1.5	1 026.97	1 036.6	1 012.6	

17 号浮标 2016 年气温、气压观测数据曲线
AT and AP of 17 buoy in 2016

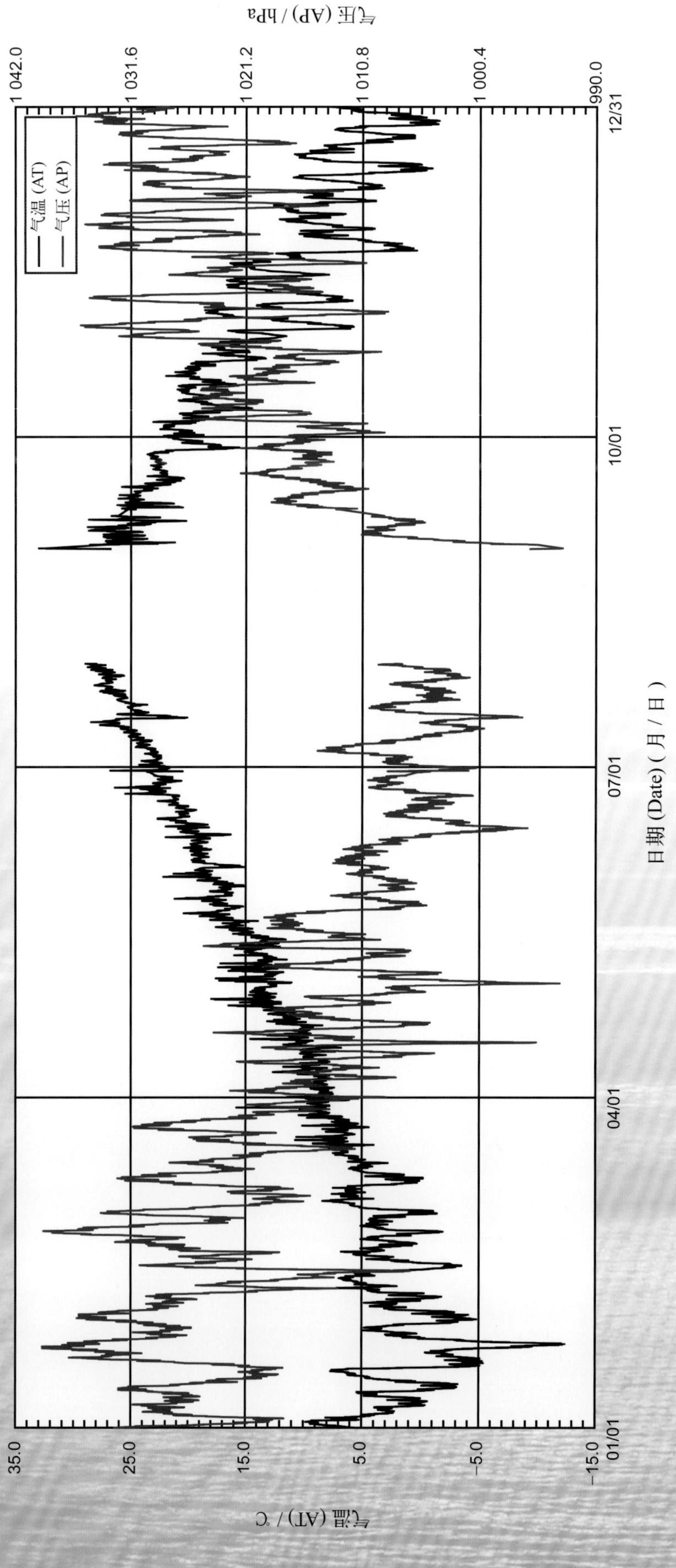

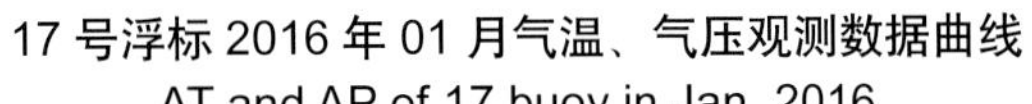
17 号浮标 2016 年 01 月气温、气压观测数据曲线
AT and AP of 17 buoy in Jan. 2016

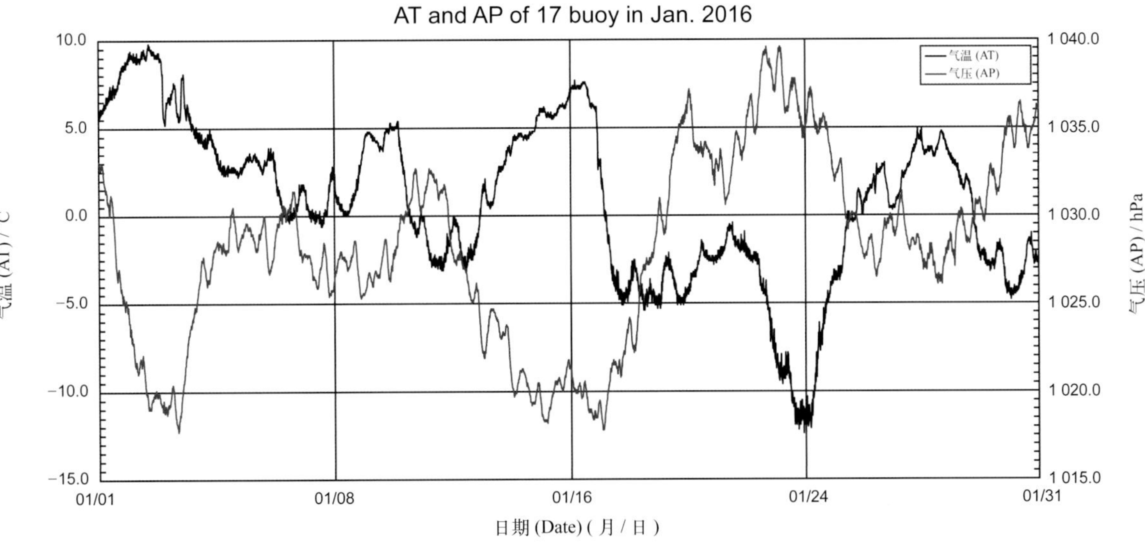
气温 (AT)
气压 (AP)
10.0
5.0
0.0
-5.0
-10.0
-15.0
1 040.0
1 035.0
1 030.0
1 025.0
1 020.0
1 015.0
01/01
01/08
01/16
01/24
01/31
气温 (AT) / ℃
气压 (AP) / hPa
日期 (Date) (月 / 日)

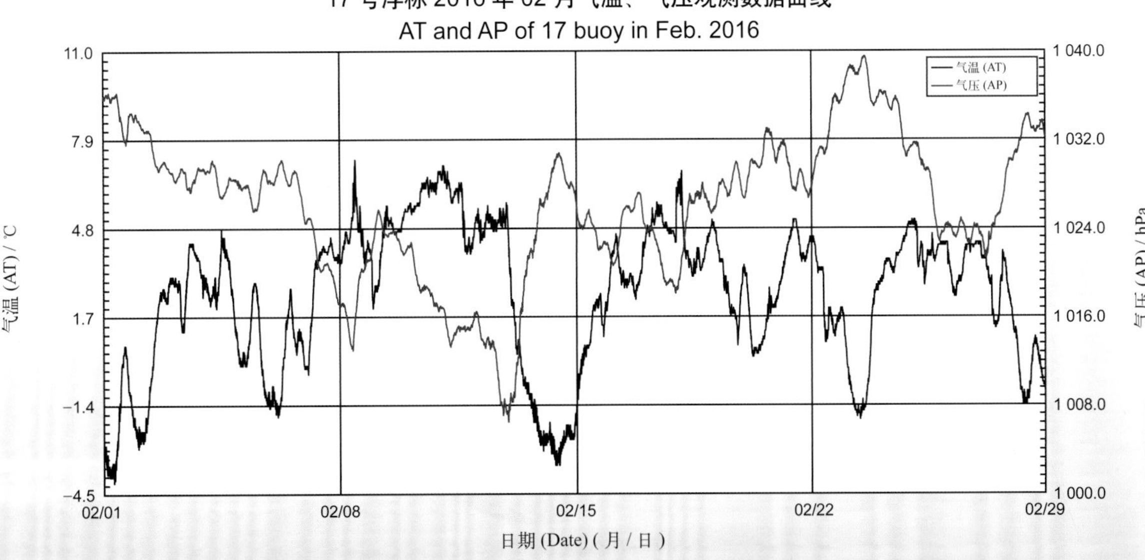
17 号浮标 2016 年 02 月气温、气压观测数据曲线
AT and AP of 17 buoy in Feb. 2016
气温 (AT)
气压 (AP)
11.0
7.9
4.8
1.7
-1.4
-4.5
1 040.0
1 032.0
1 024.0
1 016.0
1 008.0
1 000.0
02/01
02/08
02/15
02/22
02/29
气温 (AT) / ℃
气压 (AP) / hPa
日期 (Date) (月 / 日)

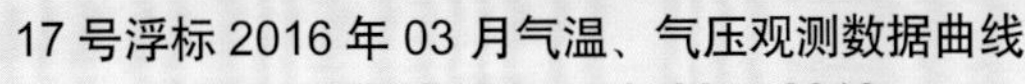
17 号浮标 2016 年 03 月气温、气压观测数据曲线
AT and AP of 17 buoy in Mar. 2016

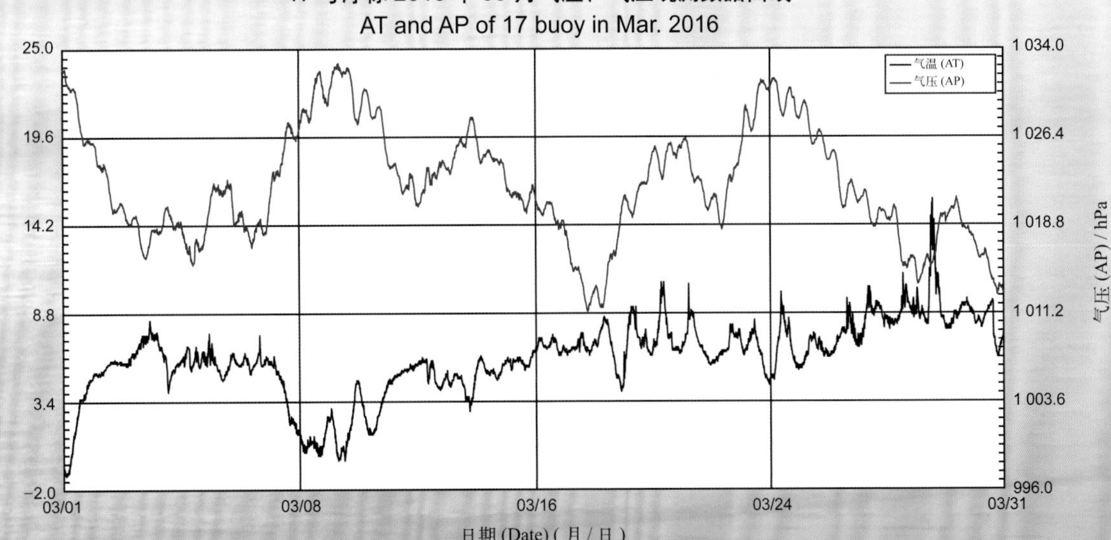
气温 (AT)
气压 (AP)
25.0
19.6
14.2
8.8
3.4
-2.0
1 034.0
1 026.4
1 018.8
1 011.2
1 003.6
996.0
03/01
03/08
03/16
03/24
03/31
气温 (AT) / ℃
气压 (AP) / hPa
日期 (Date) (月 / 日)

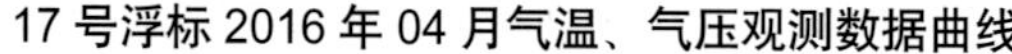

17 号浮标 2016 年 04 月气温、气压观测数据曲线
AT and AP of 17 buoy in Apr. 2016

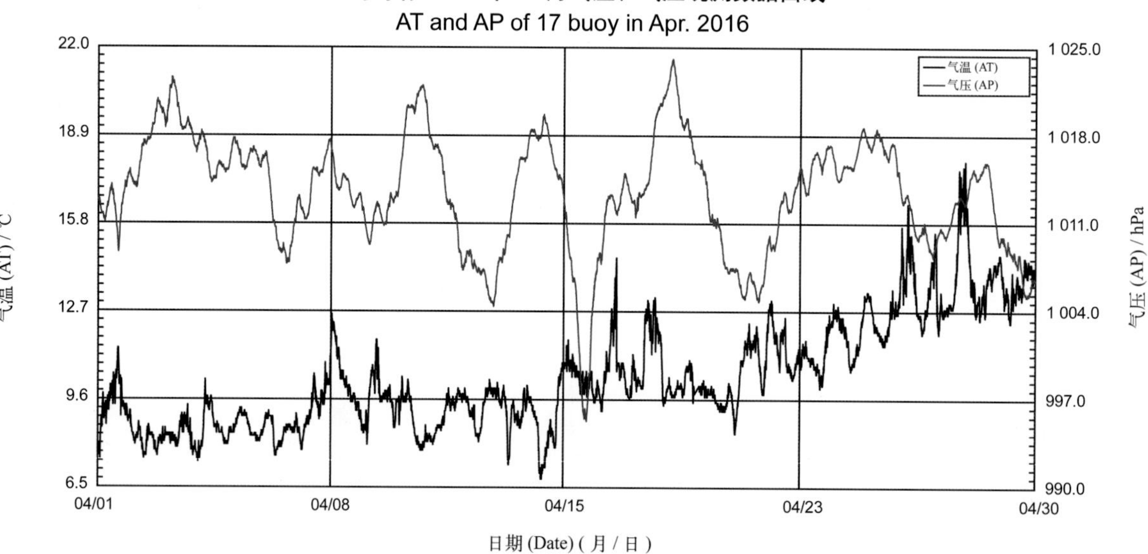

17 号浮标 2016 年 05 月气温、气压观测数据曲线
AT and AP of 17 buoy in May 2016

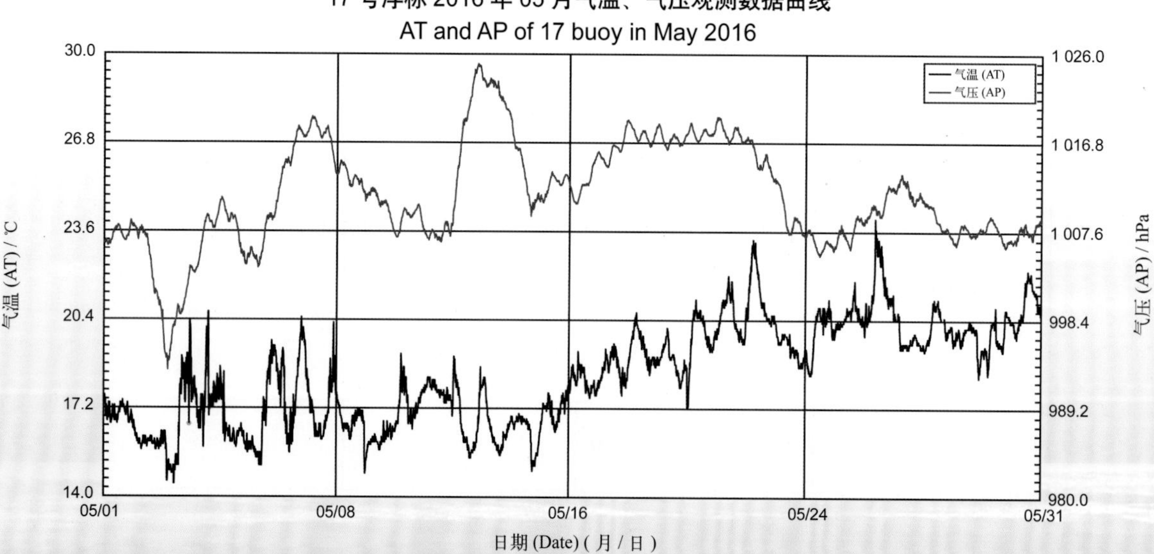

17 号浮标 2016 年 06 月气温、气压观测数据曲线
AT and AP of 17 buoy in Jun. 2016

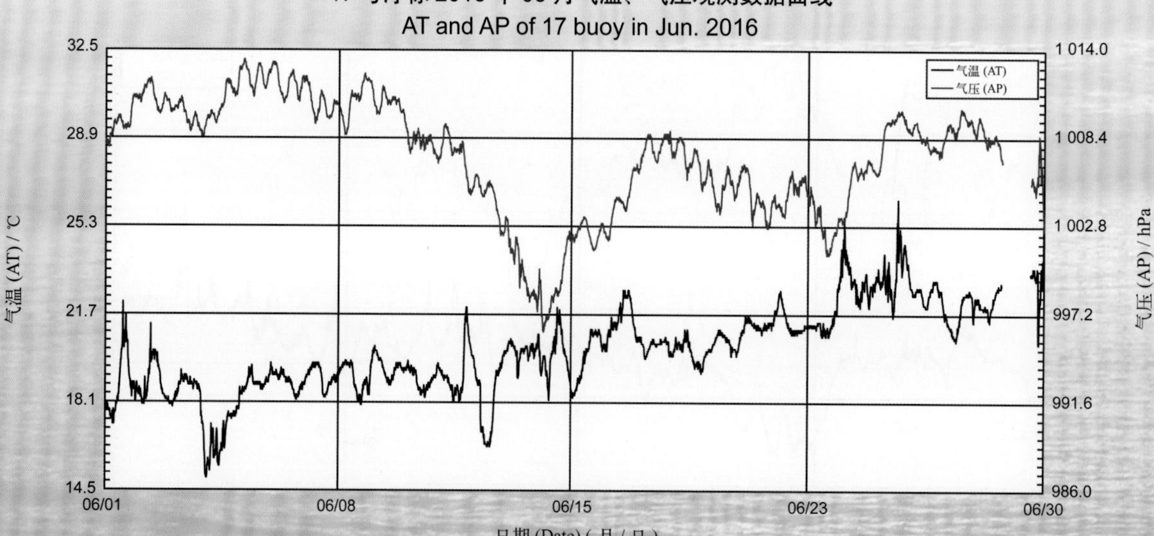

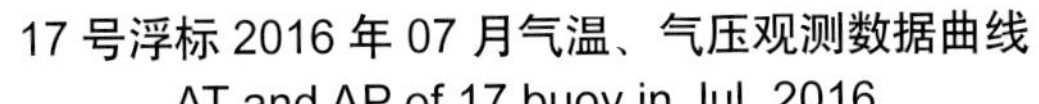

17 号浮标 2016 年 07 月气温、气压观测数据曲线

AT and AP of 17 buoy in Jul. 2016

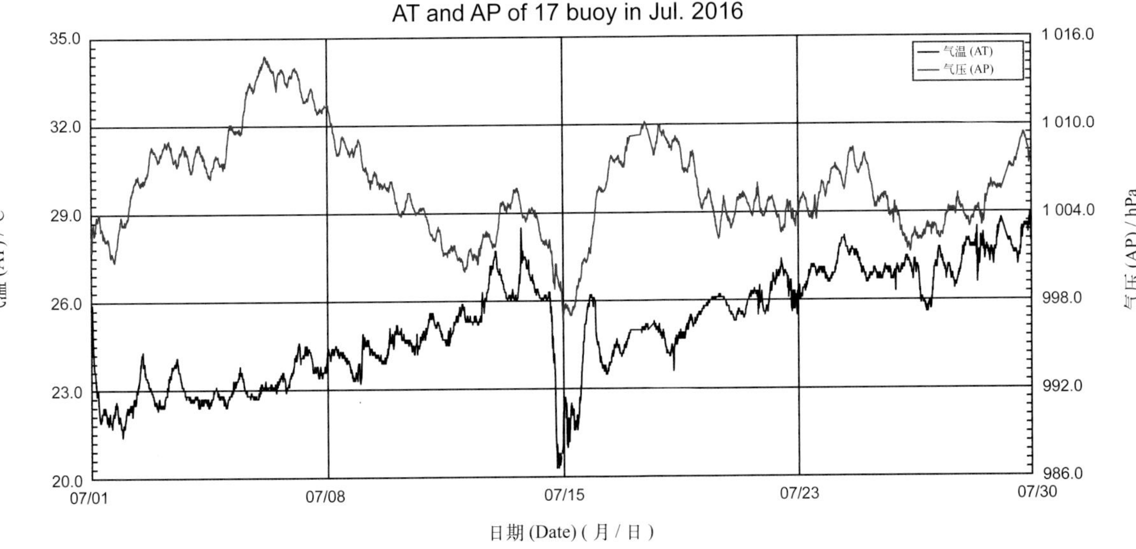

17 号浮标 2016 年 10 月气温、气压观测数据曲线

AT and AP of 17 buoy in Oct. 2016

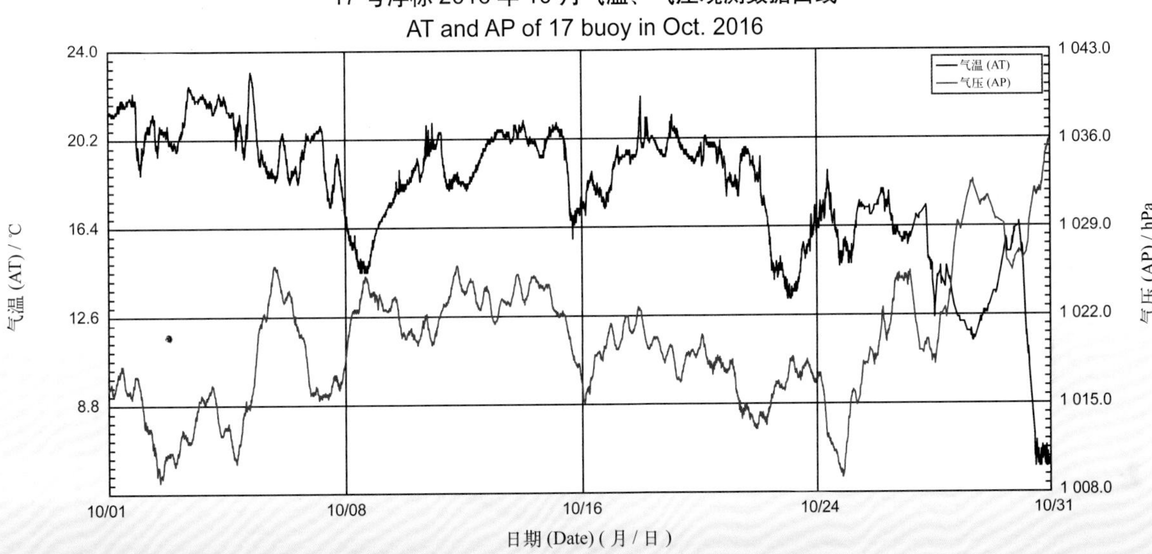

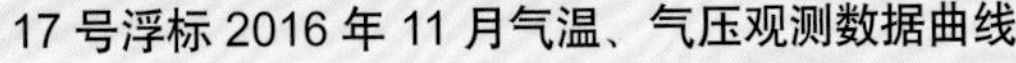

17 号浮标 2016 年 11 月气温、气压观测数据曲线

AT and AP of 17 buoy in Nov. 2016

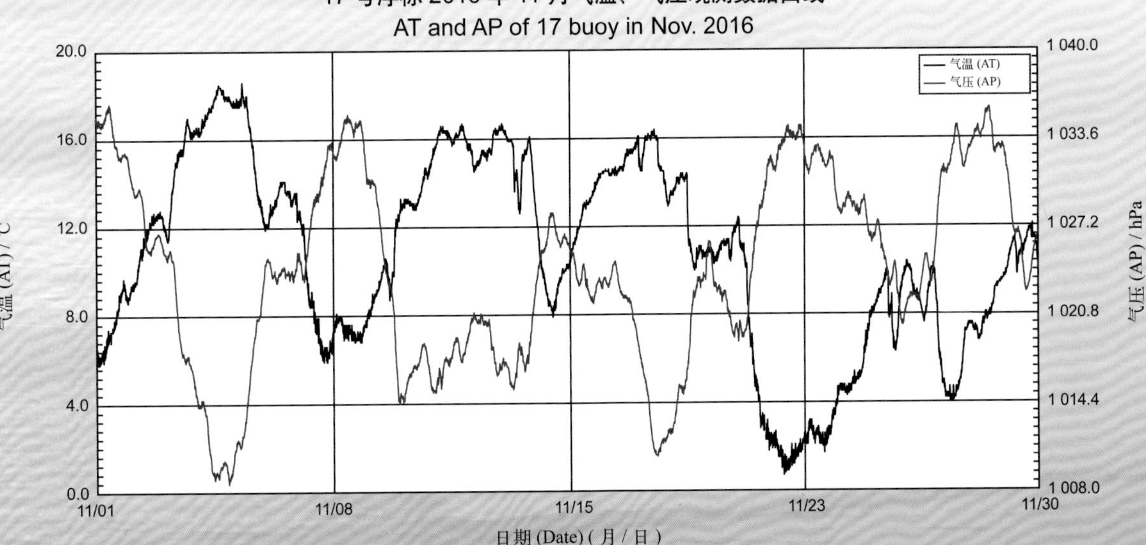

17 号浮标 2016 年 12 月气温、气压观测数据曲线
AT and AP of 17 buoy in Dec. 2016

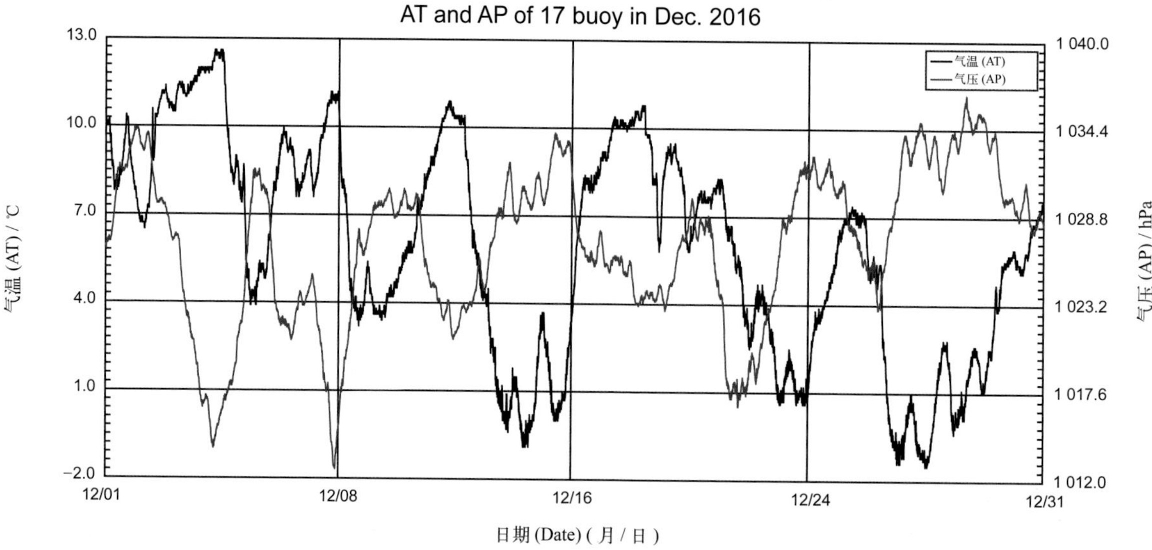

2016 年度 19 号浮标观测数据概述及曲线（气温和气压）

19 号浮标位于黄海日照近海海域（35°25′N，119°36′E），是一套直径 3 m 的圆盘形综合观测平台。可获取的观测参数包括气象、水文和水质，气温和气压数据是气象参数中的重要观测内容。

2016 年，19 号浮标共获取 362 天的气温和气压长序列观测数据。获取数据的区间共四个时间段，具体为 1 月 1 日 00:00 至 3 月 22 日 10:00、3 月 26 日 15:30 至 8 月 3 日 10:10、8 月 4 日 17:10 至 11 月 27 日 13:10、11 月 29 日 08:10 至 12 月 31 日 23:50。

通过对获取数据质量控制和分析，19 号浮标观测海域本年度气温、气压数据和季节数据特征如下：年度气温数据平均值为 13.93℃，年度气压数据平均值为 1 016.98 hPa。测得的年最高气温和最低气温分别为 31.4℃（8 月 31 日 15:20）和 −14.1℃（1 月 24 日 06:30）；测得的全年最高气压和最低气压分别为 1 042.4 hPa（1 月 23 日 09:10）和 994.5 hPa（8 月 31 日 16:10、9 月 1 日 15:20—15:50）。以 2 月为冬季代表月，观测海域冬季的平均气温是 2.84℃，平均气压是 1 026.39 hPa；以 5 月为春季代表月，观测海域春季的平均气温是 16.38℃，平均气压是 1 011.30 hPa；以 8 月为夏季代表月，观测海域夏季的平均气温是 27.05℃，平均气压是 1 006.63 hPa；以 11 月为秋季代表月，观测海域秋季的平均气温是 10.15℃，平均气压是 1 023.94 hPa。

2016 年，19 号浮标布放海域月度气温、气压变化特征与该海域常年季节气候变化特点基本吻合。浮标观测的气温、气压的月平均值和最高值、最低值数据参见表 8。从表 8 中可以看出，气温平均值最低的月份为 1 月，并且在该时间段内观测到年度最低气温（−14.1℃），平均值最高的月份为 8 月，并且在该时间段内观测到年度最高气温（31.4℃）。气压平均值最低的月份为 7 月，观测到的年度最低气压（994.5 hPa）出现在 8 月和 9 月，气压平均值最高的月份为 1 月，并且在该时间段内观测到年度最高气压（1 042.4 hPa）。从月度气温、气压的变化情况分析，气温变化最为剧烈的是 1 月，最高温度为 8.6℃，最低温度为 −14.1℃，变化幅度为 22.7℃，气压变化最为剧烈的是 2 月，最高气压为 1 040.1 hPa，最低气压为 1 006.7 hPa，变化幅度为 33.4 hPa；比较而言，气温变化幅度较小的月份是 8 月，最高温度为 31.4℃，最低温度为 21.6℃，变化幅度为 9.8℃，气压变化幅度较小的月份是 7 月，最高气压为 1 014.4 hPa，最低气压为 997.9 hPa，变化幅度为 16.5 hPa。

2016 年，19 号浮标共记录到 3 次寒潮过程。第一次寒潮过程，19 号浮标观测到 1 月 17 日 03:50（5.2℃）至 18 日 02:00（−5.0℃），22 h 内气温下降了 10.2℃，之后气温一度下降到 −5.7℃（1 月 18 日 08:20），寒潮期间从 1 月 17 日 14:40 开始气温下降到 0℃以下，0℃以下的气温一直持续到 1 月 21 日 12:00；第二次寒潮过程，19 号浮标观测到 1 月 22 日 00:00（−0.1℃）至 24 日 02:20（−13.2℃），之后气温一度下降到 −14.1℃（1 月 24 日 06:30），创下 2016 年度最低气温记录，寒潮期间从 1 月 21 日 23:50 开始气温下降到 0℃以下，0℃以下的气温一直持续到 1 月 25 日 12:30，期间气温低于 −5℃的时长为 59.3 h（1 月 22 日 21:20 至 25 日 08:40）；第三次寒潮过程，19 号浮标观测到 11 月 21 日

11:40（13.3℃）至 22 日 18:30（0.0℃），31 h 内气温下降了 13.3℃，之后气温一度下降到 −1.4℃（11 月 23 日 03:00、07:20），期间 0℃以下气温持续了约 15 h（11 月 22 日 18:30 至 23 日 10:10）。

表 8　19 号浮标各月份气温、气压观测数据情况详表

月份	气温 / ℃			气压 / hPa			备注
	平均	最高	最低	平均	最高	最低	
1	0.46	8.6	−14.1	1 028.70	1 042.4	1 017.5	记录 2 次寒潮过程
2	2.84	12.9	−4.3	1 026.39	1 040.1	1 006.7	冬季代表月
3	6.40	18.0	−0.7	1 021.50	1 033.7	1 011.3	系统故障，缺测 3 天数据
4	11.80	21.2	7.2	1 013.20	1 022.9	998.4	
5	16.38	24.6	12.5	1 011.30	1 025.1	997.9	春季代表月
6	20.35	30.6	15.3	1 006.88	1 013.4	994.8	
7	25.03	30.5	19.8	1 005.40	1 014.4	997.9	
8	27.05	31.4	21.6	1 006.63	1 013.3	994.5	夏季代表月
9	23.31	28.8	14.8	1 012.98	1 022.0	994.5	
10	17.44	23.3	5.3	1 020.08	1 036.4	1 009.8	
11	10.15	18.5	−1.4	1 023.94	1 037.0	1 009.3	秋季代表月，系统故障，缺测 1 天数据，记录 1 次寒潮过程
12	5.17	13.8	−1.7	1 027.35	1 037.9	1 013.1	

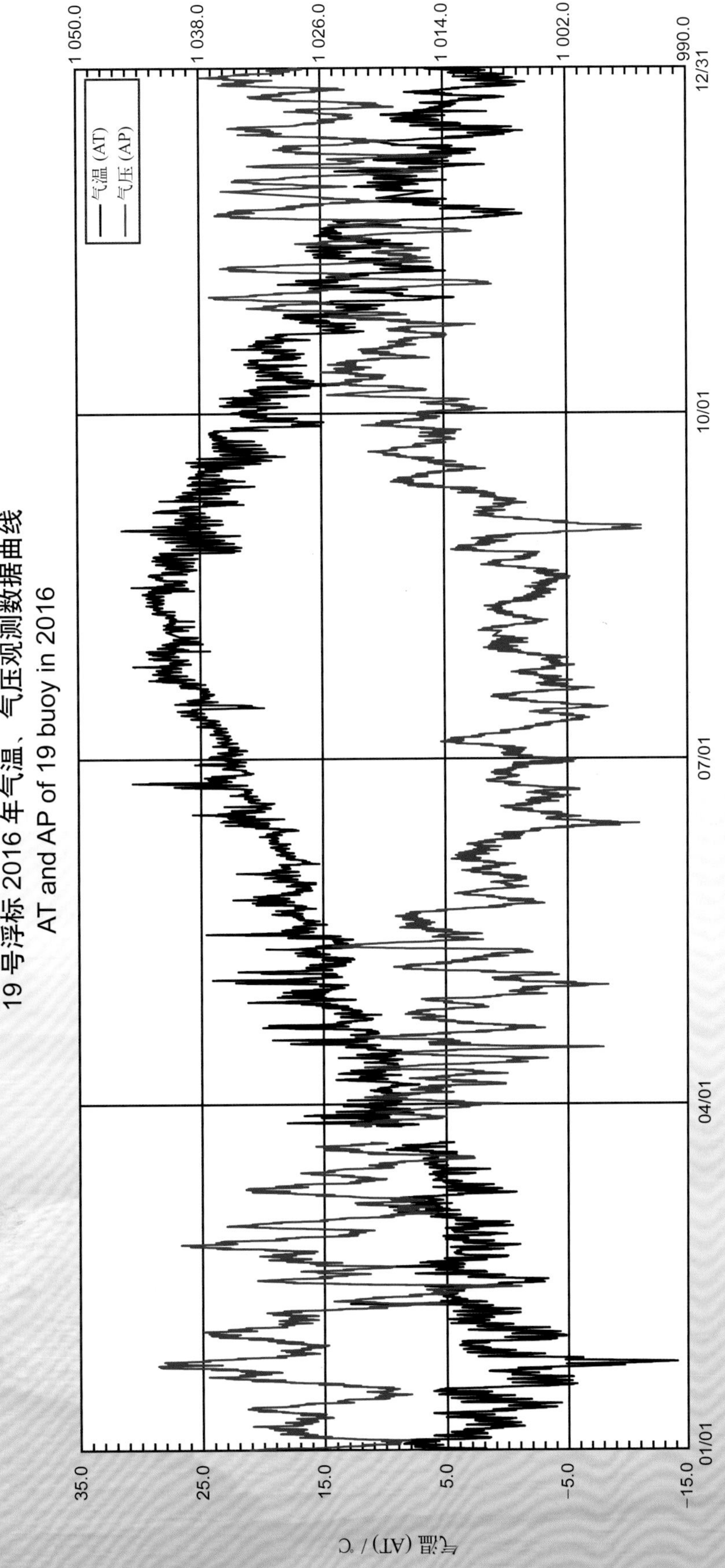

19 号浮标 2016 年气温、气压观测数据曲线
AT and AP of 19 buoy in 2016

19 号浮标 2016 年 01 月气温、气压观测数据曲线
AT and AP of 19 buoy in Jan. 2016

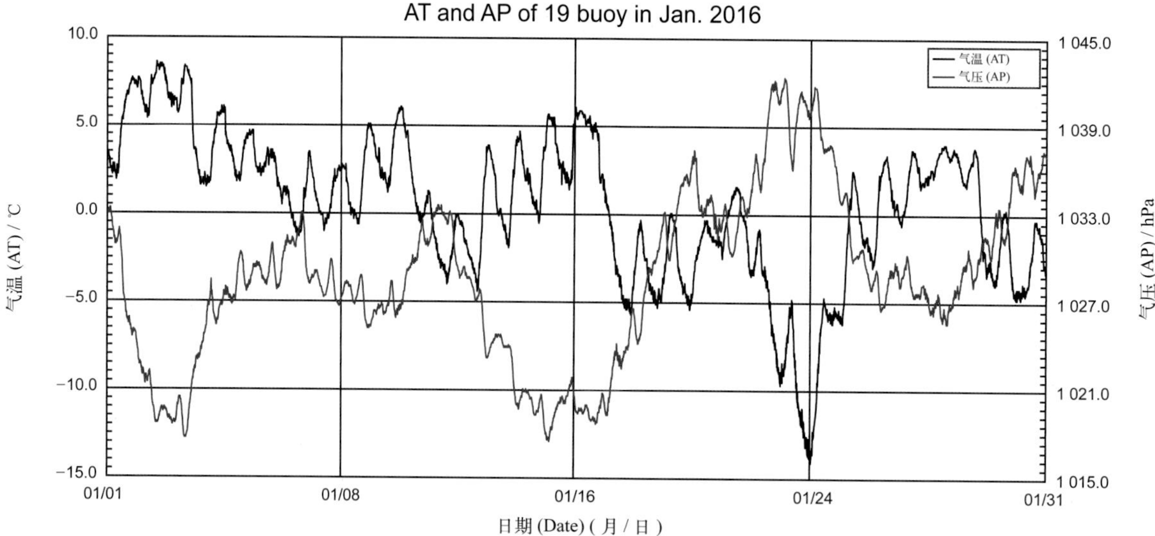

19 号浮标 2016 年 02 月气温、气压观测数据曲线
AT and AP of 19 buoy in Feb. 2016

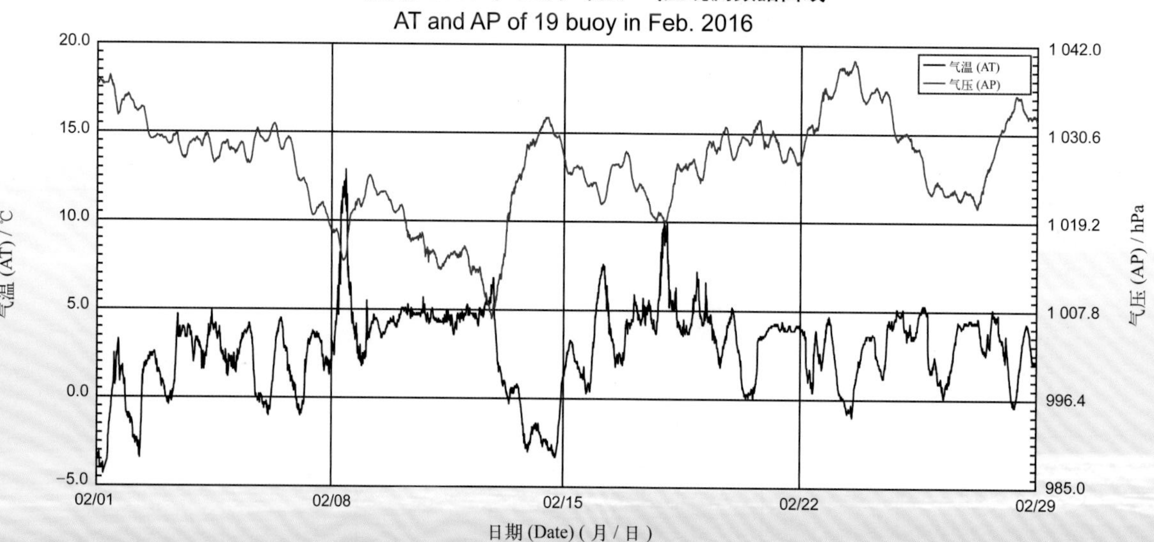

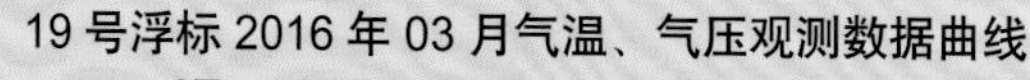

19 号浮标 2016 年 03 月气温、气压观测数据曲线
AT and AP of 19 buoy in Mar. 2016

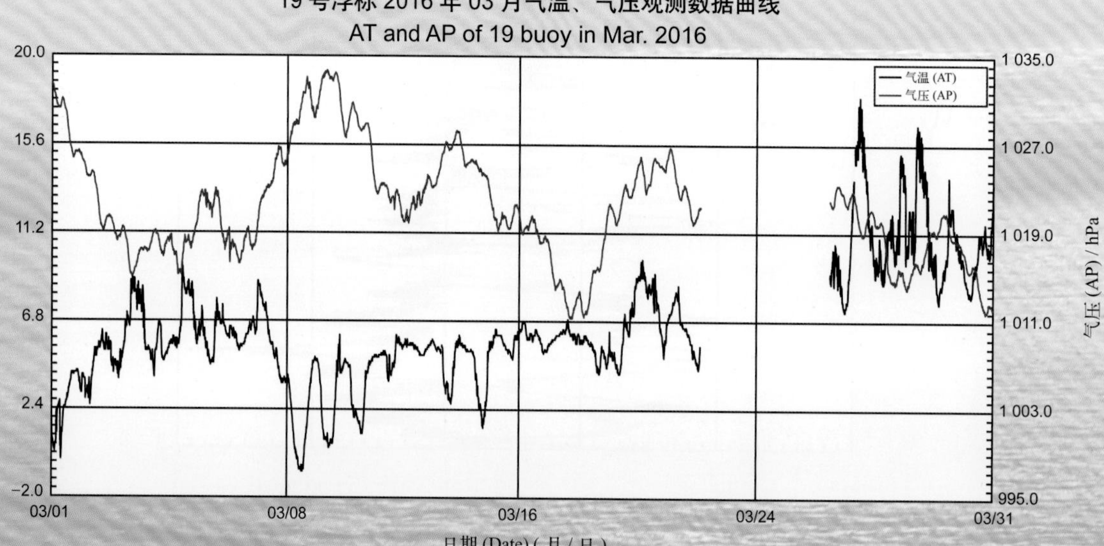

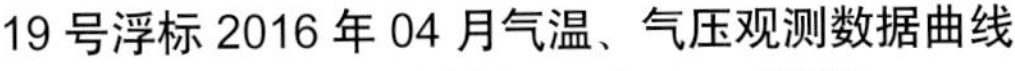
19 号浮标 2016 年 04 月气温、气压观测数据曲线
AT and AP of 19 buoy in Apr. 2016

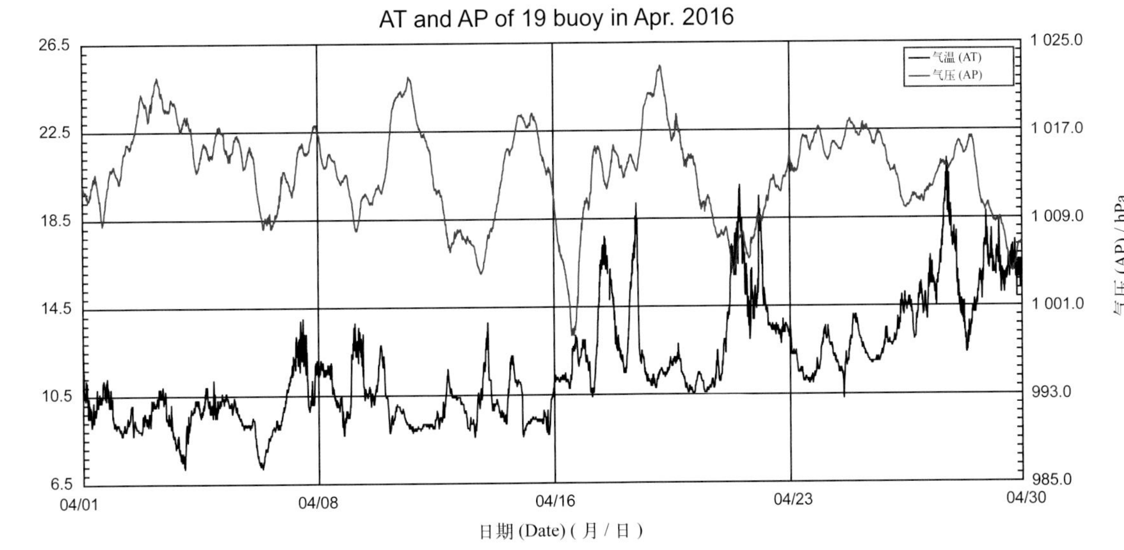

19 号浮标 2016 年 05 月气温、气压观测数据曲线
AT and AP of 19 buoy in May 2016

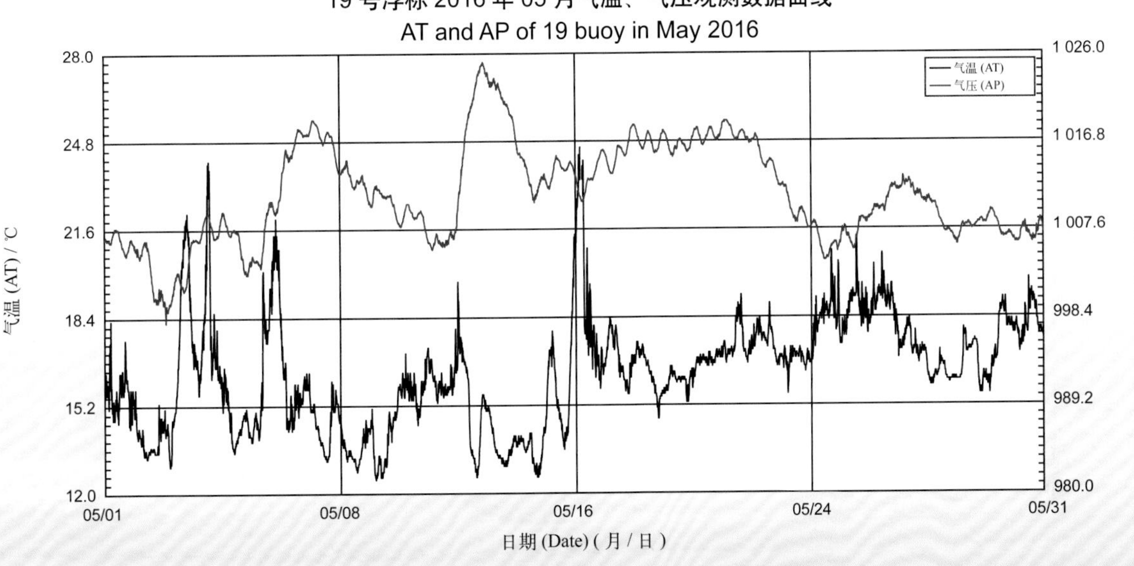

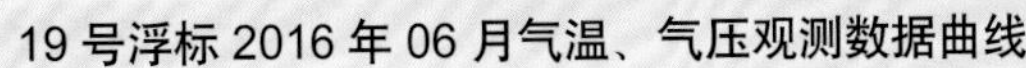
19 号浮标 2016 年 06 月气温、气压观测数据曲线
AT and AP of 19 buoy in Jun. 2016

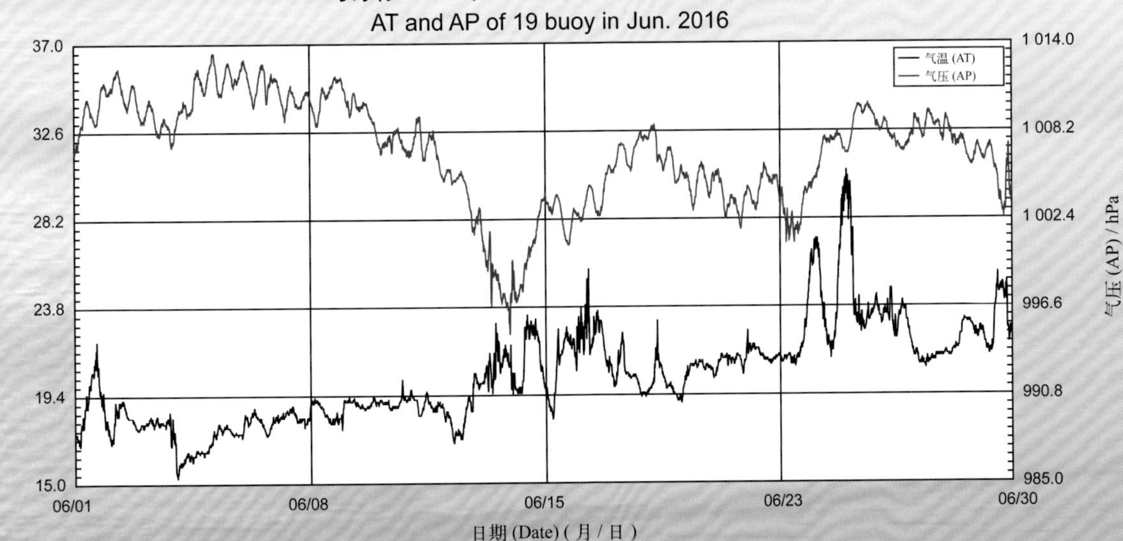

19 号浮标 2016 年 07 月气温、气压观测数据曲线
AT and AP of 19 buoy in Jul. 2016

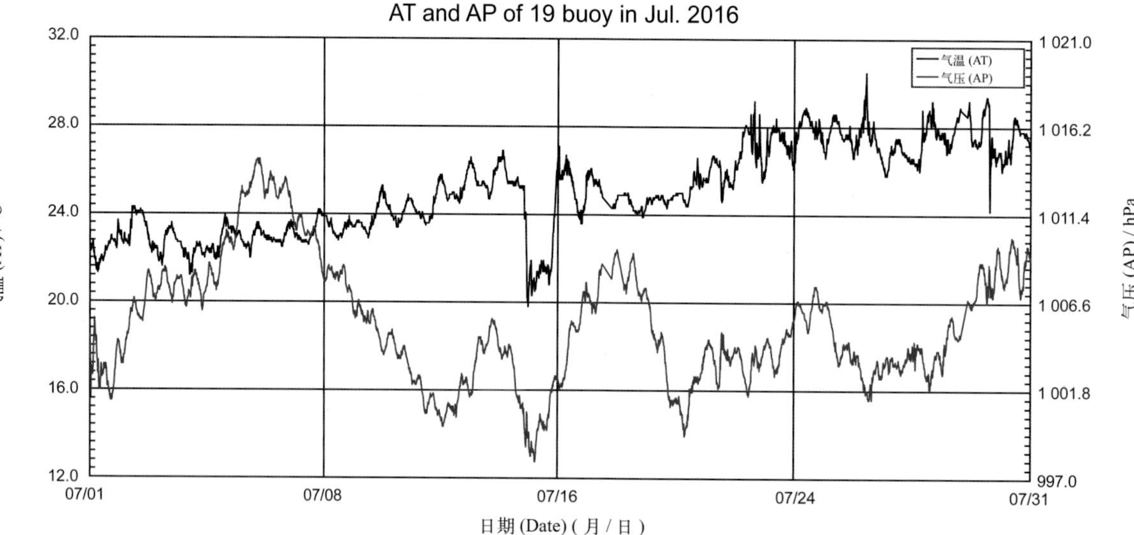

19 号浮标 2016 年 08 月气温、气压观测数据曲线
AT and AP of 19 buoy in Aug. 2016

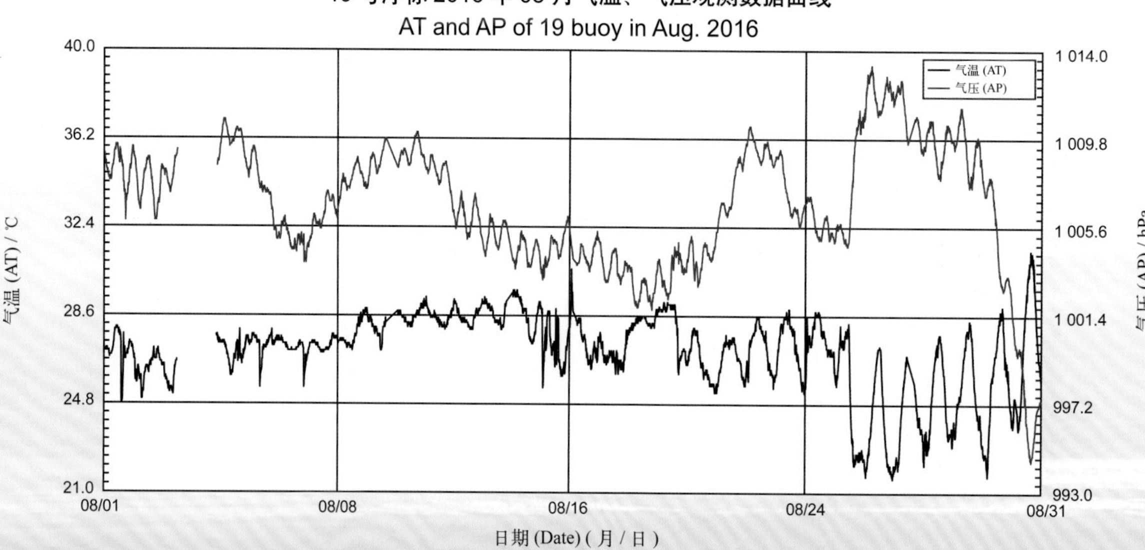

19 号浮标 2016 年 09 月气温、气压观测数据曲线
AT and AP of 19 buoy in Sep. 2016

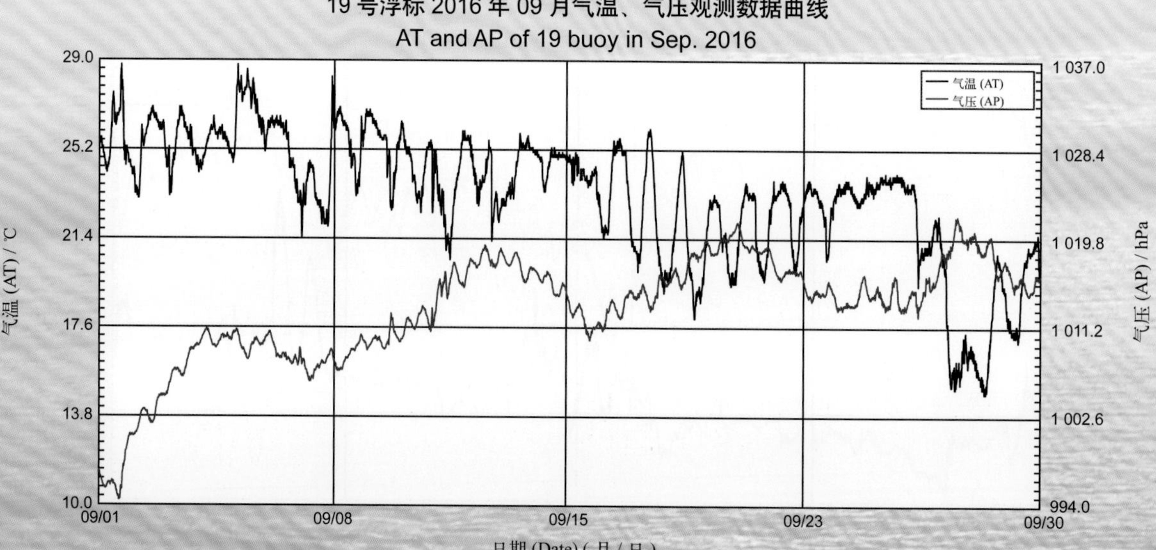

19 号浮标 2016 年 10 月气温、气压观测数据曲线
AT and AP of 19 buoy in Oct. 2016

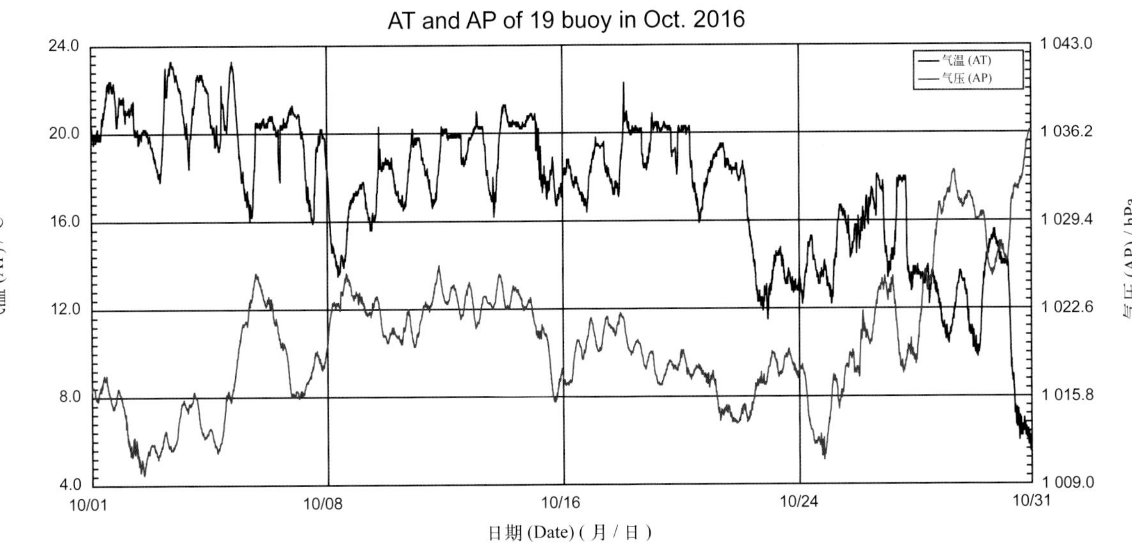

19 号浮标 2016 年 11 月气温、气压观测数据曲线
AT and AP of 19 buoy in Nov. 2016

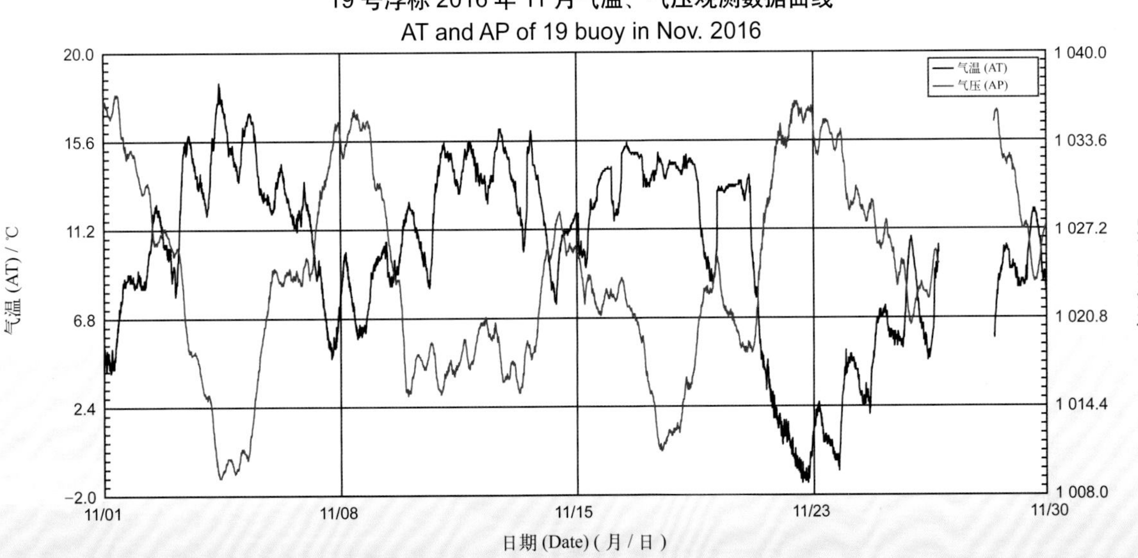

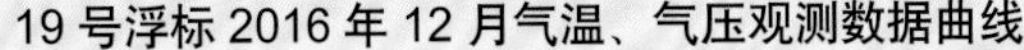

19 号浮标 2016 年 12 月气温、气压观测数据曲线
AT and AP of 19 buoy in Dec. 2016

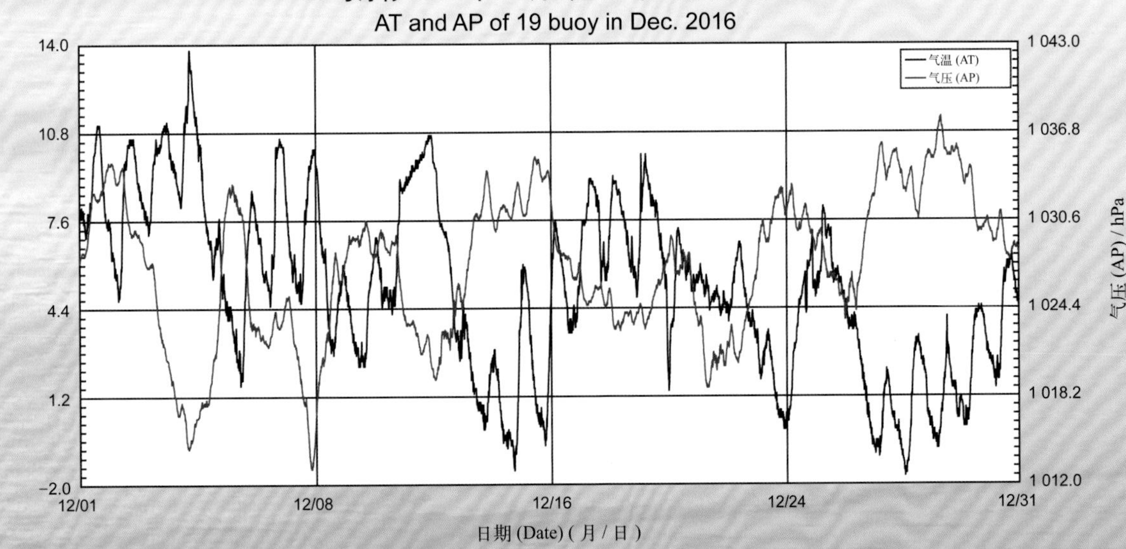

2016 年度 01 号浮标观测数据概述及玫瑰图
（风速和风向）

01 号浮标位于中国近海观测研究网络黄海站观测范围最北端的海域（38°45′N，122°45′E），是一套直径 3 m 的圆盘形综合观测平台。可获取的观测参数包括气象、水文和水质，风速和风向数据是气象参数中的重要观测内容。

2016 年，01 号浮标共获取 267 天的长序列风速、风向观测数据。获取数据的区间共两个时间段，具体为 4 月 6 日 07:00 至 9 月 1 日 14:30、9 月 5 日 11:00 至 12 月 31 日 23:30。

表 9　01 号浮标各月份 6 级以上大风日数及主要风向情况详表

月份	6 级以上大风日数	6 级以上大风主要风向	备注
1	—	—	浮标大修，无数据
2	—	—	浮标大修，无数据
3	—	—	浮标大修，无数据
4	3 天	S	浮标大修，缺测 5 天数据
5	3 天	WNW	春季代表月
6	0 天	—	
7	3 天	SSE	
8	4 天	NNW	夏季代表月
9	4 天	NNE	传感器故障，缺测 3 天数据
10	8 天	N	记录 1 次寒潮过程
11	9 天	N	秋季代表月
12	11 天	NW	记录 1 次寒潮过程

通过对获取数据质量控制和分析，01 号浮标观测海域的年度风速、风向数据和季节数据特征如下：测得的最大风速为 18.5 m/s（5 月 3 日 12:00—12:30），对应风向为 286° 和 284°。2016 年，01 号浮标记录到的 6 级以上大风累计时长为 45 天，其中 6 级以上大风日数最多的月份为 12 月（11 天）。

以 5 月为春季代表月，观测海域春季的 6 级以上大风日数为 3 天，大风主要风向为 WNW；以 8 月为夏季代表月，观测海域夏季的 6 级以上大风日数为 4 天，大风主要风向为 NNW；以 11 月为秋季代表月，观测海域秋季的 6 级以上大风日数为 9 天，大风主要风向为 N。

2016 年，01 号浮标共记录了 2 次寒潮过程。第一次寒潮过程为 10 月 30—31 日，01 号浮标观测到风从 10 月 30 日 21:00 开始增强至 6 级以上，最大风速为 14.3 m/s（10 月 30 日 21:00），对应风向为 352°，6 级以上的大风过程累计时长为 8 h，第一次寒潮影响期间的主要风向为 N；第二次寒潮为 12 月 12—14 日，01 号浮标观测到风从 12 月 13 日 17:30 开始迅速增强至 6 级以上，最大风速达到 13.5 m/s（12 月 14 日 00:00），对应风向为 351°，6 级以上大风过程累计时长为 19 h，第二次寒潮影响期间的主要风向为 N。

01 号浮标 2016 年风速、风向观测数据玫瑰图
WS and WD of 01 buoy in 2016

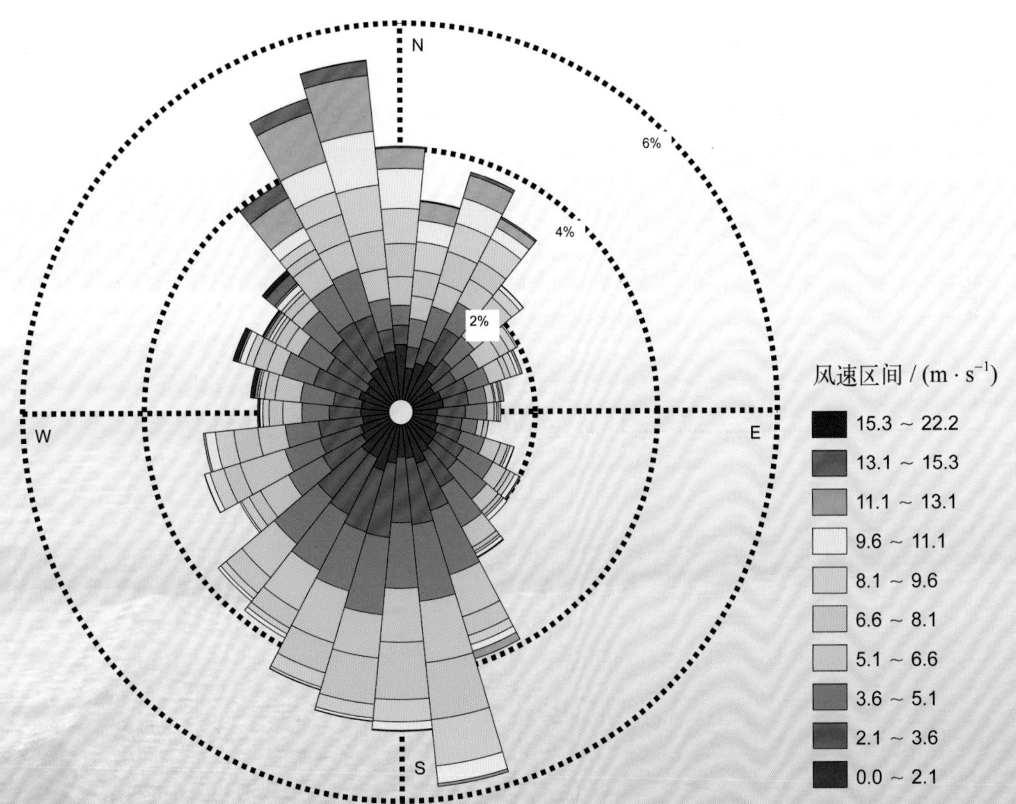

01 号浮标 2016 年 04 月风速、风向观测数据玫瑰图
WS and WD of 01 buoy in Apr. 2016

01 号浮标 2016 年 05 月风速、风向观测数据玫瑰图
WS and WD of 01 buoy in May 2016

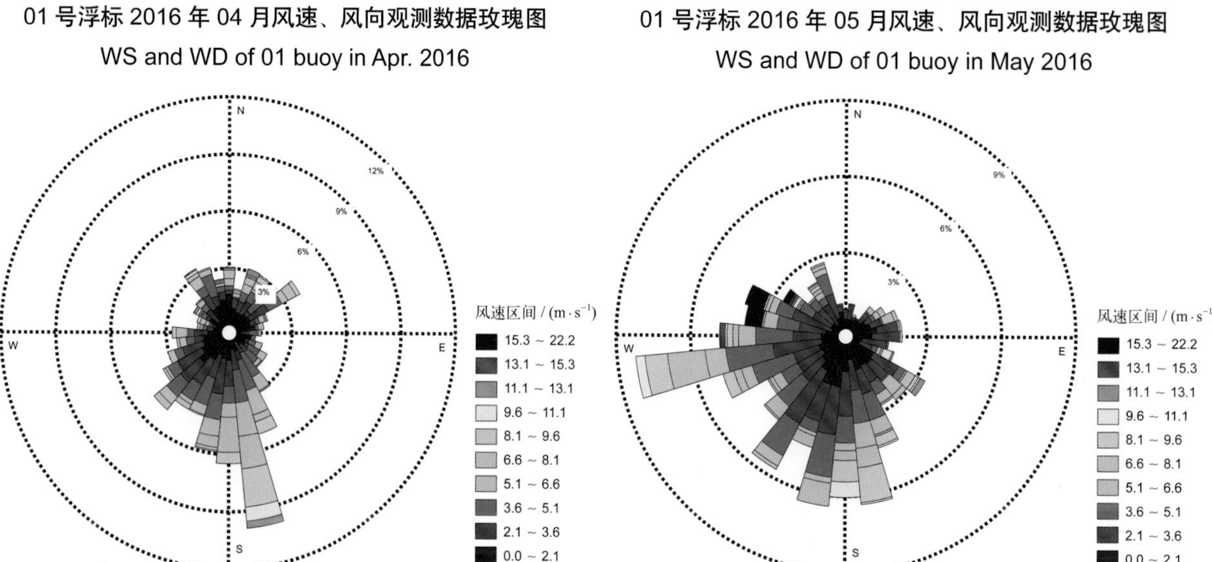

01 号浮标 2016 年 06 月风速、风向观测数据玫瑰图
WS and WD of 01 buoy in Jun. 2016

01 号浮标 2016 年 07 月风速、风向观测数据玫瑰图
WS and WD of 01 buoy in Jul. 2016

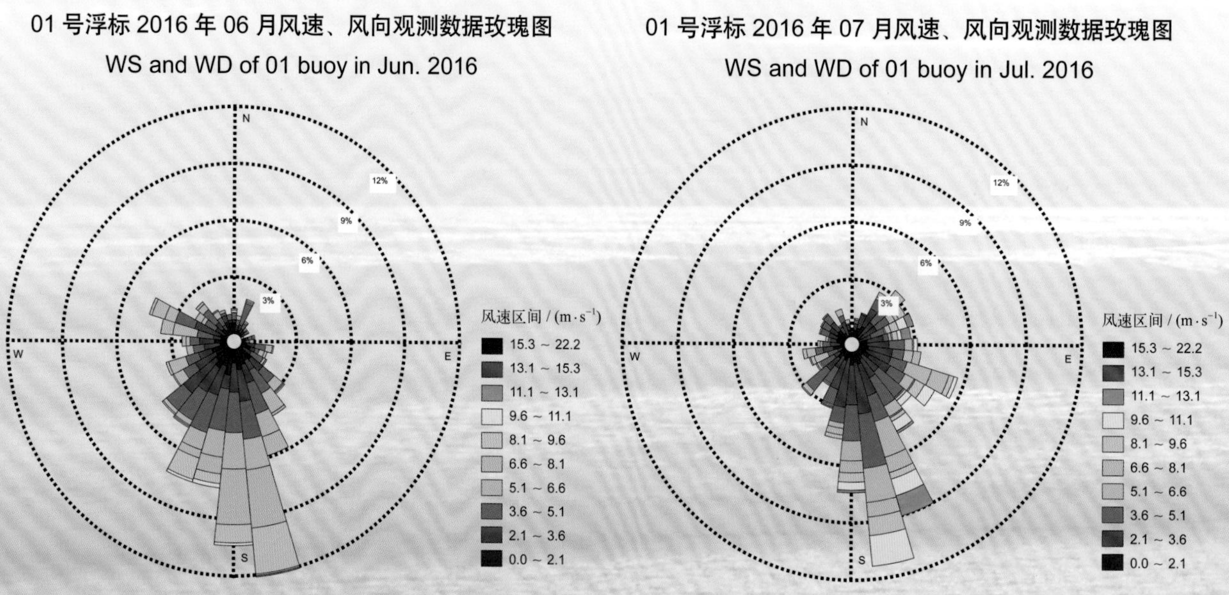

01 号浮标 2016 年 08 月风速、风向观测数据玫瑰图

WS and WD of 01 buoy in Aug. 2016

N 9% 6% 3% W E S

风速区间 / (m·s^{-1})

15.3 ~ 22.2

13.1 ~ 15.3

11.1 ~ 13.1

9.6 ~ 11.1

8.1 ~ 9.6

6.6 ~ 8.1

5.1 ~ 6.6

3.6 ~ 5.1

2.1 ~ 3.6

0.0 ~ 2.1

01 号浮标 2016 年 09 月风速、风向观测数据玫瑰图

WS and WD of 01 buoy in Sep. 2016

N 8% 6% 4% 2% W E S

风速区间 / (m·s^{-1})

15.3 ~ 22.2

13.1 ~ 15.3

11.1 ~ 13.1

9.6 ~ 11.1

8.1 ~ 9.6

6.6 ~ 8.1

5.1 ~ 6.6

3.6 ~ 5.1

2.1 ~ 3.6

0.0 ~ 2.1

01 号浮标 2016 年 10 月风速、风向观测数据玫瑰图

WS and WD of 01 buoy in Oct. 2016

01 号浮标 2016 年 11 月风速、风向观测数据玫瑰图

WS and WD of 01 buoy in Nov. 2016

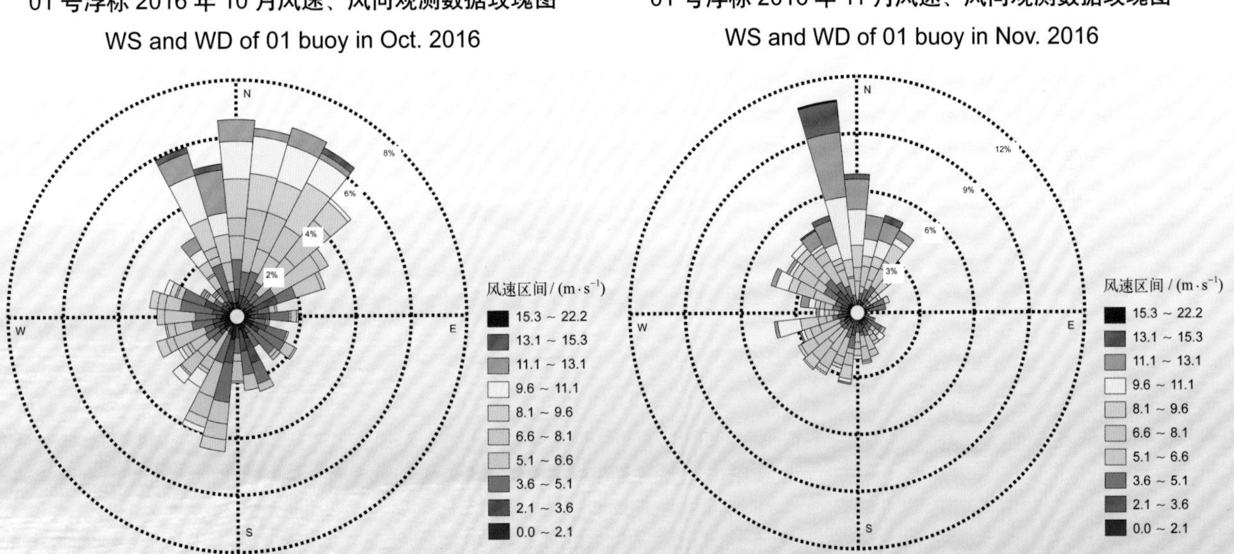

01 号浮标 2016 年 12 月风速、风向观测数据玫瑰图
WS and WD of 01 buoy in Dec. 2016

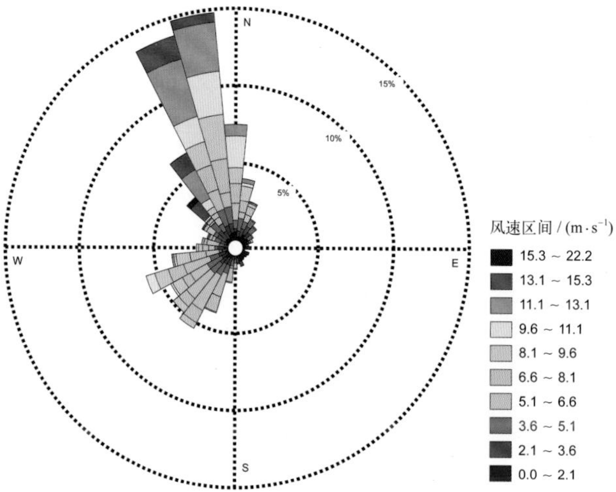

2016年度06号浮标观测数据概述及玫瑰图（风速和风向）

06号浮标位于东海舟山嵊山岛海礁附近海域（30°43′N，123°08′E），是一套直径10 m的圆盘形综合观测平台。可获取的观测参数包括气象、水文和水质，风速和风向数据是气象参数中的重要观测内容。

2016年，06号浮标共获取245天的长序列风速、风向观测数据。获取数据的区间共两个时间段，具体为5月1日06:00至6月1日7:30、6月2日15:30至12月31日23:30。

表10　06号浮标各月份6级以上大风日数及主要风向情况详表

月份	6级以上大风日数	6级以上大风主要风向	备注
1	—	—	浮标大修，无数据
2	—	—	浮标大修，无数据
3	—	—	浮标大修，无数据
4	—	—	浮标大修，无数据
5	7天	WNW	春季代表月
6	5天	SSW	
7	9天	SSW	
8	4天	WNW	夏季代表月
9	6天	NW	记录2次台风数据
10	12天	NNW	记录1次台风数据
11	9天	N	秋季代表月
12	12天	NW	

通过对获取数据质量控制和分析，06号浮标观测海域的年度风速、风向数据和季节数据特征如下：测得的年度最大风速为18.0 m/s（11月8日06:00），对应风向为348°。2016年，06号浮标记录到的6级以上风累计时长为64天，其中6级以上大风日数最多的月份为10月和12月（12天），

6 级以上大风日数最少的月份是 8 月（4 天）。全年仅记录到 2 次 8 级以上大风过程，分别为 10 月 8 日和 11 月 8 日，且每次均只有 3 个点次记录到 8 级以上大风数据。以 5 月为春季代表月，观测海域春季的 6 级以上大风日数为 7 天，大风主要风向为 WNW；以 8 月为夏季代表月，观测海域夏季的 6 级以上大风日数为 4 天，大风主要风向为 WNW；以 11 月为秋季代表月，观测海域秋季的 6 级以上大风日数为 9 天，大风主要风向为 N。

2016 年，06 号浮标共记录了 3 次台风过程。第一次台风过程，受第 14 号超强台风“莫兰蒂”影响，06 号浮标获取到的最大风速为 11.3 m/s（9 月 16 日 20:00），对应的风向为 183°，6 级以上的大风数据只获取到 4 个点次，台风影响期间主要风向为 S；第二次台风过程，受第 16 号强台风“马勒卡”影响，06 号浮标获取到的最大风速为 15.8 m/s（9 月 19 日 06:00），对应的风向为 316°，6 级以上的大风过程持续了 39 h（9 月 18 日 07:00 至 19 日 22:00），台风影响期间主要风向为 NNW；第三次台风过程，受第 18 号超强台风“暹芭”影响，获取到的最大风速为 13.7 m/s（10 月 4 日 18:30），对应风向为 315°，记录的 6 级以上的大风过程持续了 14 h（10 月 04 日 07:00—21:00），台风影响期间的主要风向为 NW。

06 号浮标 2016 年风速、风向观测数据玫瑰图
WS and WD of 06 buoy in 2016

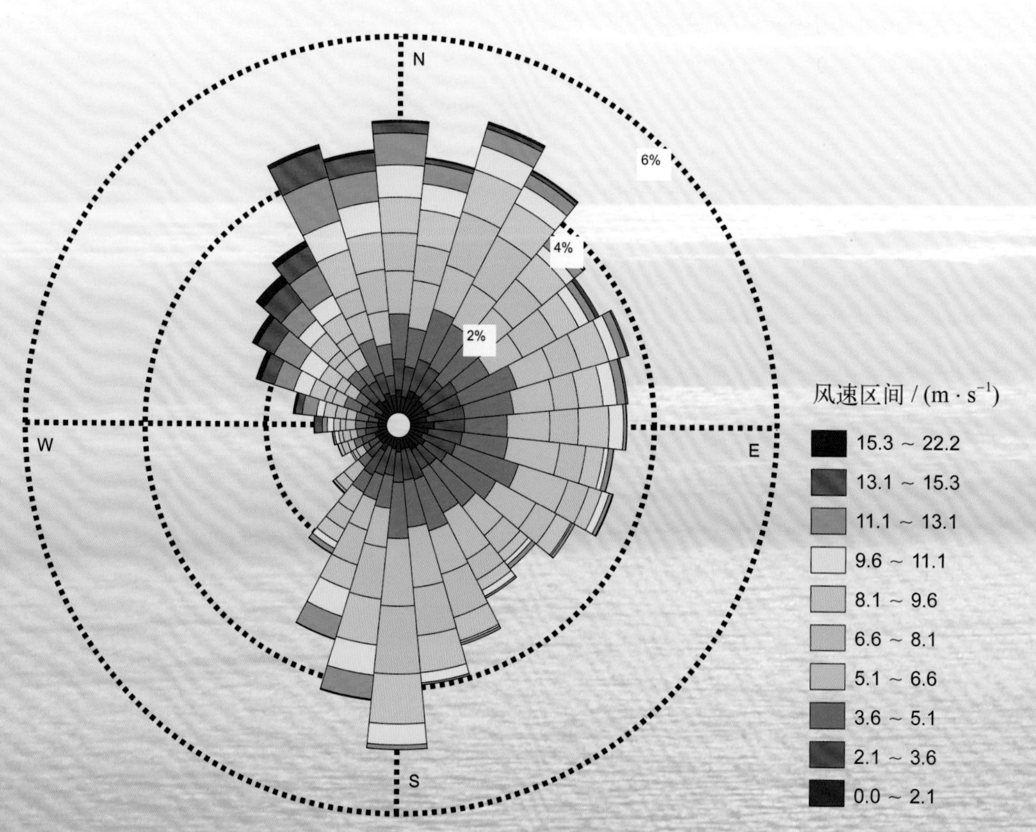

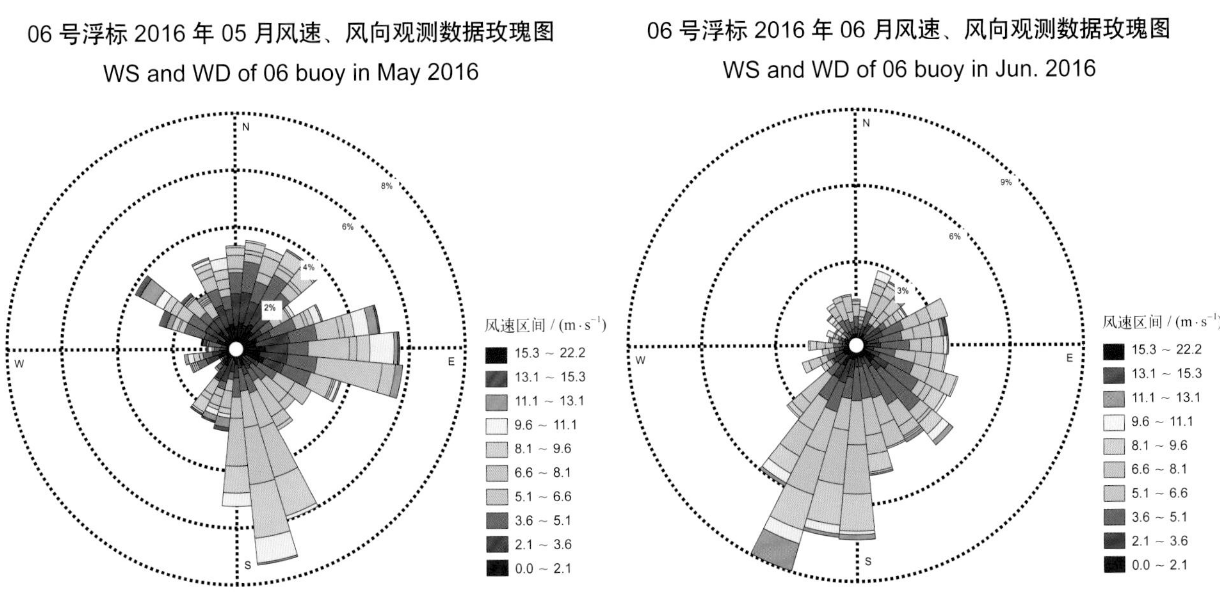
06 号浮标 2016 年 05 月风速、风向观测数据玫瑰图
WS and WD of 06 buoy in May 2016
06 号浮标 2016 年 06 月风速、风向观测数据玫瑰图
WS and WD of 06 buoy in Jun. 2016
N
E
S
W
风速区间 / (m·s⁻¹)
15.3 ~ 22.2
13.1 ~ 15.3
11.1 ~ 13.1
9.6 ~ 11.1
8.1 ~ 9.6
6.6 ~ 8.1
5.1 ~ 6.6
3.6 ~ 5.1
2.1 ~ 3.6
0.0 ~ 2.1

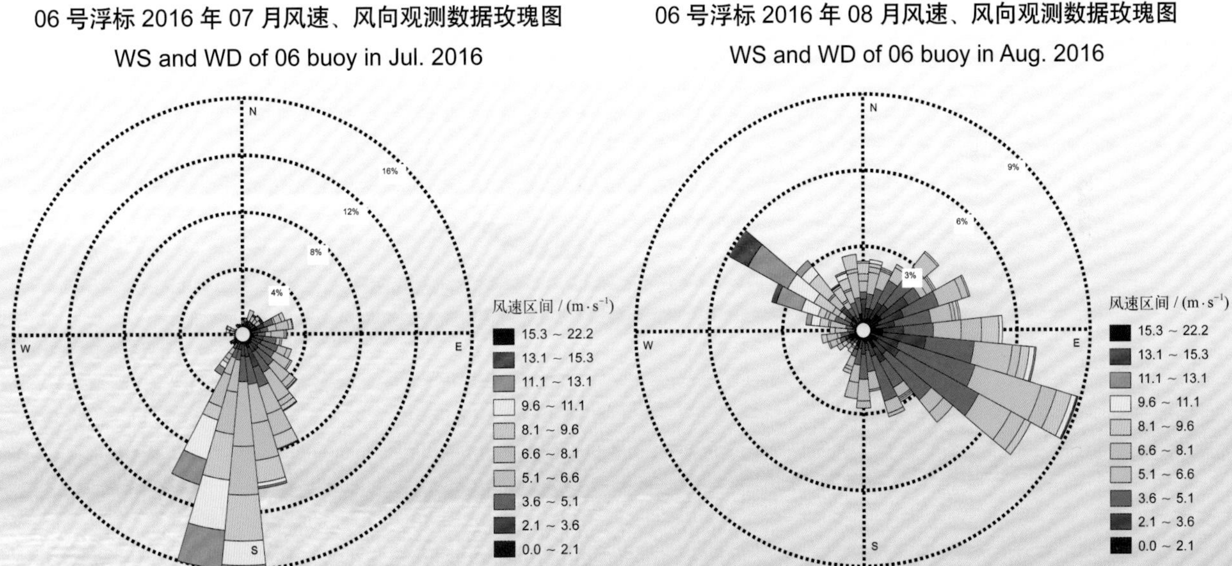
06 号浮标 2016 年 07 月风速、风向观测数据玫瑰图
WS and WD of 06 buoy in Jul. 2016
06 号浮标 2016 年 08 月风速、风向观测数据玫瑰图
WS and WD of 06 buoy in Aug. 2016
N
E
S
W
风速区间 / (m·s⁻¹)
15.3 ~ 22.2
13.1 ~ 15.3
11.1 ~ 13.1
9.6 ~ 11.1
8.1 ~ 9.6
6.6 ~ 8.1
5.1 ~ 6.6
3.6 ~ 5.1
2.1 ~ 3.6
0.0 ~ 2.1

06 号浮标 2016 年 09 月风速、风向观测数据玫瑰图
WS and WD of 06 buoy in Sep. 2016

06 号浮标 2016 年 10 月风速、风向观测数据玫瑰图
WS and WD of 06 buoy in Oct. 2016

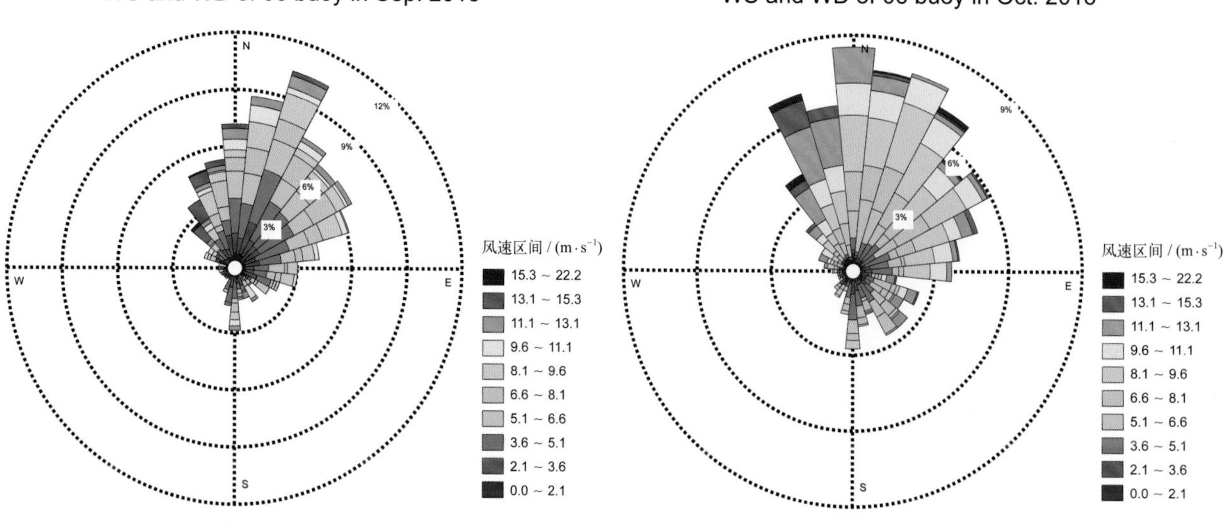

06 号浮标 2016 年 11 月风速、风向观测数据玫瑰图
WS and WD of 06 buoy in Nov. 2016

06 号浮标 2016 年 12 月风速、风向观测数据玫瑰图
WS and WD of 06 buoy in Dec. 2016

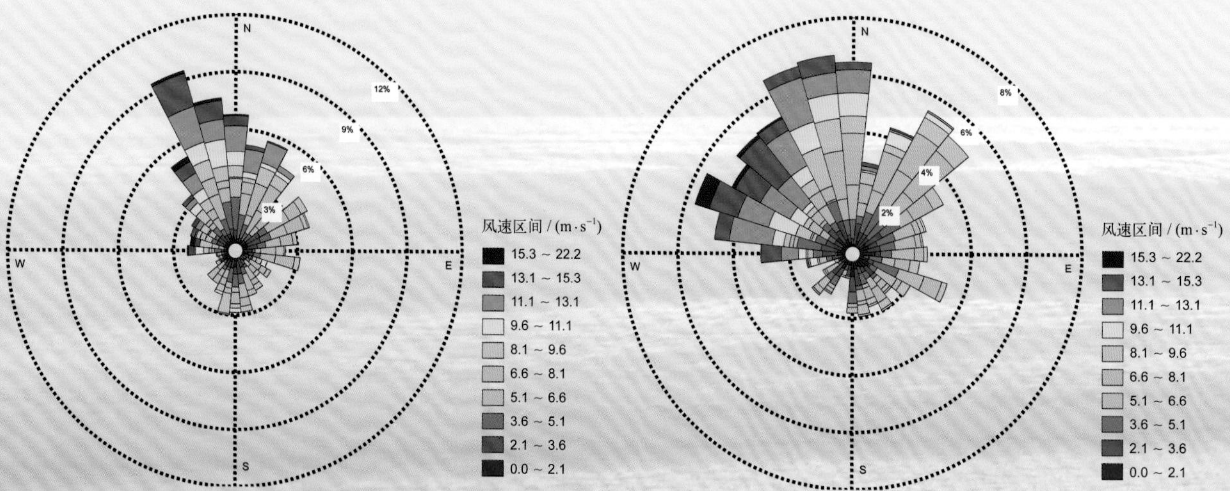

2016 年度 07 号浮标观测数据概述及玫瑰图
（风速和风向）

07 号浮标位于黄海荣成楮岛附近海域（37°04′N，122°35′E），是一套直径 3 m 的圆盘形综合观测平台。可获取的观测参数包括气象、水文和水质，风速和风向数据是气象参数中的重要观测内容。

2016 年，07 号浮标共获取 331 天的风速和风向长序列观测数据。获取数据的区间共三个时间段，具体为 1 月 1 日 0:00 至 5 月 26 日 11:10、6 月 30 日 14:20 至 11 月 27 日 13:10、11 月 29 日 07:20 至 12 月 31 日 23:50。

表 11　07 号浮标各月份 6 级以上大风日数及主要风向情况详表

月份	6 级以上大风日数	6 级以上大风主要风向	备注
1	3 天	WNW	记录 1 次冷空气过程
2	2 天	ENE	冬季代表月
3	1 天	N	
4	2 天	N	
5	1 天	NW	春季代表月，浮标大修，缺测 5 天数据
6	—	—	浮标大修，缺测 29 天数据
7	1 天	ESE	
8	3 天	NW	夏季代表月
9	1 天	NNW	
10	6 天	NNE	
11	10 天	N	秋季代表月，传感器故障，缺测 1 天数据
12	7 天	N	

通过对获取数据质量控制和分析，07 号浮标观测海域的年度风速、风向和季节数据特征如下：测得的年度最大风速为 18.3 m/s（4 月 16 日 21:20），对应风向为 26°。2016 年，07 号浮标记录到的 6 级以上大风日数总计 37 天，其中 6 级以上大风日数最多的月份为 11 月（10 天），6 级以上大风日

数最少的月份是 3 月、5 月、7 月、9 月（1 天）。以 2 月为冬季代表月，观测海域冬季的 6 级以上大风日数为 2 天，大风主要风向为 ENE；以 5 月为春季代表月，观测海域春季的 6 级以上大风日数为 1 天，大风主要风向为 NW；以 8 月为夏季代表月，观测海域夏季的 6 级以上大风日数为 3 天，大风主要风向为 NW；以 11 月为秋季代表月，观测海域秋季的 6 级以上大风日数为 10 天，大风主要风向为 N。

2016 年，07 号浮标共记录到 1 次冷空气过程。自 1 月 18 日开始 07 号浮标陆续获取到 6 级以上的大风数据，1 月 23 日 15:00 开始大风持续处于 6 级以上，冷空气期间 6 级以上的大风过程累积时长为 13.8 h。2016 年，07 号浮标观测到 7 级以上大风日数为 4 天，其中 2 月出现 2 天，4 月出现 1 天，11 月出现 1 天，7 级以上大风天气的主要风向为 NNE。

07 号浮标 2016 年风速、风向观测数据玫瑰图
WS and WD of 07 buoy in 2016

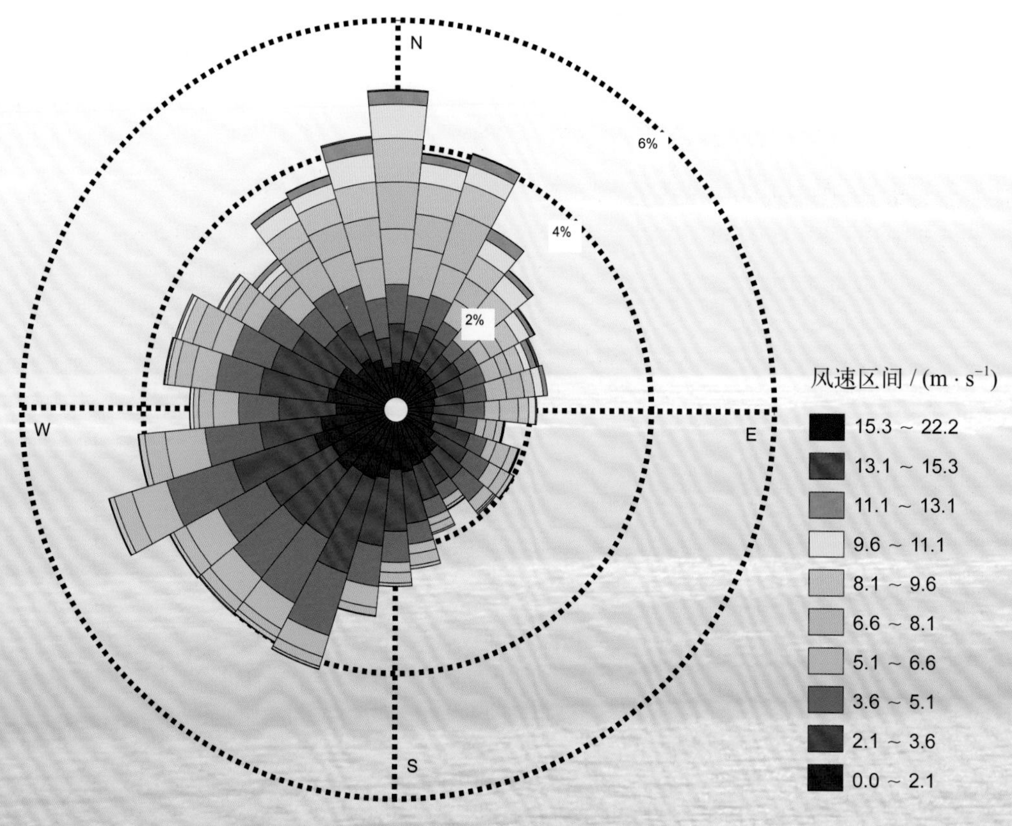

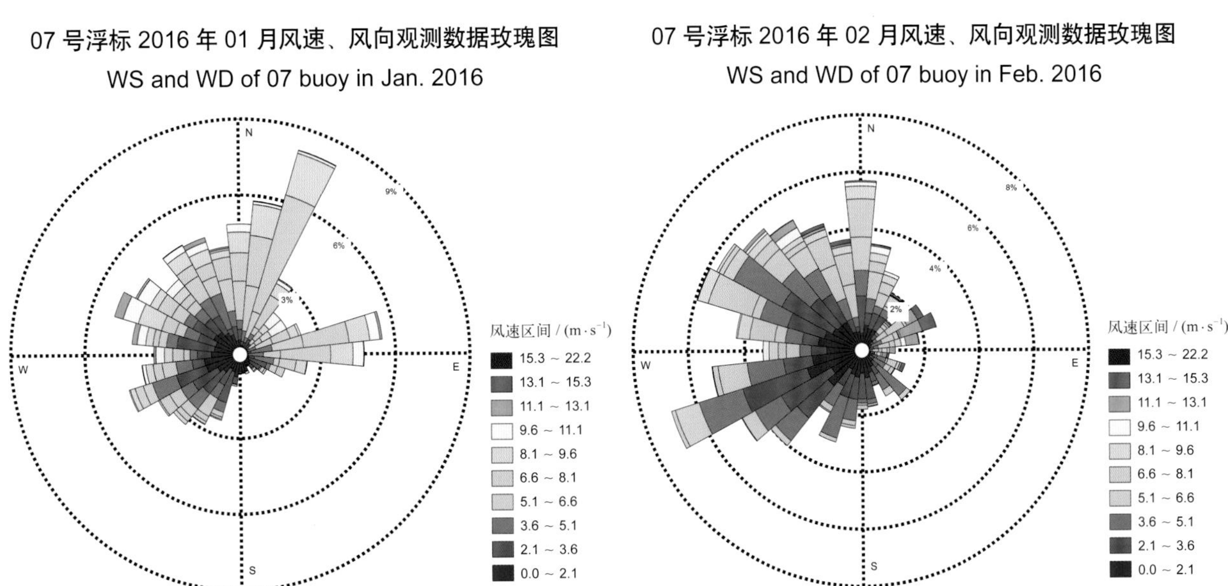

07 号浮标 2016 年 01 月风速、风向观测数据玫瑰图
WS and WD of 07 buoy in Jan. 2016

07 号浮标 2016 年 02 月风速、风向观测数据玫瑰图
WS and WD of 07 buoy in Feb. 2016

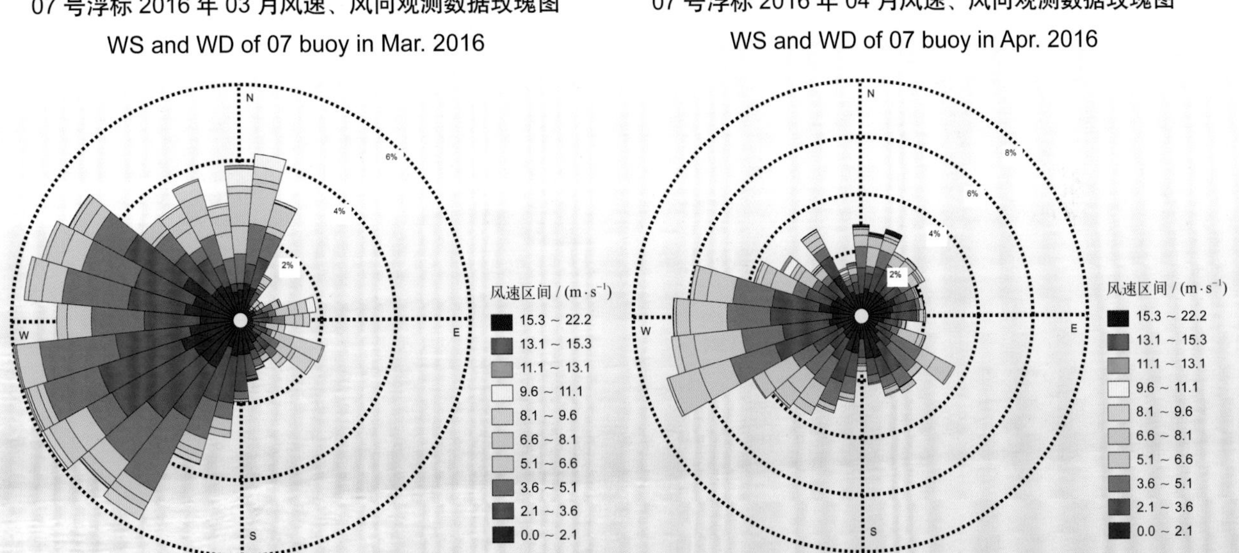

07 号浮标 2016 年 03 月风速、风向观测数据玫瑰图
WS and WD of 07 buoy in Mar. 2016

07 号浮标 2016 年 04 月风速、风向观测数据玫瑰图
WS and WD of 07 buoy in Apr. 2016

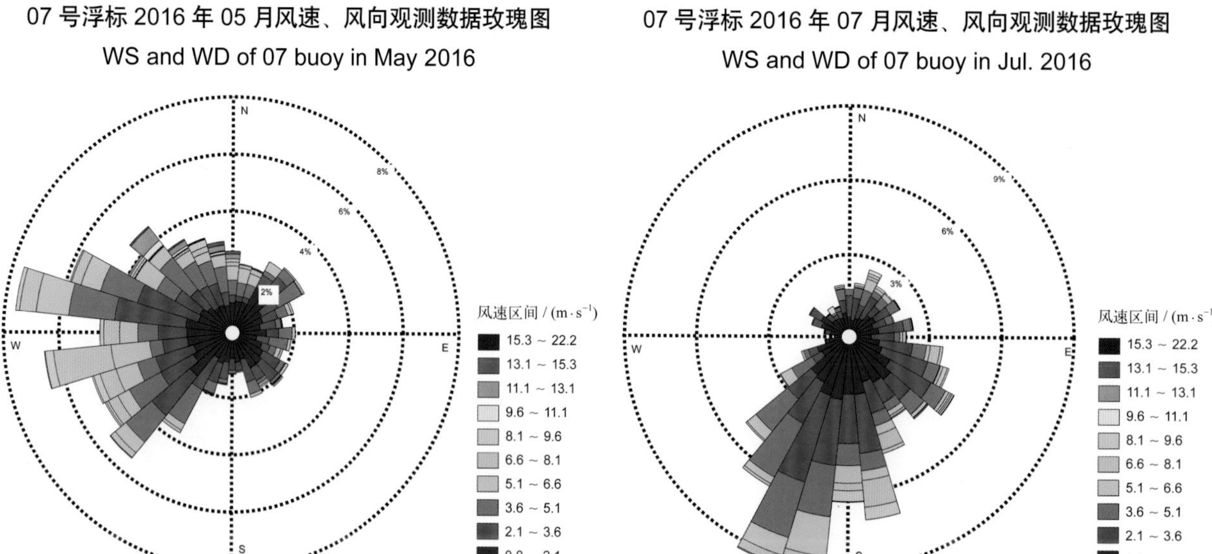

07 号浮标 2016 年 05 月风速、风向观测数据玫瑰图

WS and WD of 07 buoy in May 2016

07 号浮标 2016 年 07 月风速、风向观测数据玫瑰图

WS and WD of 07 buoy in Jul. 2016

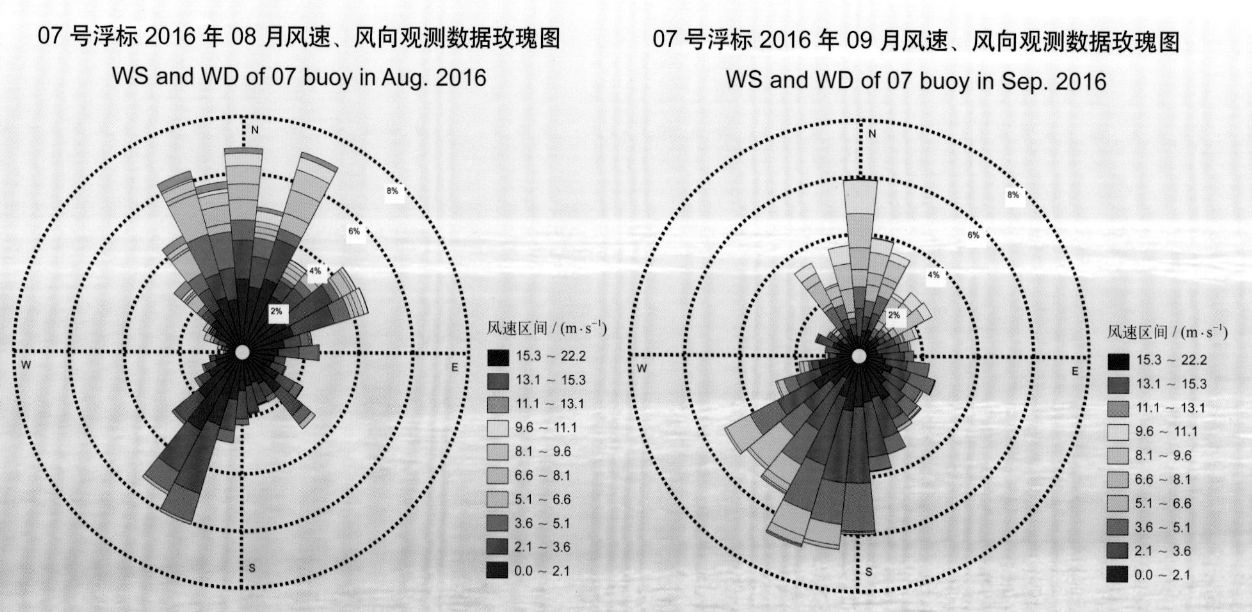

07 号浮标 2016 年 08 月风速、风向观测数据玫瑰图

WS and WD of 07 buoy in Aug. 2016

07 号浮标 2016 年 09 月风速、风向观测数据玫瑰图

WS and WD of 07 buoy in Sep. 2016

07 号浮标 2016 年 10 月风速、风向观测数据玫瑰图
WS and WD of 07 buoy in Oct. 2016

07 号浮标 2016 年 11 月风速、风向观测数据玫瑰图
WS and WD of 07 buoy in Nov. 2016

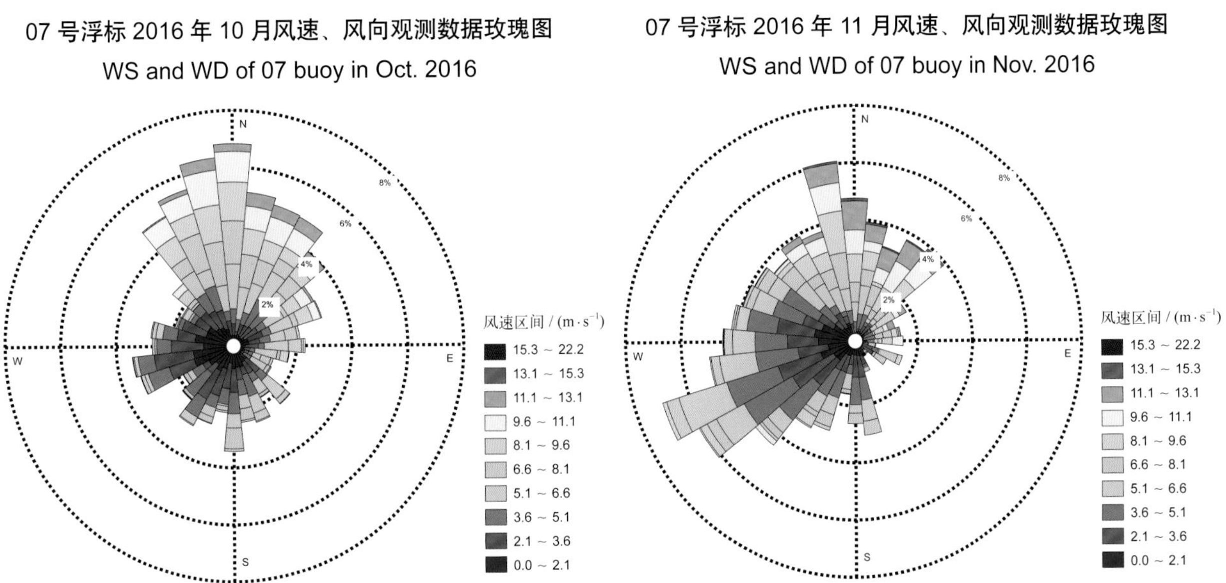

07 号浮标 2016 年 12 月风速、风向观测数据玫瑰图
WS and WD of 07 buoy in Dec. 2016

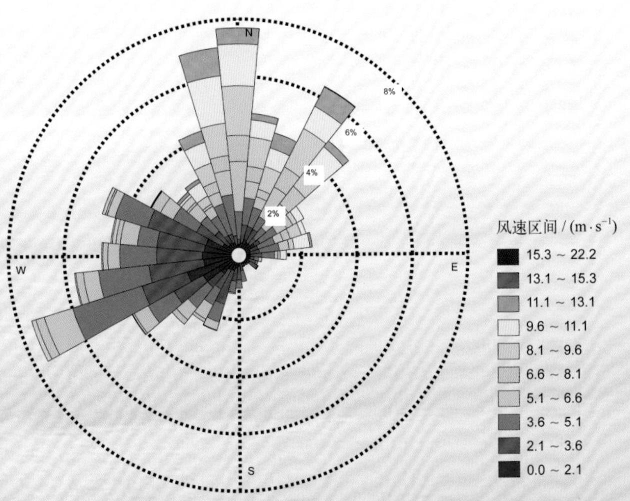

2016 年度 09 号浮标观测数据概述及玫瑰图（风速和风向）

09 号浮标位于黄海青岛灵山岛附近海域（35°55′N，120°16′E），是一套直径 3 m 的圆盘形综合观测平台。可获取的观测参数包括气象、水文和水质，风速和风向数据是气象参数中的重要观测内容。

2016 年，09 号浮标共获取 362 天的风速和风向长序列观测数据。获取数据的区间共三个时间段，具体为 1 月 1 日 00:00 至 9 月 1 日 14:30、9 月 5 日 11:30 至 11 月 27 日 07:00、11 月 29 日 14:50 至 12 月 31 日 23:50。

表 12　09 号浮标各月份 6 级以上大风日数及主要风向情况详表

月份	6 级以上大风日数	6 级以上大风主要风向	备注
1	3 天	NW	记录 1 次寒潮过程
2	2 天	N	冬季代表月
3	0 天	—	
4	1 天	NNW	
5	2 天	NW	春季代表月
6	1 天	SSE	
7	1 天	SSE	
8	1 天	N	夏季代表月
9	1 天	N	通信故障，缺测 3 天数据
10	3 天	N	
11	7 天	NNE	秋季代表月，记录 1 次寒潮过程，通信故障，缺测 1 天数据
12	6 天	N	

通过对获取数据质量控制和分析，09 号标观测海域的年度风速、风向数据和季节数据特征如下：测得的年度最大风速为 15.0 m/s（2 月 13 日 20:40），对应风向为 356°。2016 年，09 号浮标记录到的 6 级以上大风日数总计 28 天，其中 6 级以上大风日数最多的月份为 11 月（7 天），6 级以上大风日数最少的月份是 3 月（0 天）。以 2 月为冬季代表月，观测海域冬季的 6 级以上大风日数为 2 天，大

风主要风向为 N；以 5 月为春季代表月，观测海域春季的 6 级以上大风日数为 2 天，大风主要风向为 NW；以 8 月为夏季代表月，观测海域夏季的 6 级以上大风日数为 1 天，大风主要风向为 N；以 11 月为秋季代表月，观测海域秋季的 6 级以上大风日数为 7 天，大风主要风向为 NNE。

2016 年，09 号浮标共记录到 2 次寒潮过程。第一次寒潮过程，09 号浮标观测到 1 月 22 日开始风增大至 6 级以上，并观测到寒潮期间最大风速为 12.8 m/s（1 月 24 日 08:30），对应风向为 317°，寒潮期间主要风向为 SW；第二次寒潮过程，09 号浮标观测到 11 月 21 日 17:10 开始风增大至 6 级以上，并观测到寒潮期间最大风速为 13.2 m/s（11 月 21 日 22:40），对应风向为 20°，寒潮期间主要风向为 NNW。

09 号浮标 2016 年风速、风向观测数据玫瑰图
WS and WD of 09 buoy in 2016

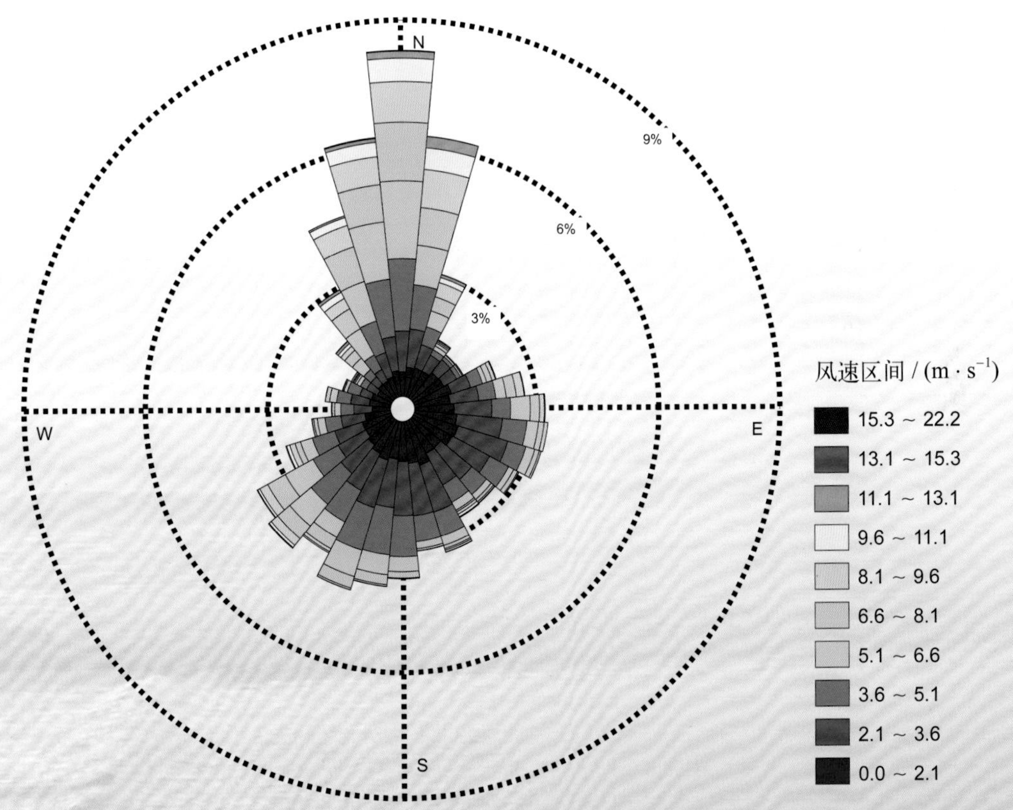

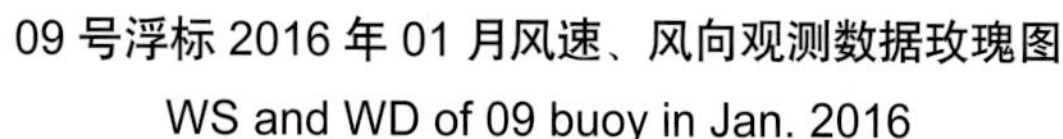

09 号浮标 2016 年 01 月风速、风向观测数据玫瑰图

WS and WD of 09 buoy in Jan. 2016

09 号浮标 2016 年 02 月风速、风向观测数据玫瑰图

WS and WD of 09 buoy in Feb. 2016

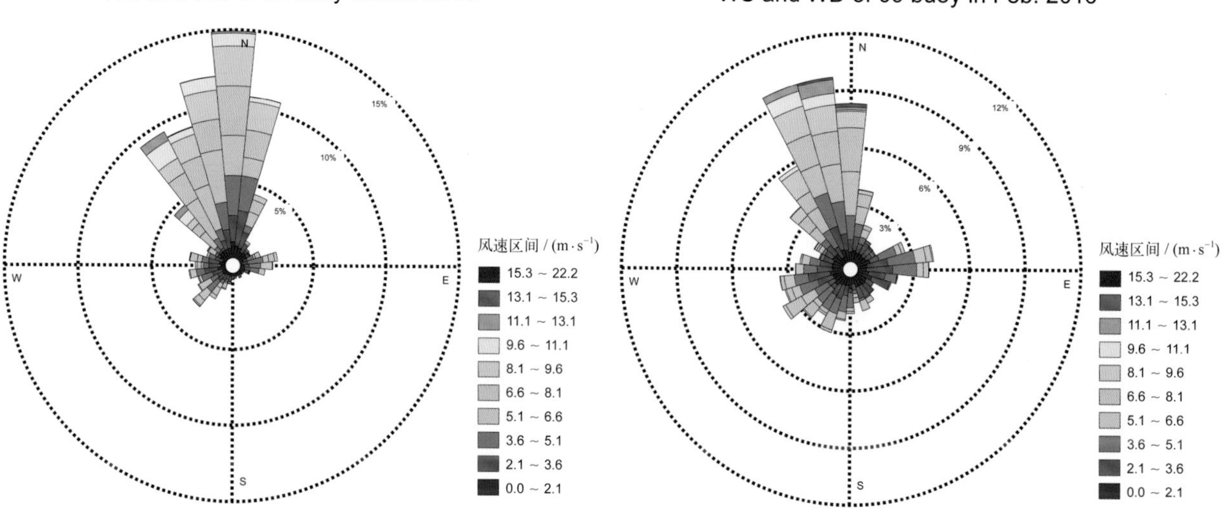

09 号浮标 2016 年 03 月风速、风向观测数据玫瑰图

WS and WD of 09 buoy in Mar. 2016

09 号浮标 2016 年 04 月风速、风向观测数据玫瑰图

WS and WD of 09 buoy in Apr. 2016

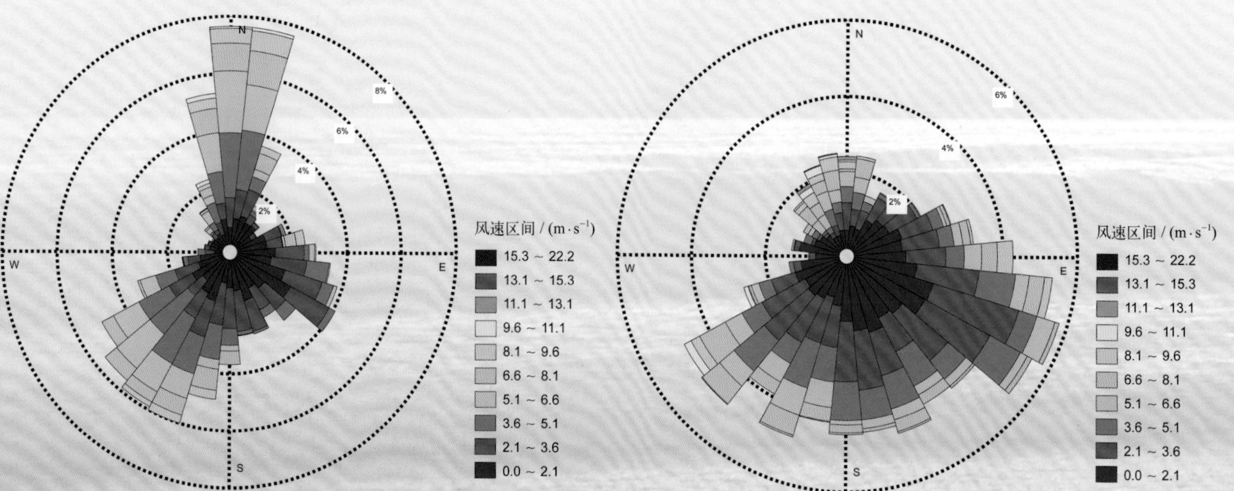

09 号浮标 2016 年 05 月风速、风向观测数据玫瑰图
WS and WD of 09 buoy in May 2016

09 号浮标 2016 年 06 月风速、风向观测数据玫瑰图
WS and WD of 09 buoy in Jun. 2016

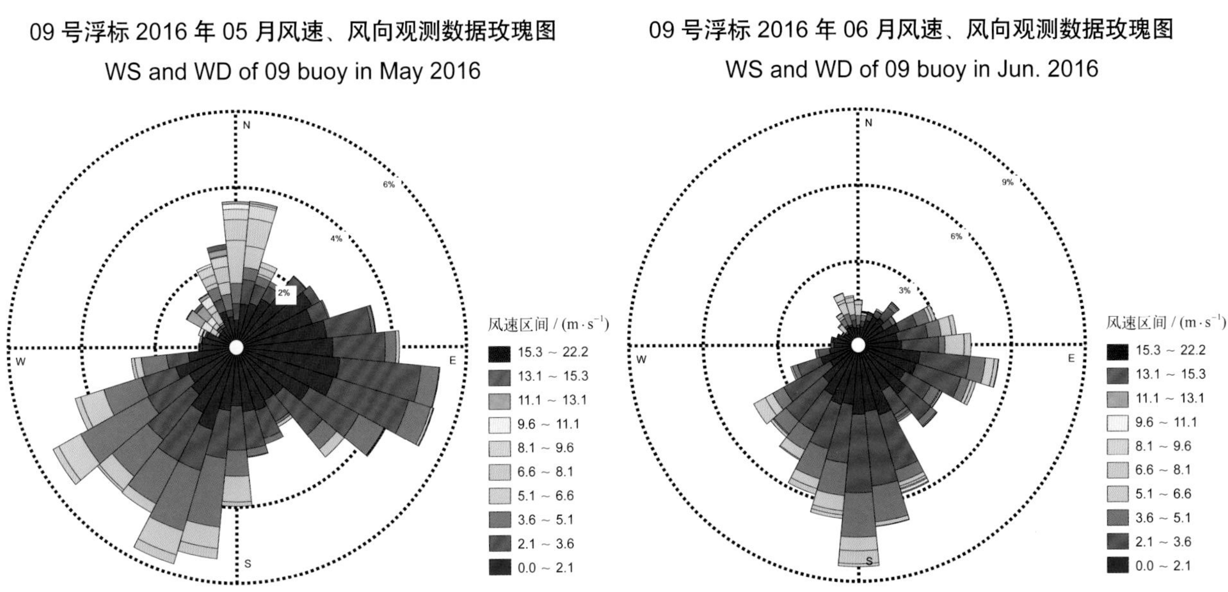

09 号浮标 2016 年 07 月风速、风向观测数据玫瑰图
WS and WD of 09 buoy in Jul. 2016

09 号浮标 2016 年 08 月风速、风向观测数据玫瑰图
WS and WD of 09 buoy in Aug. 2016

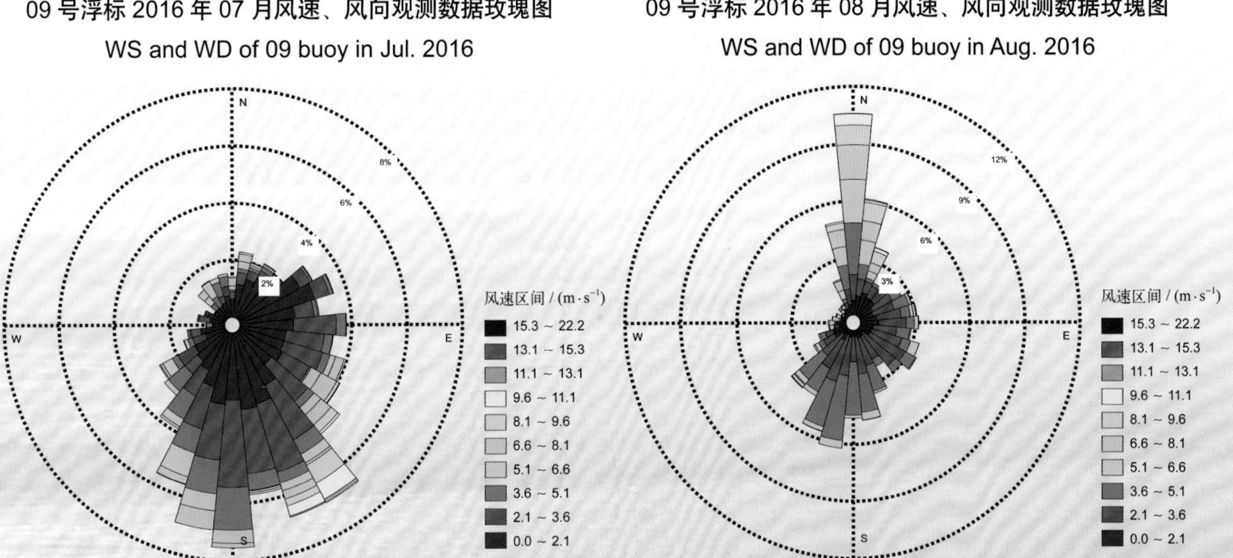

09 号浮标 2016 年 09 月风速、风向观测数据玫瑰图
WS and WD of 09 buoy in Sep. 2016

09 号浮标 2016 年 10 月风速、风向观测数据玫瑰图
WS and WD of 09 buoy in Oct. 2016

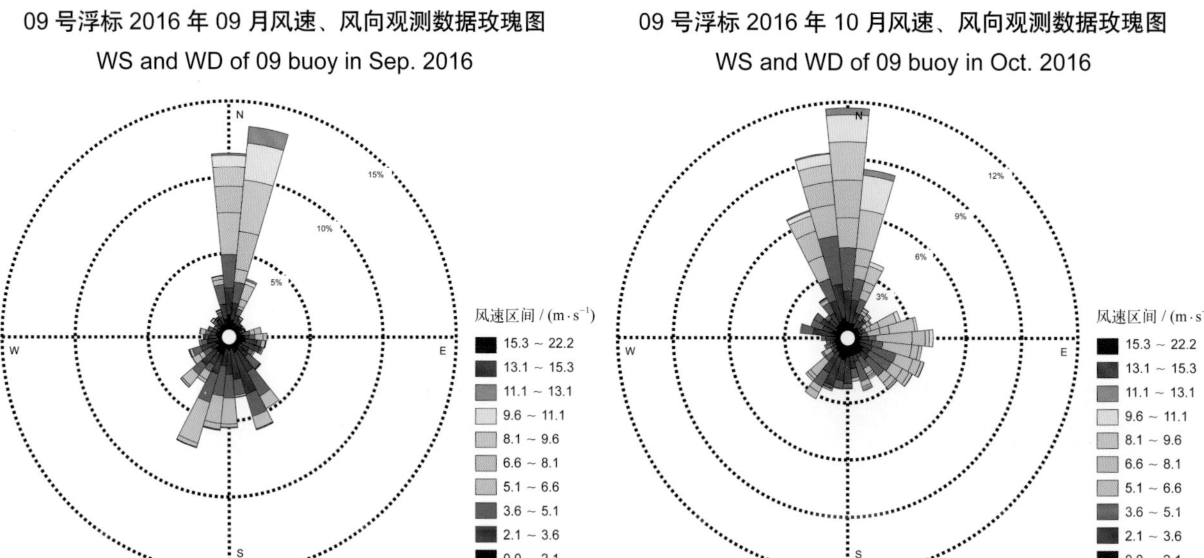

09 号浮标 2016 年 11 月风速、风向观测数据玫瑰图
WS and WD of 09 buoy in Nov. 2016

09 号浮标 2016 年 12 月风速、风向观测数据玫瑰图
WS and WD of 09 buoy in Dec. 2016

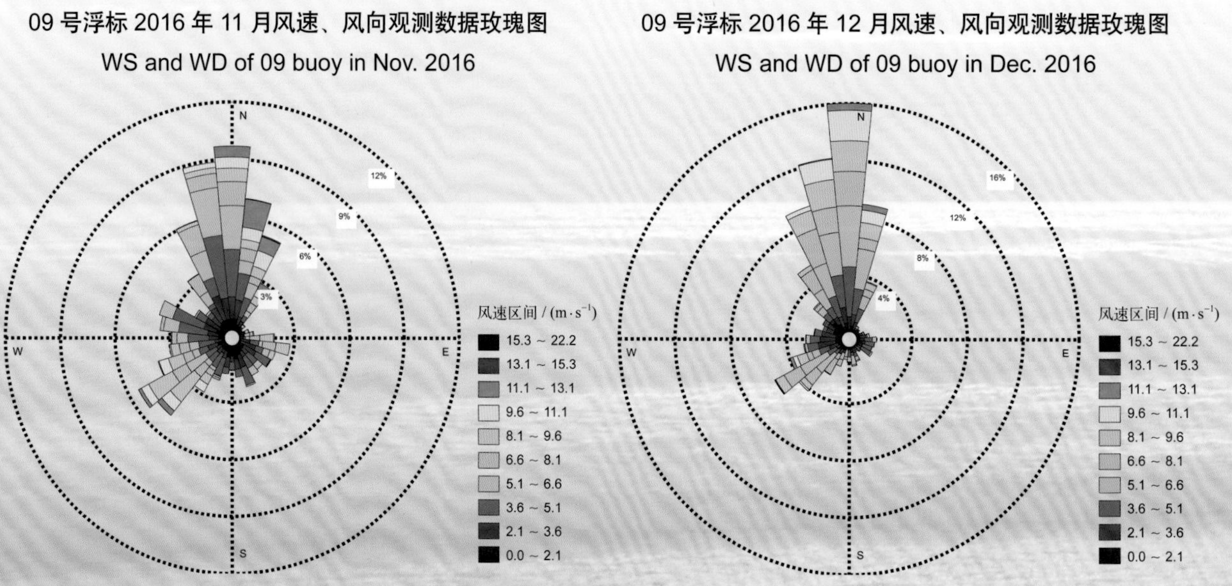

2016 年度 11 号浮标观测数据概述及玫瑰图（风速和风向）

11 号浮标位于东海舟山花鸟岛附近海域（31°N，122°49′E），是一套直径 10 m 的圆盘形综合观测平台。可获取的观测参数包括气象、水文和水质，风速和风向数据是气象参数中的重要观测内容。

2016 年，11 号浮标是中国近海观测研究网络黄海站、东海站获取风速、风向数据最为完整的一套观测系统，获取了全年 366 天的风速和风向长序列观测数据。

表 13　11 号浮标各月份 6 级以上大风日数及主要风向情况详表

月份	6 级以上大风日数	6 级以上大风主要风向	备注
1	15 天	N	记录 1 次寒潮过程
2	14 天	N	冬季代表月，记录 1 次寒潮过程
3	9 天	NW	
4	10 天	N	
5	9 天	W	春季代表月
6	3 天	ENE	
7	7 天	S	
8	4 天	WNW	夏季代表月
9	7 天	NW	记录 2 次台风过程
10	12 天	WNW	记录 1 次台风过程
11	10 天	WNW	秋季代表月
12	13 天	W	

通过对获取数据质量控制和分析，11 号浮标观测海域的年度风速、风向数据和季节数据特征如下：测得的年度最大风速为 22.1 m/s（3 月 8 日 19:20），对应风向为 329°。2016 年，11 号浮标记录到的 6 级以上大风日数总计 113 天，其中 6 级以上大风日数最多的月份为 1 月（15 天），6 级以上大风日数最少的月份是 6 月（3 天）。全年共记录到 5 次 8 级以上大风过程，分别出现在 1 月 5 日、1 月 23—24 日（寒潮影响）、2 月 14 日（寒潮影响）、3 月 8—9 日、11 月 8 日。以 2 月为冬季代表月，

观测海域冬季的 6 级以上大风日数为 14 天，大风主要风向为 N；以 5 月为春季代表月，观测海域春季的 6 级以上大风日数为 9 天，大风主要风向为 W；以 8 月为夏季代表月，观测海域夏季的 6 级以上大风日数为 4 天，大风主要风向为 WNW；以 11 月为秋季代表月，观测海域秋季的 6 级以上大风日数为 10 天，大风主要风向为 WNW。

2016 年，11 号浮标共记录到 2 次寒潮过程和 3 次台风过程。第一次寒潮过程，11 号浮标观测到风力从 1 月 22 日 03:50 开始增大至 6 级以上，并获取到最大风速为 20.6 m/s（1 月 24 日 08:50），对应的风向为 345°，6 级以上风力一直持续到 1 月 25 日 08:50，期间观测到 8 级以上的风力累计时长为 20.7 h，寒潮影响期间的主要风向为 N；第二次寒潮过程，11 号浮标观测到风力从 2 月 13 日 04:10 开始增大至 6 级以上，并获取到最大风速为 18.6 m/s（2 月 14 日 02:00），对应的风向为 10°，6 级以上风力一直持续到 2 月 16 日 03:40，期间超过 8 级风力的时间累计时长为 1 h，寒潮影响期间的主要风向为 N。台风方面，第一次台风过程，受第 14 号超强台风“莫兰蒂”影响，11 号浮标观测到最大风速为 12.9 m/s（9 月 15 日 22:20），对应风向为 90°，观测到 6 级以上的大风过程累计时长为 7.2 h，期间主要风向为 ESE；第二次台风过程，受第 16 号强台风“马勒卡”影响，11 号浮标观测到从 9 月 18 日 06:10 开始风增大至 6 级以上，最大风速为 15.9 m/s（9 月 19 日 06:20），对应风向为 302°，6 级以上的大风过程一直持续到 9 月 19 日 21:40，期间主要风向为 WNW；第三次台风过程，受第 18 号超强台风“暹芭”影响，11 号浮标观测到 10 月 4 日 07:40 开始风力逐渐增加至 6 级以上，最大风速为 12.6 m/s（10 月 4 日 16:50、17:20），6 级以上的大风过程一直持续到 10 月 6 日 13:00，期间主要风向为 WNW。

11 号浮标 2016 年风速、风向观测数据玫瑰图
WS and WD of 11 buoy in 2016

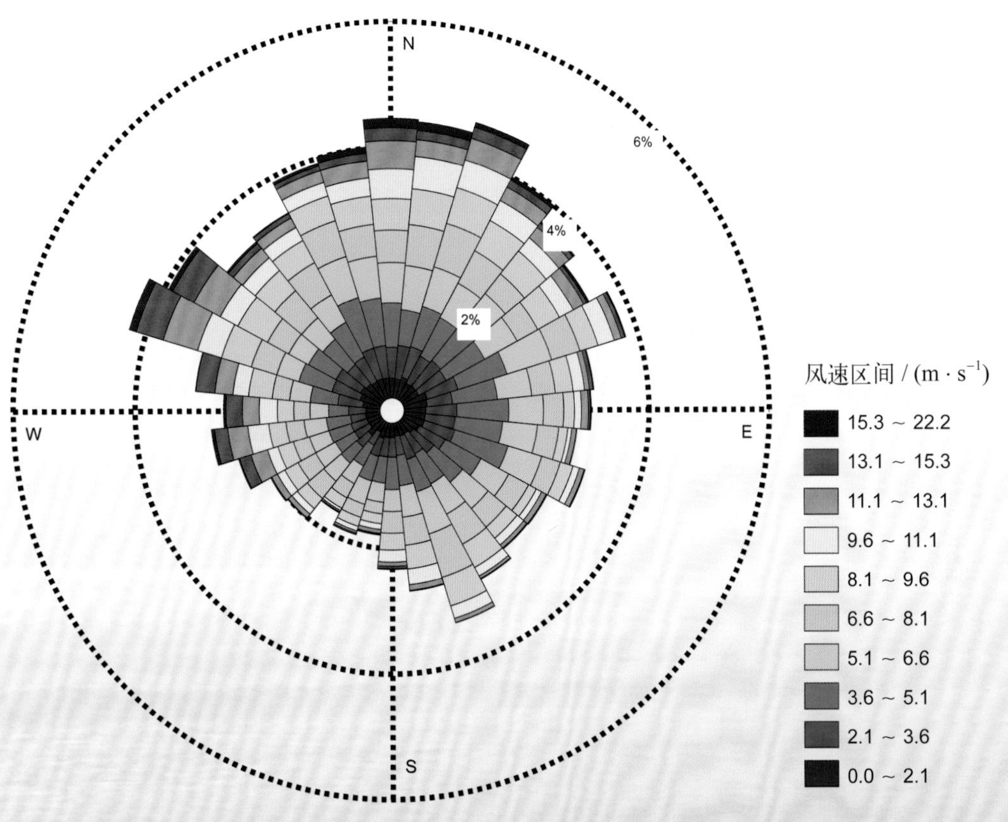

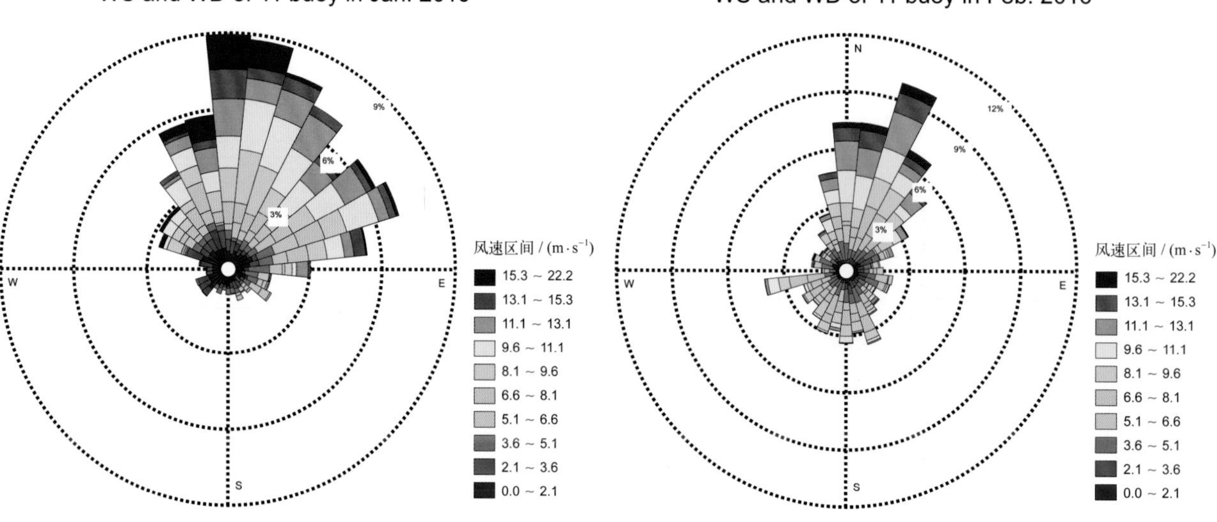
11 号浮标 2016 年 01 月风速、风向观测数据玫瑰图
WS and WD of 11 buoy in Jan. 2016
W
E
S
3%
6%
9%
风速区间 / (m·s⁻¹)
15.3 ~ 22.2
13.1 ~ 15.3
11.1 ~ 13.1
9.6 ~ 11.1
8.1 ~ 9.6
6.6 ~ 8.1
5.1 ~ 6.6
3.6 ~ 5.1
2.1 ~ 3.6
0.0 ~ 2.1
11 号浮标 2016 年 02 月风速、风向观测数据玫瑰图
WS and WD of 11 buoy in Feb. 2016
N
W
E
S
3%
6%
9%
12%
风速区间 / (m·s⁻¹)
15.3 ~ 22.2
13.1 ~ 15.3
11.1 ~ 13.1
9.6 ~ 11.1
8.1 ~ 9.6
6.6 ~ 8.1
5.1 ~ 6.6
3.6 ~ 5.1
2.1 ~ 3.6
0.0 ~ 2.1

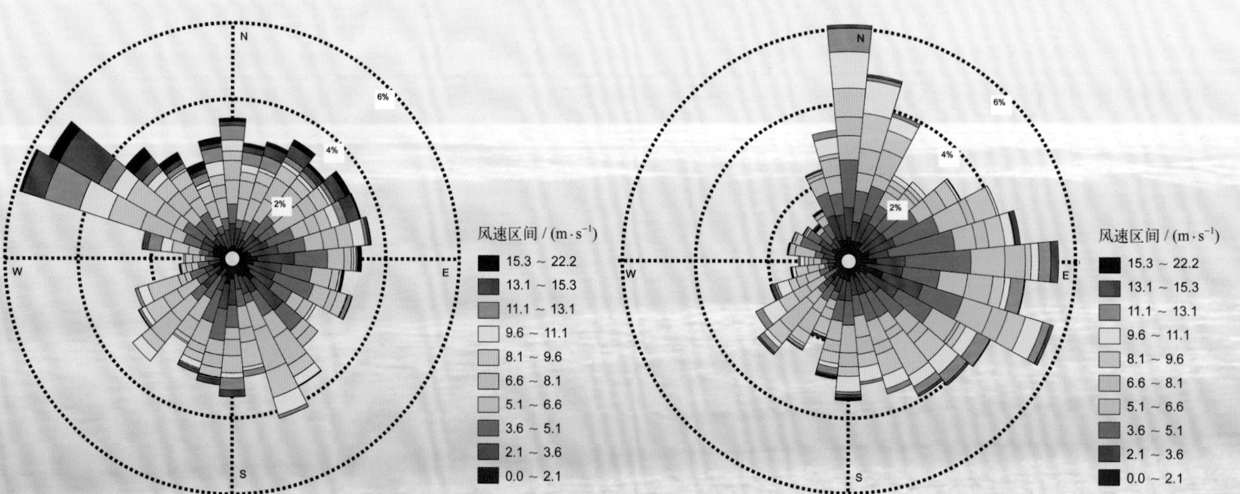
11 号浮标 2016 年 03 月风速、风向观测数据玫瑰图
WS and WD of 11 buoy in Mar. 2016
N
W
E
S
2%
4%
6%
风速区间 / (m·s⁻¹)
15.3 ~ 22.2
13.1 ~ 15.3
11.1 ~ 13.1
9.6 ~ 11.1
8.1 ~ 9.6
6.6 ~ 8.1
5.1 ~ 6.6
3.6 ~ 5.1
2.1 ~ 3.6
0.0 ~ 2.1
11 号浮标 2016 年 04 月风速、风向观测数据玫瑰图
WS and WD of 11 buoy in Apr. 2016
N
W
E
S
2%
4%
6%
风速区间 / (m·s⁻¹)
15.3 ~ 22.2
13.1 ~ 15.3
11.1 ~ 13.1
9.6 ~ 11.1
8.1 ~ 9.6
6.6 ~ 8.1
5.1 ~ 6.6
3.6 ~ 5.1
2.1 ~ 3.6
0.0 ~ 2.1

11 号浮标 2016 年 05 月风速、风向观测数据玫瑰图
WS and WD of 11 buoy in May 2016

11 号浮标 2016 年 06 月风速、风向观测数据玫瑰图
WS and WD of 11 buoy in Jun. 2016

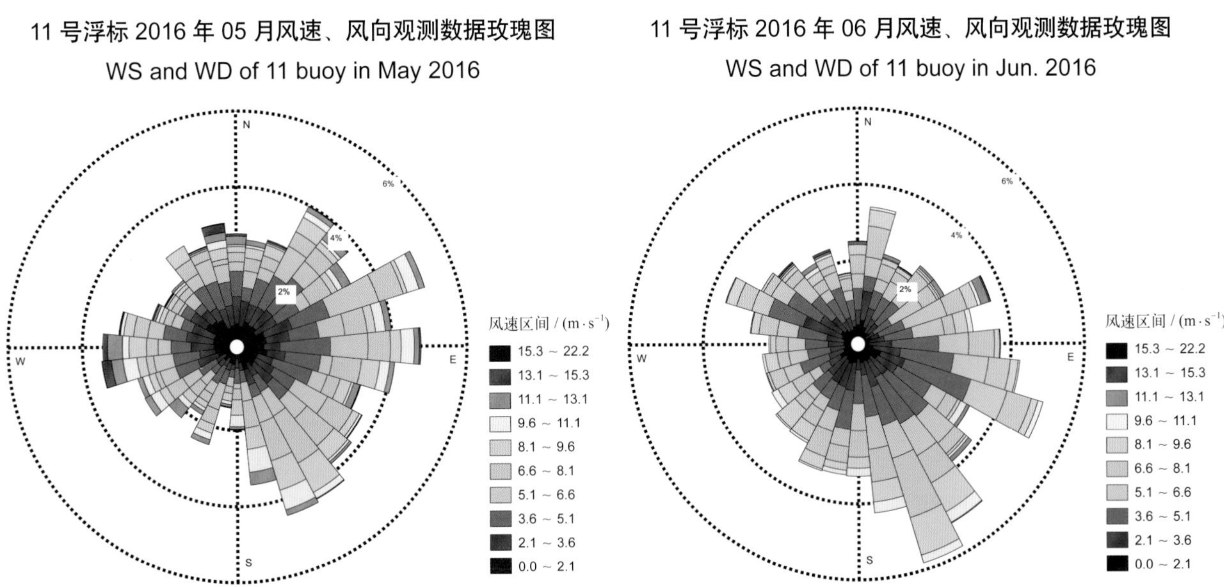

11 号浮标 2016 年 07 月风速、风向观测数据玫瑰图
WS and WD of 11 buoy in Jul. 2016

11 号浮标 2016 年 08 月风速、风向观测数据玫瑰图
WS and WD of 11 buoy in Aug. 2016

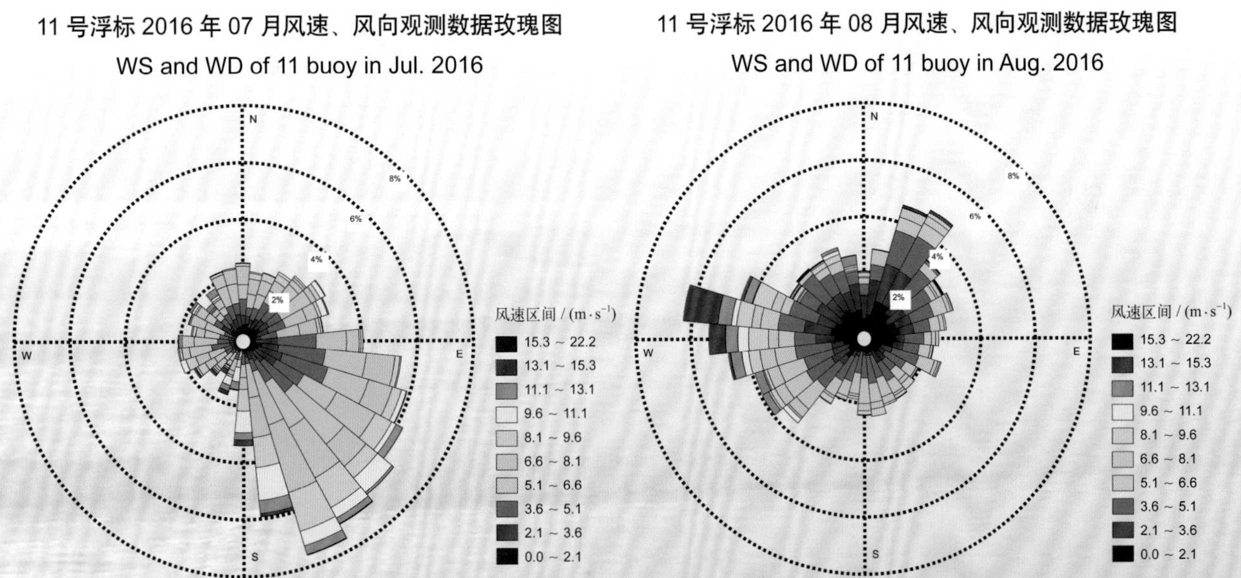

11 号浮标 2016 年 09 月风速、风向观测数据玫瑰图
WS and WD of 11 buoy in Sep. 2016

11 号浮标 2016 年 10 月风速、风向观测数据玫瑰图
WS and WD of 11 buoy in Oct. 2016

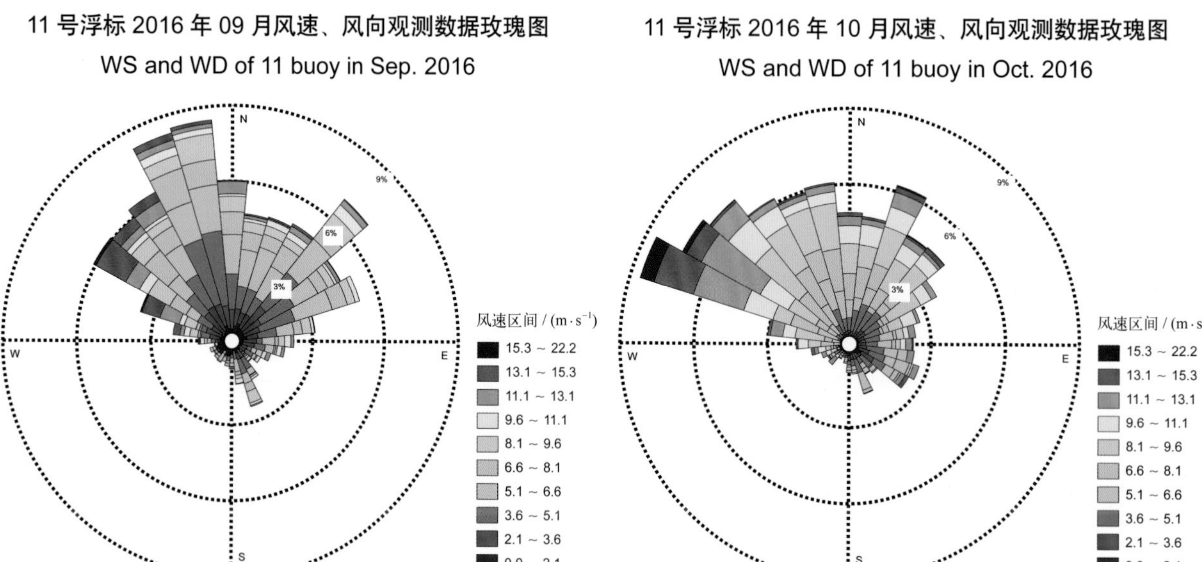

11 号浮标 2016 年 11 月风速、风向观测数据玫瑰图
WS and WD of 11 buoy in Nov. 2016

11 号浮标 2016 年 12 月风速、风向观测数据玫瑰图
WS and WD of 11 buoy in Dec. 2016

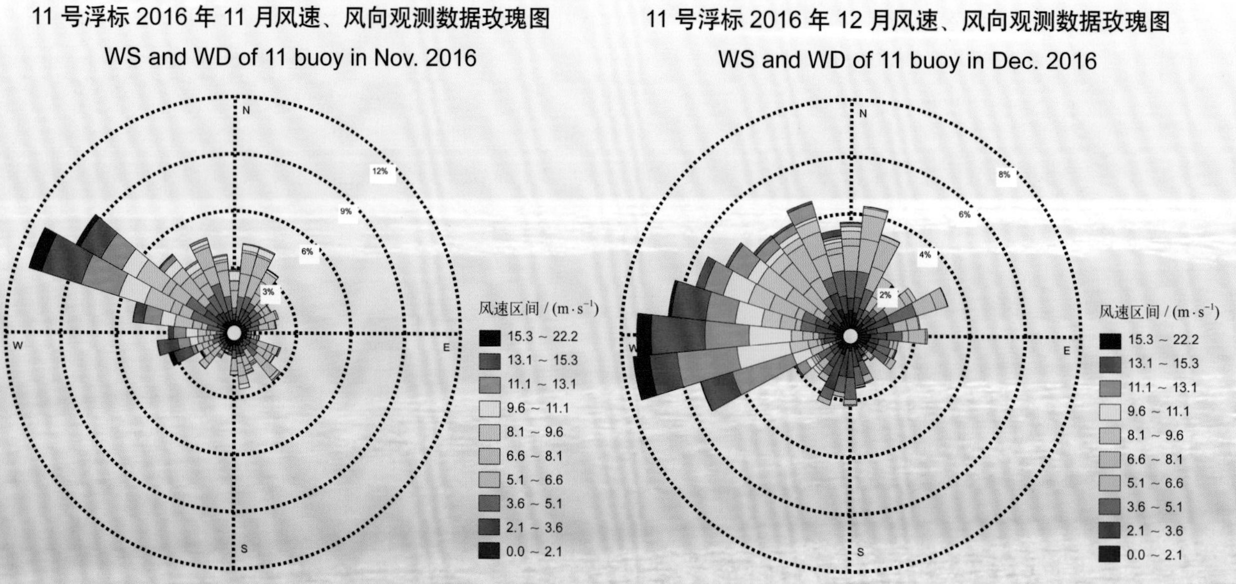

2016年度12号浮标观测数据概述及玫瑰图
（风速和风向）

12号浮标位于东海舟山黄泽洋附近海域（30°30′N，122°33′E），是一套船形综合观测平台。可获取的观测参数包括气象、水文和水质，风速和风向数据是气象参数中的重要观测内容。

2016年，12号浮标共获取353天的风速和风向长序列观测数据。获取数据的区间共四个时间段，具体为1月1日00:00至11月4日04:30、11月13日10:30至29日09:50、12月2日18:30至6日07:20、12月10日15:20至31日23:50。

表14　12号浮标各月份6级以上大风日数及主要风向情况详表

月份	6级以上大风日数	6级以上大风主要风向	备注
1	13天	N	记录1次寒潮过程
2	12天	N	冬季代表月，记录1次寒潮过程
3	7天	ESE	
4	6天	S	
5	7天	WSW	春季代表月
6	3天	S	
7	4天	WSW	
8	2天	N	夏季代表月
9	7天	ESE	记录2次台风过程
10	9天	SE	记录1次台风过程
11	7天	NNW	秋季代表月，通信及传感器故障，缺测9天数据
12	12天	NNW	通信及传感器故障，缺测4天数据

通过对获取数据质量控制和分析，12号浮标观测海域本年度风速、风向数据和季节数据特征如下：年度最大风速为19.1 m/s（3月8日17:50），对应风向为144°。2016年，12号浮标记录到的6级以上大风日数总计89天，其中6级以上大风日数最多的月份为1月（13天），6级以上大风日数最少

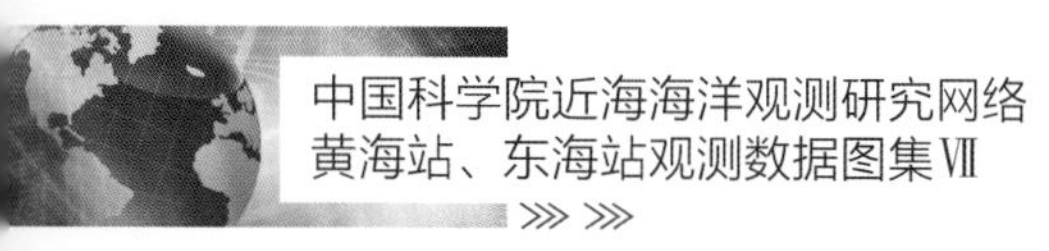

的月份是 8 月（2 天）。全年共记录到 2 次 8 级以上大风过程，分别出现在 1 月 23 日（寒潮影响）和 3 月 8 日。以 2 月为冬季代表月，观测海域冬季的 6 级以上大风日数为 12 天，大风主要风向为 N；以 5 月为春季代表月，观测海域春季的 6 级以上大风日数为 7 天，大风主要风向为 WSW；以 8 月为夏季代表月，观测海域夏季的 6 级以上大风日数为 2 天，大风主要风向为 N；以 11 月为秋季代表月，观测海域秋季的 6 级以上大风日数为 7 天，大风主要风向为 NNW。

2016 年，12 号浮标记录到 2 次寒潮过程和 3 次台风过程。第一次寒潮过程，12 号浮标获取到从 1 月 22 日 11:30 开始风力增大至 6 级以上，并记录到最大风速为 17.8 m/s（1 月 23 日 15:00），对应风向为 343°，6 级以上大风过程一直持续到 1 月 25 日 11:10，期间 8 级以上风力时间累计时长为 2.3 h，寒潮期间主要风向为 NW；第二次寒潮过程，12 号浮标记录到从 2 月 13 日 01:00 开始陆续获取到超过 6 级以上风力，并记录到最大风速为 15.2 m/s（2 月 14 日 18:40、20:30），对应风向为 23° 和 3°，6 级以上大风过程一直持续到 1 月 15 日 08:50，寒潮期间主要风向为 N。台风方面，第一次台风过程，受第 14 号超强台风“莫兰蒂”影响，12 号浮标获取到的最大风速为 12.0 m/s（9 月 15 日 17:00），对应的风向为 198°，由于浮标站位距离台风路径较远未观测到持续大风数据，记录的 6 级以上大风累计时长为 3 h，台风影响期间主要风向为 S；第二次台风过程，受第 16 号强台风“马勒卡”影响，12 号浮标记录到从 9 月 18 日开始风增大至 6 级以上，获取到的最大风速为 15.7 m/s（9 月 19 日 05:10），对应的风向为 5°，6 级以上大风过程一直持续到 9 月 19 日 21:40，台风影响期间主要风向为 ESE；第三次台风过程，受第 18 号台风“暹芭”影响，12 号浮标获到的最大风速为 12.7 m/s（10 月 4 日 15:30），对应的风向为 16°，由于浮标站位距离台风路径较远未观测到持续大风数据，记录的 6 级以上大风过程持续了 6 h（10 月 4 日 14:00—20:00），台风影响期间主要风向为 N。

12 号浮标 2016 年风速、风向观测数据玫瑰图
WS and WD of 12 buoy in 2016

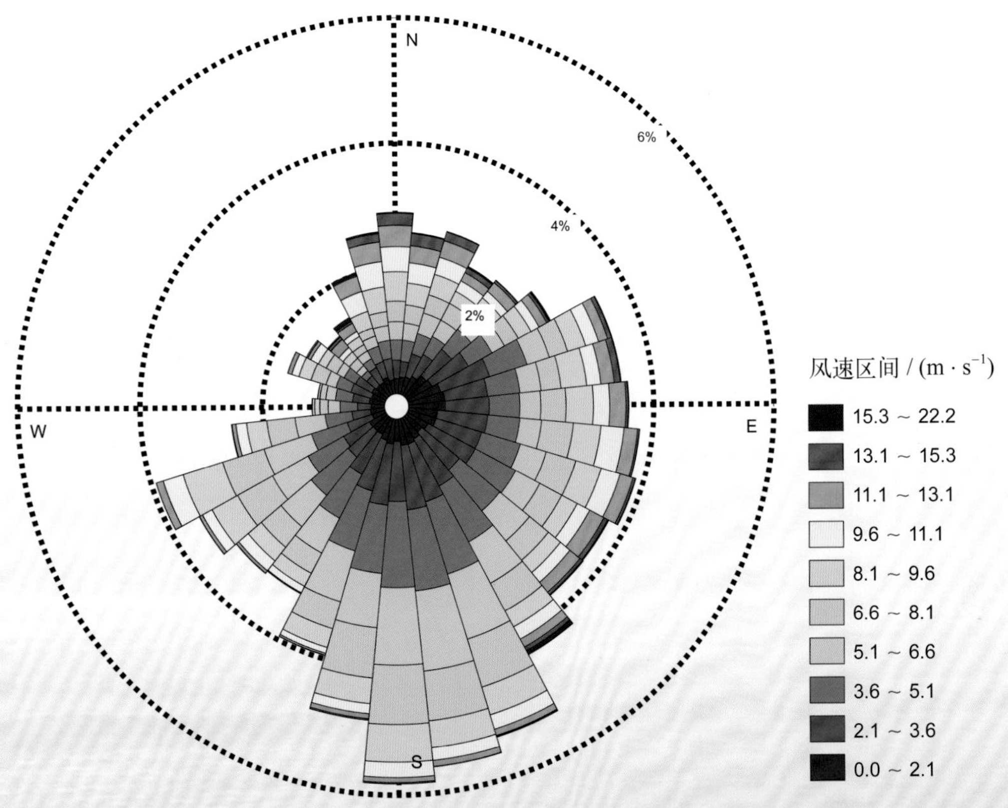

12 号浮标 2016 年 01 月风速、风向观测数据玫瑰图
WS and WD of 12 buoy in Jan. 2016

12 号浮标 2016 年 02 月风速、风向观测数据玫瑰图
WS and WD of 12 buoy in Feb. 2016

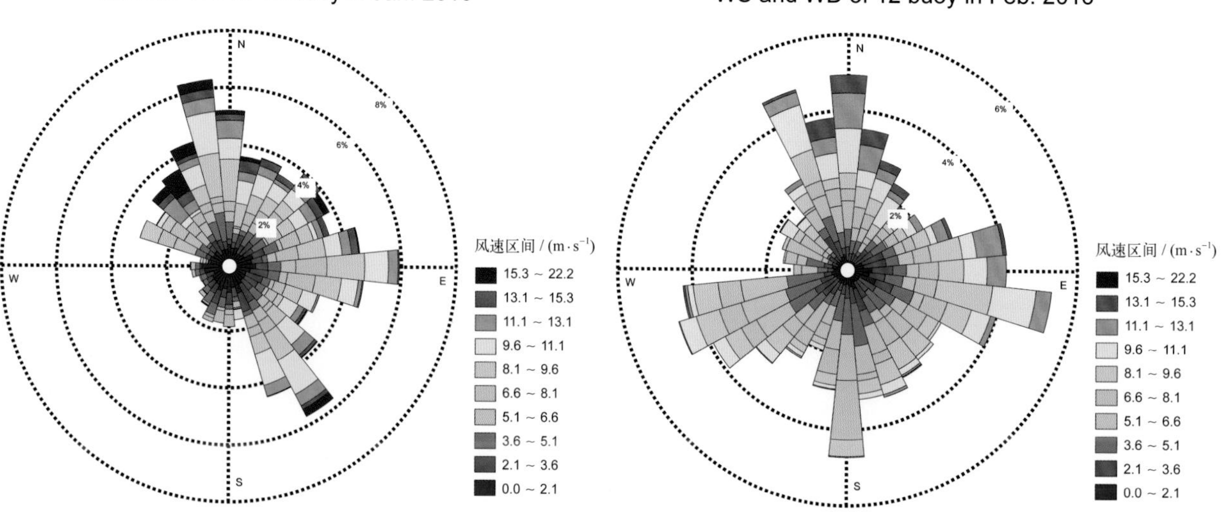

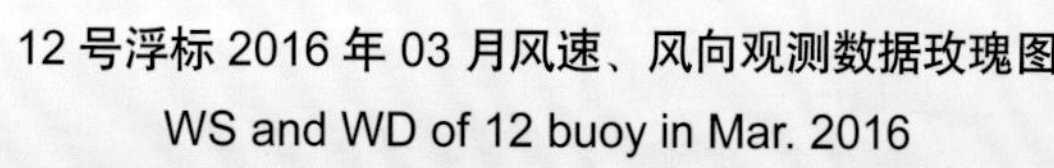
12 号浮标 2016 年 03 月风速、风向观测数据玫瑰图
WS and WD of 12 buoy in Mar. 2016

12 号浮标 2016 年 04 月风速、风向观测数据玫瑰图
WS and WD of 12 buoy in Apr. 2016

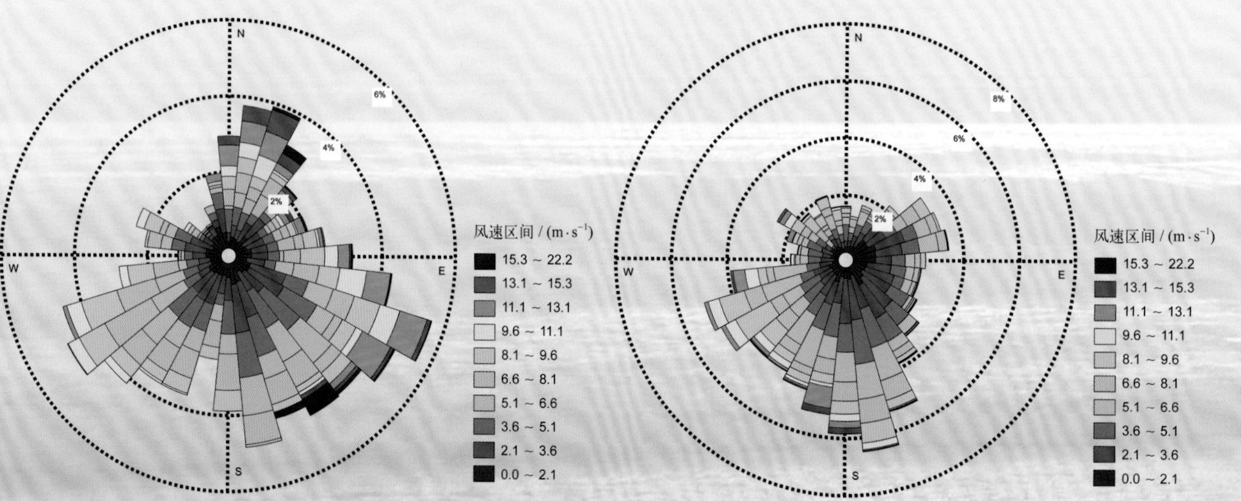

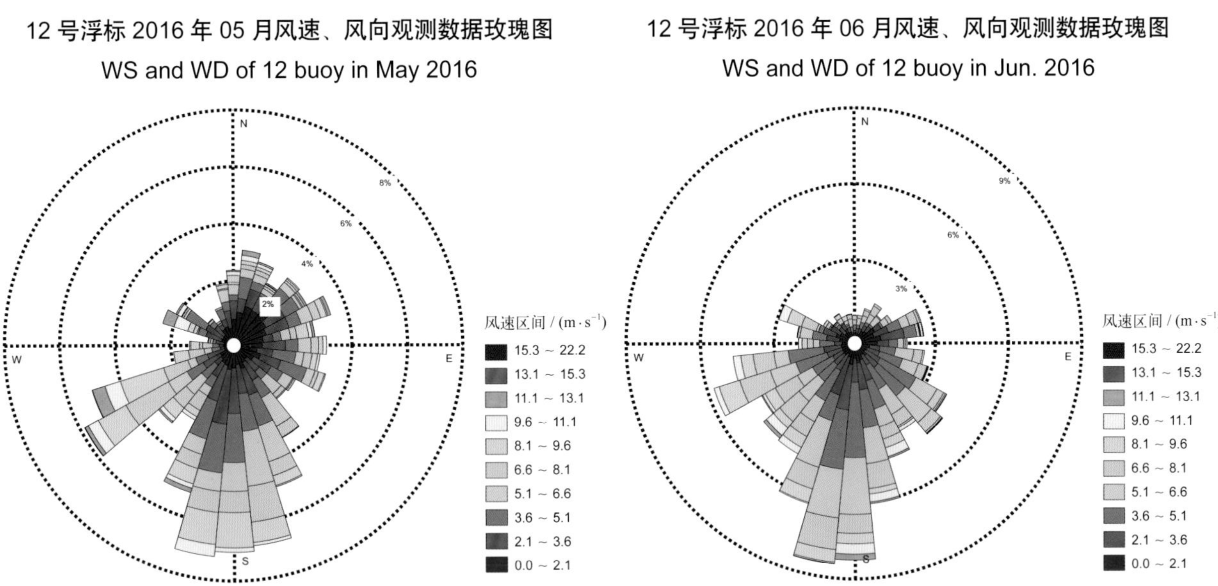

12号浮标2016年05月风速、风向观测数据玫瑰图
WS and WD of 12 buoy in May 2016
N
S
W
E
2%
4%
6%
8%
12号浮标2016年06月风速、风向观测数据玫瑰图
WS and WD of 12 buoy in Jun. 2016
3%
6%
9%
风速区间 / (m·s⁻¹)
15.3 ~ 22.2
13.1 ~ 15.3
11.1 ~ 13.1
9.6 ~ 11.1
8.1 ~ 9.6
6.6 ~ 8.1
5.1 ~ 6.6
3.6 ~ 5.1
2.1 ~ 3.6
0.0 ~ 2.1

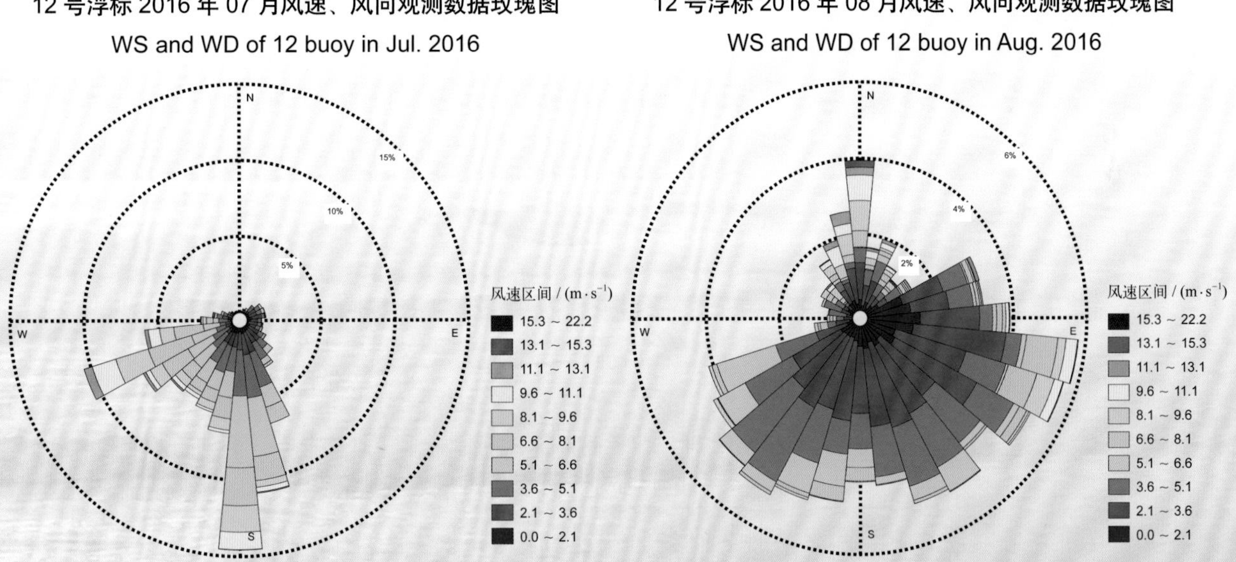

12号浮标2016年07月风速、风向观测数据玫瑰图
WS and WD of 12 buoy in Jul. 2016
N
S
W
E
5%
10%
15%
12号浮标2016年08月风速、风向观测数据玫瑰图
WS and WD of 12 buoy in Aug. 2016
2%
4%
6%
风速区间 / (m·s⁻¹)
15.3 ~ 22.2
13.1 ~ 15.3
11.1 ~ 13.1
9.6 ~ 11.1
8.1 ~ 9.6
6.6 ~ 8.1
5.1 ~ 6.6
3.6 ~ 5.1
2.1 ~ 3.6
0.0 ~ 2.1

12 号浮标 2016 年 09 月风速、风向观测数据玫瑰图
WS and WD of 12 buoy in Sep. 2016

12 号浮标 2016 年 10 月风速、风向观测数据玫瑰图
WS and WD of 12 buoy in Oct. 2016

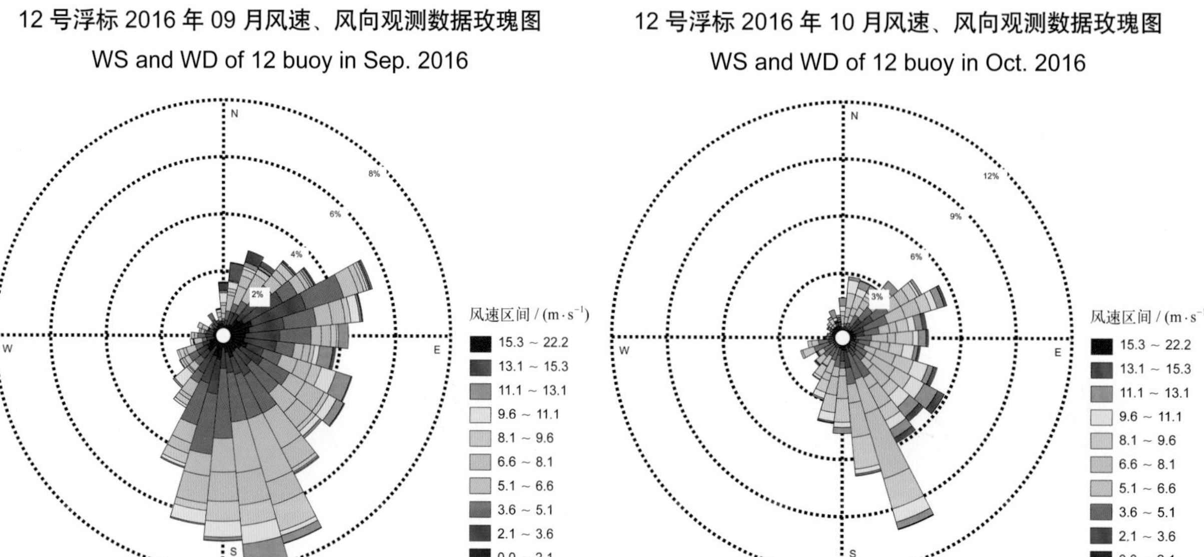

12 号浮标 2016 年 11 月风速、风向观测数据玫瑰图
WS and WD of 12 buoy in Nov. 2016

12 号浮标 2016 年 12 月风速、风向观测数据玫瑰图
WS and WD of 12 buoy in Dec. 2016

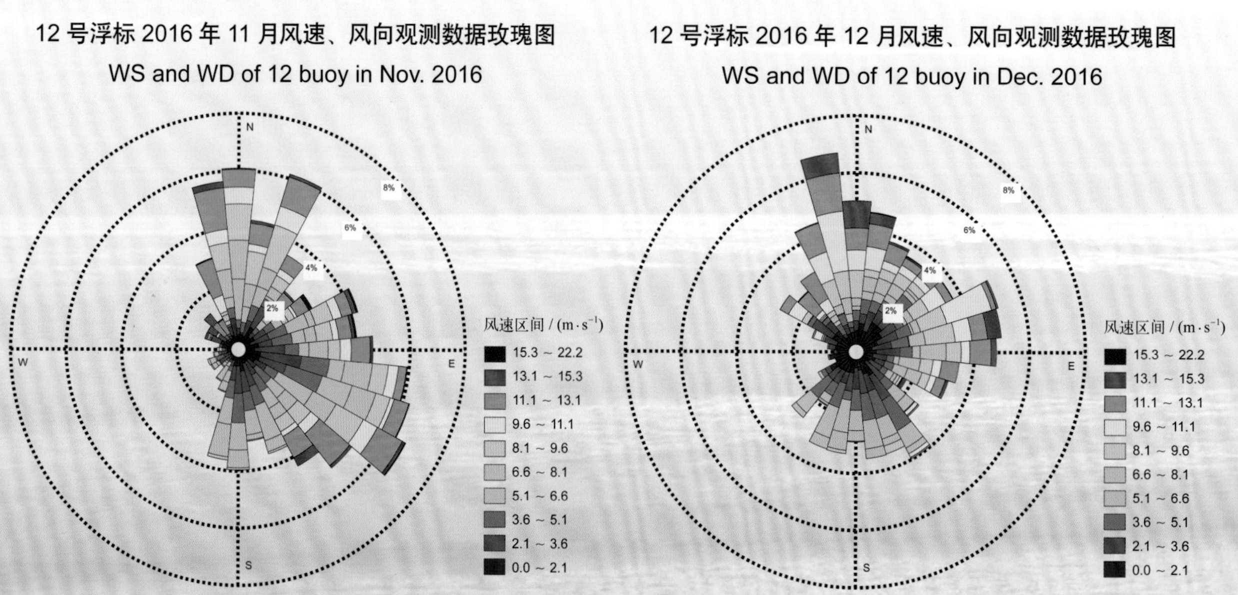

2016 年度 17 号浮标观测数据概述及玫瑰图（风速和风向）

17 号浮标位于黄海青岛仰口附近海域（36°11′N，121°13′E），是一套直径 10 m 的圆盘形综合观测平台。可获取的观测参数包括气象、水文和水质，风速和风向数据是气象参数中的重要观测内容。

2016 年，17 号浮标共获取 322 天的风速和风向长序列观测数据。获取数据的区间共两个时间段，具体为 1 月 1 日 00:00 至 7 月 30 日 15:50、9 月 13 日 17:50 至 12 月 31 日 23:50。

表 15　17 号浮标各月份 6 级以上大风日数及主要风向情况详表

月份	6 级以上大风日数	6 级以上大风主要风向	备注
1	2 天	NW	记录 1 次寒潮过程
2	2 天	NNW	冬季代表月
3	0 天	—	
4	1 天	SSW	
5	1 天	WNW	春季代表月
6	2 天	NW	
7	5 天	S	浮标大修，缺测 1 天数据
8	—	—	夏季代表月，浮标大修，无数据
9	5 天	NNE	浮标大修，缺测 12 天数据
10	8 天	NNE	
11	14 天	N	秋季代表月，记录 1 次寒潮过程
12	16 天	NNW	

通过对获取数据质量控制和分析，17 号浮标观测海域本年度风速、风向数据和季节数据特征如下：年度最大风速为 14.7 m/s（9 月 28 日 00:10），对应风向为 27°。2016 年，17 号浮标记录到的 6 级以上大风日数总计 56 天，其中 6 级以上大风日数最多的月份为 12 月（16 天），6 级以上大风日数最少的月份为 3 月（0 天）。以 2 月为冬季代表月，观测海域冬季的 6 级以上大风日数为 2 天，大风主要风向为 NNW；以 5 月为春季代表月，观测海域春季的 6 级以上大风日数为 1 天，大风主要风向

为 WNW；以 11 月为秋季代表月，观测海域秋季代表月的 6 级以上大风日数为 14 天，大风主要风向为 N。

2016 年，17 号浮标共记录到 2 次寒潮过程。第一次寒潮过程，17 号浮标从 1 月 23 日 18:20 开始陆续获取到超过 6 级的风数据，最大风速为 14.2m/s（1 月 23 日 22:50 和 24 日 00:10），对应风向为 345° 和 346°，6 级以上大风过程持续到 1 月 24 日 23:30，寒潮期间主要风向为 NW；第二次寒潮过程，17 号浮标记录到风从 11 月 21 日 14:10 开始增大至 6 级以上，最大风速为 16.2 m/s（11 月 22 日 03:50），对应风向为 1°，6 级以上大风过程持续到 1 月 23 日 01:10，寒潮期间主要风向为 N。

17 号浮标 2016 年风速、风向观测数据玫瑰图
WS and WD of 17 buoy in 2016

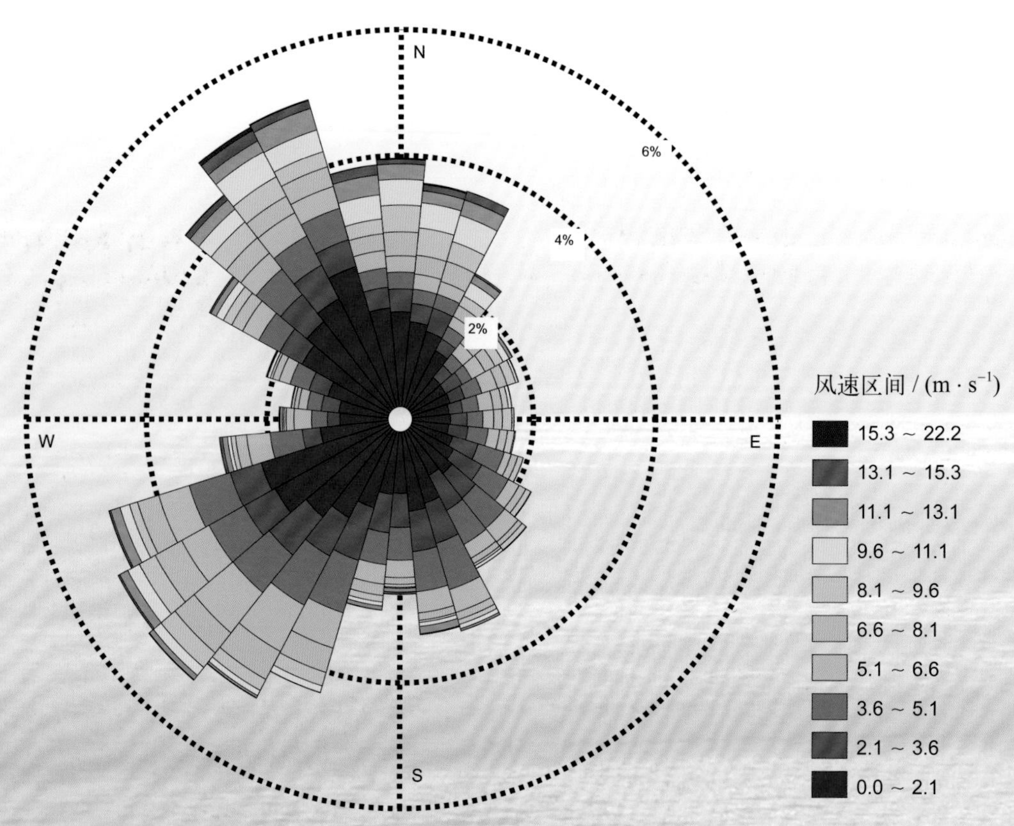

17 号浮标 2016 年 01 月风速、风向观测数据玫瑰图

WS and WD of 17 buoy in Jan. 2016

17 号浮标 2016 年 02 月风速、风向观测数据玫瑰图

WS and WD of 17 buoy in Feb. 2016

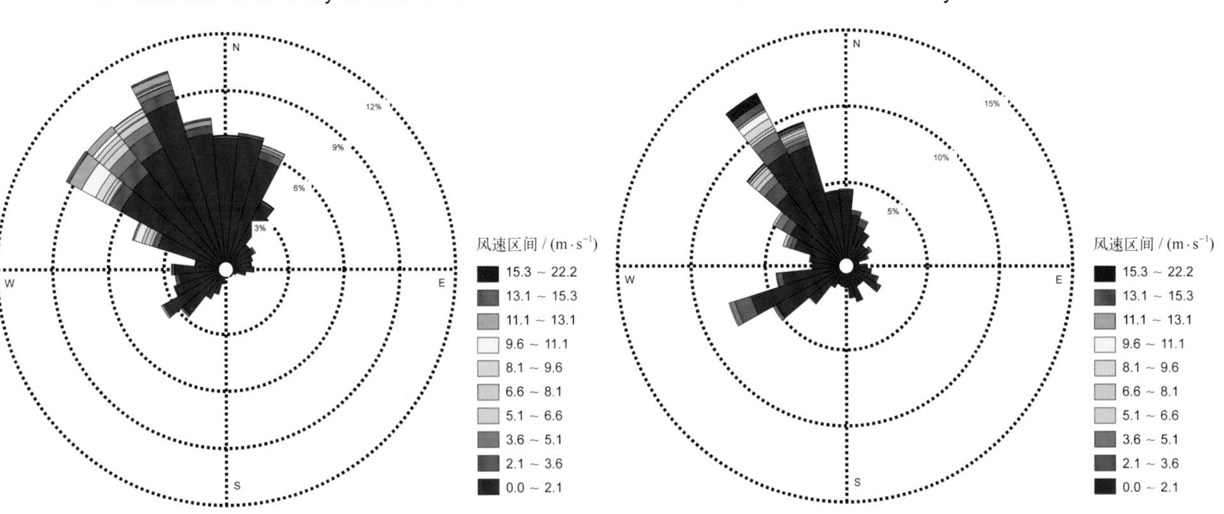

17 号浮标 2016 年 03 月风速、风向观测数据玫瑰图

WS and WD of 17 buoy in Mar. 2016

17 号浮标 2016 年 04 月风速、风向观测数据玫瑰图

WS and WD of 17 buoy in Apr. 2016

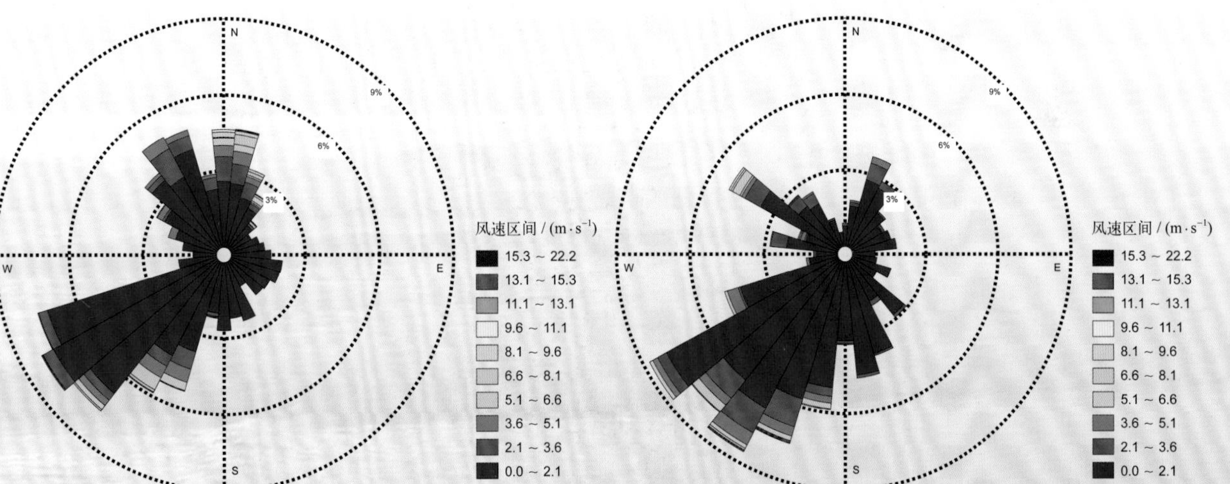

17 号浮标 2016 年 05 月风速、风向观测数据玫瑰图
WS and WD of 17 buoy in May 2016

17 号浮标 2016 年 06 月风速、风向观测数据玫瑰图
WS and WD of 17 buoy in Jun. 2016

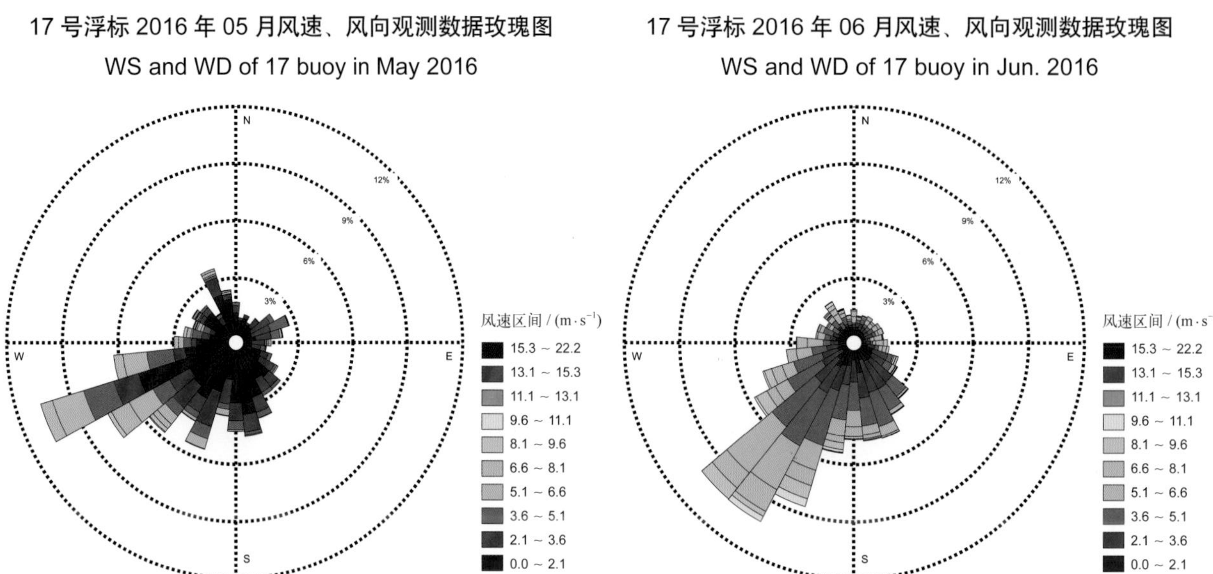

17 号浮标 2016 年 07 月风速、风向观测数据玫瑰图
WS and WD of 17 buoy in Jul. 2016

17 号浮标 2016 年 09 月风速、风向观测数据玫瑰图
WS and WD of 17 buoy in Sep. 2016

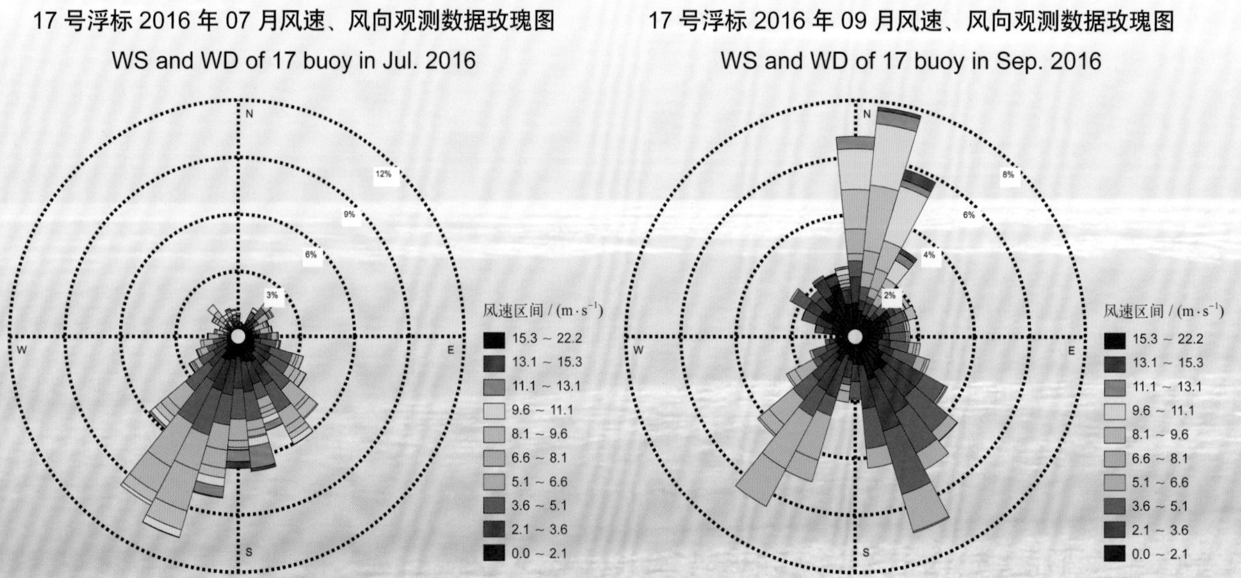

17 号浮标 2016 年 10 月风速、风向观测数据玫瑰图

WS and WD of 17 buoy in Oct. 2016

17 号浮标 2016 年 11 月风速、风向观测数据玫瑰图

WS and WD of 17 buoy in Nov. 2016

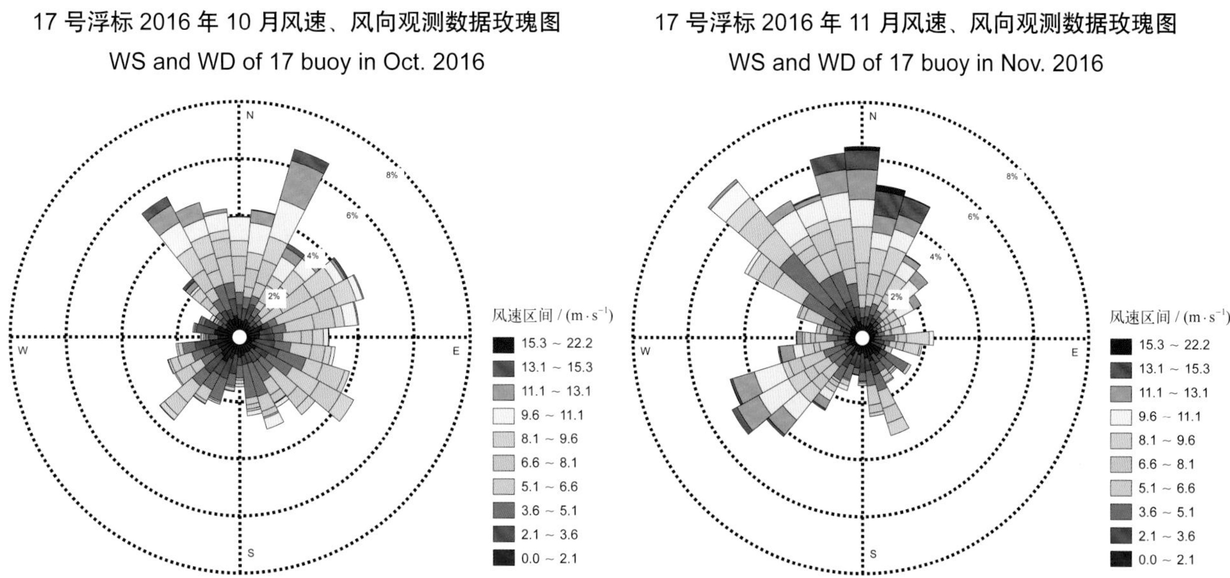

17 号浮标 2016 年 12 月风速、风向观测数据玫瑰图

WS and WD of 17 buoy in Dec. 2016

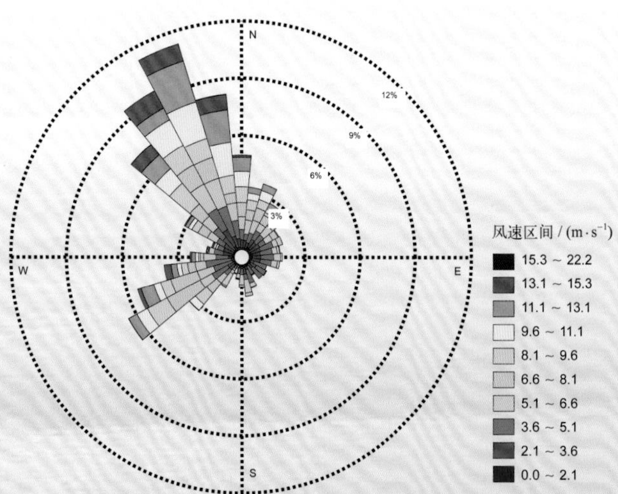

2016 年度 19 号浮标观测数据概述及玫瑰图（风速和风向）

19 号浮标位于黄海日照近海海域（35°25′N，119°36′E），是一套直径 3 m 的圆盘形综合观测平台。可获取的观测参数包括气象、水文和水质，风速和风向数据是气象参数中的重要观测内容。

2016 年，19 号浮标共获取 362 天的风速和风向长序列观测数据。获取数据的区间共四个时间段，具体为 1 月 1 日 00:00 至 3 月 22 日 10:00、3 月 26 日 15:30 至 8 月 3 日 10:10、8 月 4 日 17:10 至 11 月 27 日 13:10、11 月 29 日 08:10 至 12 月 31 日 23:50。

表 16　19 号浮标各月份 6 级以上大风日数及主要风向情况详表

月份	6 级以上大风日数	6 级以上大风主要风向	备注
1	3 天	N	记录 2 次寒潮过程
2	2 天	NNW	冬季代表月
3	0 天	—	系统故障，缺测 3 天数据
4	0 天	—	
5	1 天	NNE	春季代表月
6	0 天	—	
7	0 天	—	
8	0 天	—	夏季代表月
9	0 天	—	
10	0 天	—	
11	0 天	—	秋季代表月，系统故障，缺测 1 天数据，记录 1 次寒潮过程
12	2 天	NNW	

通过对获取数据质量控制和分析，19 号浮标观测海域本年度风速、风向数据和季节数据特征如下：年度最大风速为 13.8 m/s（2 月 13 日 14:10），对应风向为 338°。19 号浮标由于站位距离岸边较近，2016 年记录到的 6 级以上大风日数只有 8 天，其中 6 级以上大风日数最多的月份为 1 月（3 天），

8 个月未观测到 6 级以上的大风情况。以 2 月为冬季代表月，观测海域冬季的 6 级以上大风日数为 2 天，大风主要风向为 NNW；以 5 月为春季代表月，观测海域春季的 6 级以上大风日数为 1 天，大风主要风向为 NNE；以 8 月为夏季代表月、11 月为秋季代表月，夏季和秋季均未观测到 6 级以上大风。

2016 年，19 号浮标共记录到 3 次寒潮过程。第一次寒潮过程，19 号浮标获取到的最大风速为 15.2 m/s（1 月 17 日 15:20），对应风向为 4°，6 级以上大风过程累计时长为 3 h，寒潮期间主要风向为 N；第二次寒潮过程，19 号浮标获取到的最大风速为 11.2 m/s（1 月 23 日 01:50），对应风向为 333°，此次寒潮未形成持续大风过程，6 级以上大风过程累计时长不足 1 h，寒潮期间主要风向为 NNW；第三次寒潮过程未引起持续大风过程，19 号浮标获取到的最大风速为 6.2 m/s（11 月 22 日 01:30）。

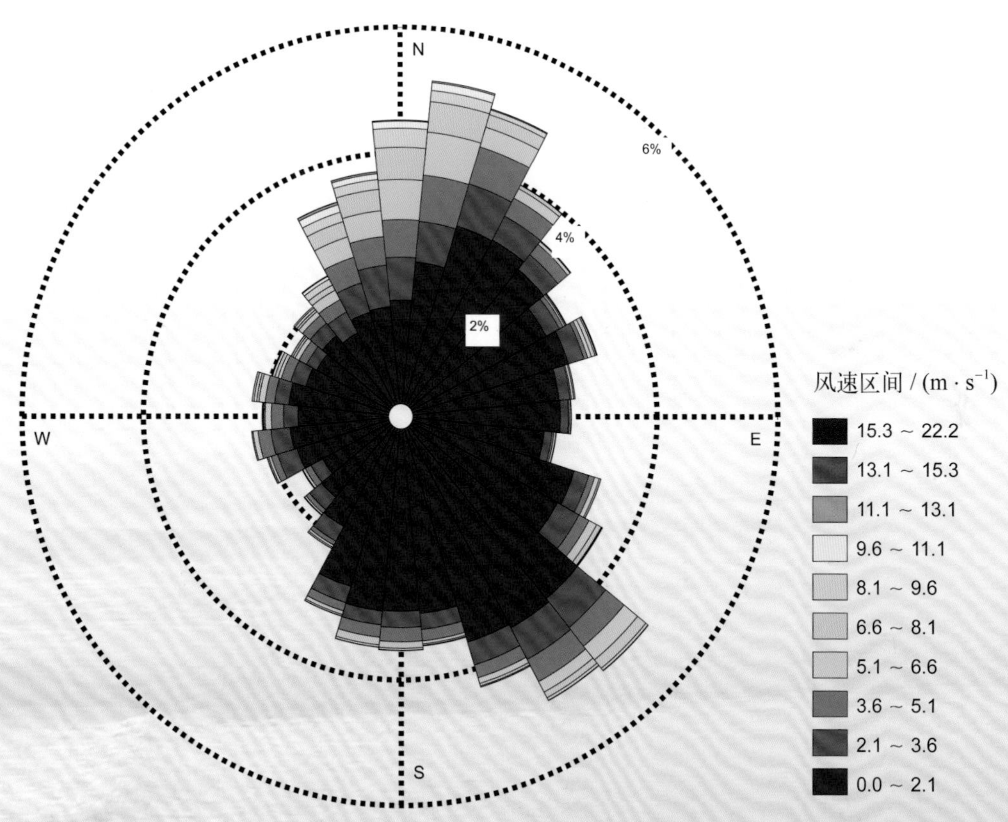

19 号浮标 2016 年 01 月风速、风向观测数据玫瑰图
WS and WD of 19 buoy in Jan. 2016

19 号浮标 2016 年 02 月风速、风向观测数据玫瑰图
WS and WD of 19 buoy in Feb. 2016

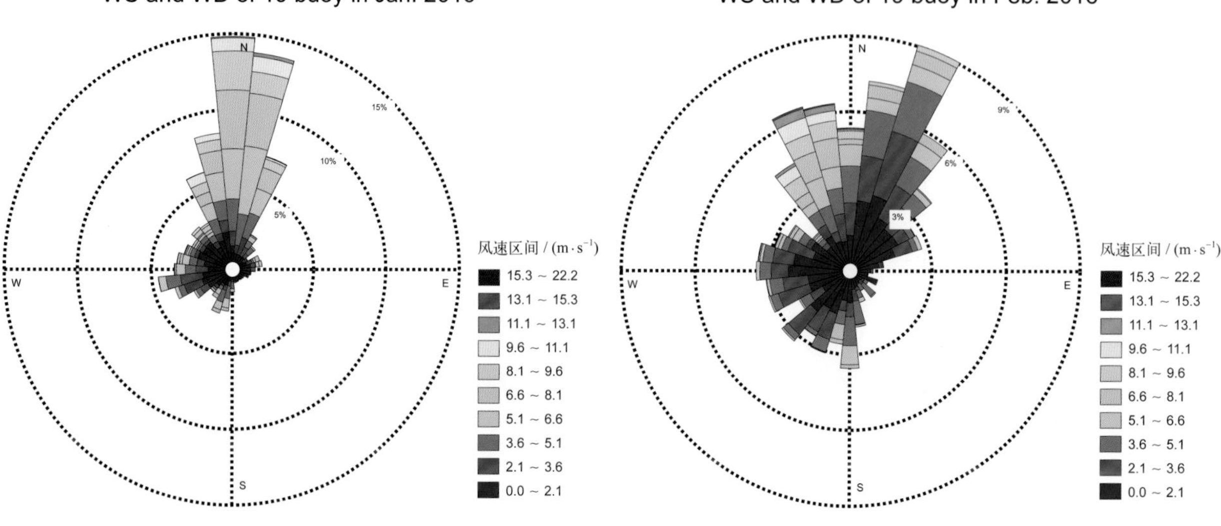

19 号浮标 2016 年 03 月风速、风向观测数据玫瑰图
WS and WD of 19 buoy in Mar. 2016

19 号浮标 2016 年 04 月风速、风向观测数据玫瑰图
WS and WD of 19 buoy in Apr. 2016

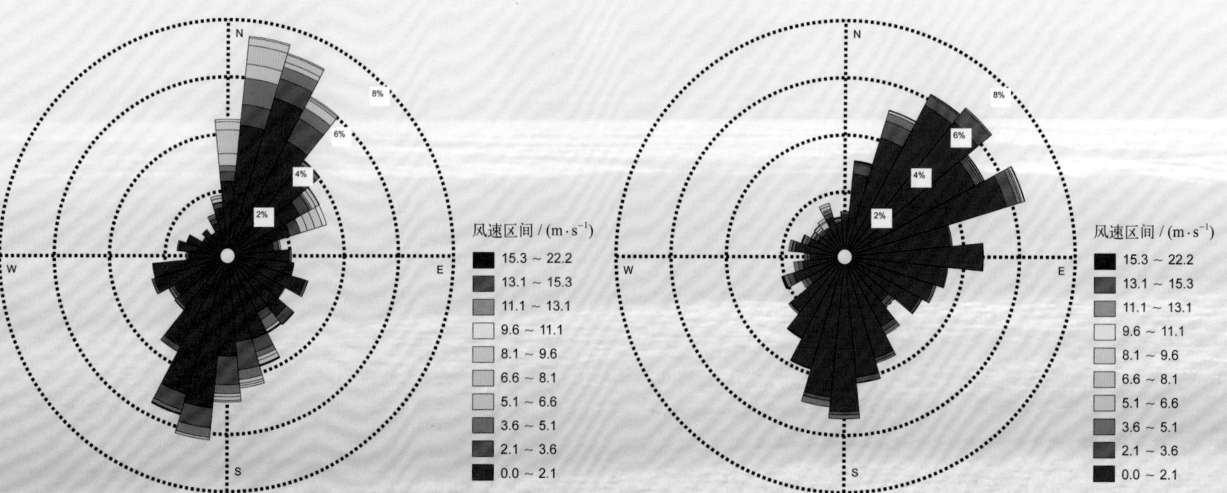

19 号浮标 2016 年 05 月风速、风向观测数据玫瑰图
WS and WD of 19 buoy in May 2016

N
E
S
W
2%
4%
6%
8%
风速区间 / (m·s^{-1})
15.3 ~ 22.2
13.1 ~ 15.3
11.1 ~ 13.1
9.6 ~ 11.1
8.1 ~ 9.6
6.6 ~ 8.1
5.1 ~ 6.6
3.6 ~ 5.1
2.1 ~ 3.6
0.0 ~ 2.1

19 号浮标 2016 年 06 月风速、风向观测数据玫瑰图
WS and WD of 19 buoy in Jun. 2016

N
E
S
W
3%
6%
9%
风速区间 / (m·s^{-1})
15.3 ~ 22.2
13.1 ~ 15.3
11.1 ~ 13.1
9.6 ~ 11.1
8.1 ~ 9.6
6.6 ~ 8.1
5.1 ~ 6.6
3.6 ~ 5.1
2.1 ~ 3.6
0.0 ~ 2.1

19 号浮标 2016 年 07 月风速、风向观测数据玫瑰图
WS and WD of 19 buoy in Jul. 2016

19 号浮标 2016 年 08 月风速、风向观测数据玫瑰图
WS and WD of 19 buoy in Aug. 2016

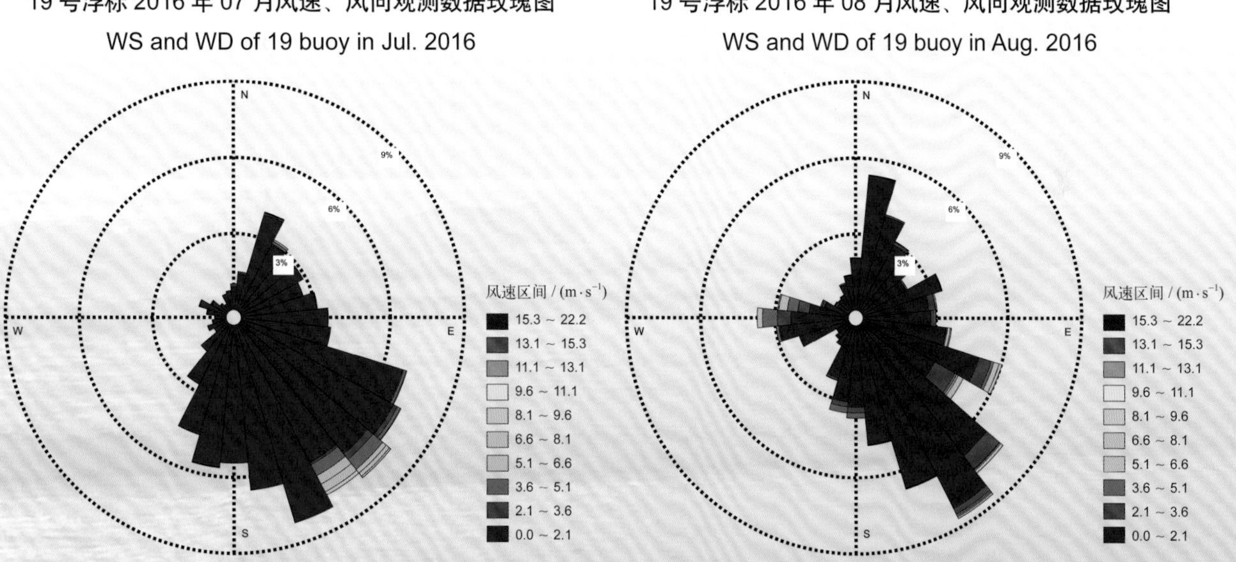

19号浮标2016年09月风速、风向观测数据玫瑰图
WS and WD of 19 buoy in Sep. 2016

19号浮标2016年10月风速、风向观测数据玫瑰图
WS and WD of 19 buoy in Oct. 2016

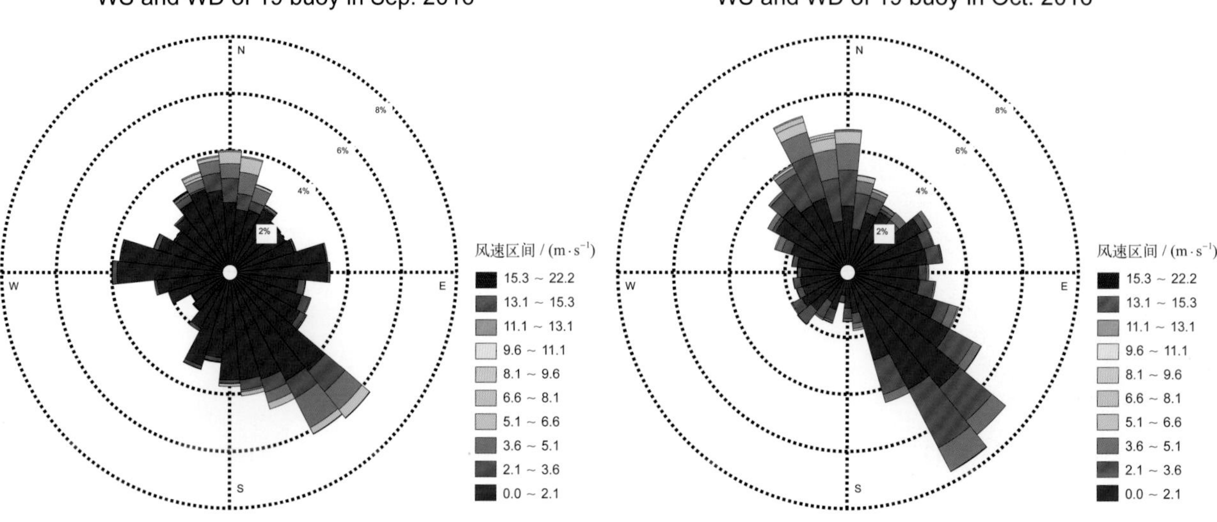

19号浮标2016年11月风速、风向观测数据玫瑰图
WS and WD of 19 buoy in Nov. 2016

19号浮标2016年12月风速、风向观测数据玫瑰图
WS and WD of 19 buoy in Dec. 2016

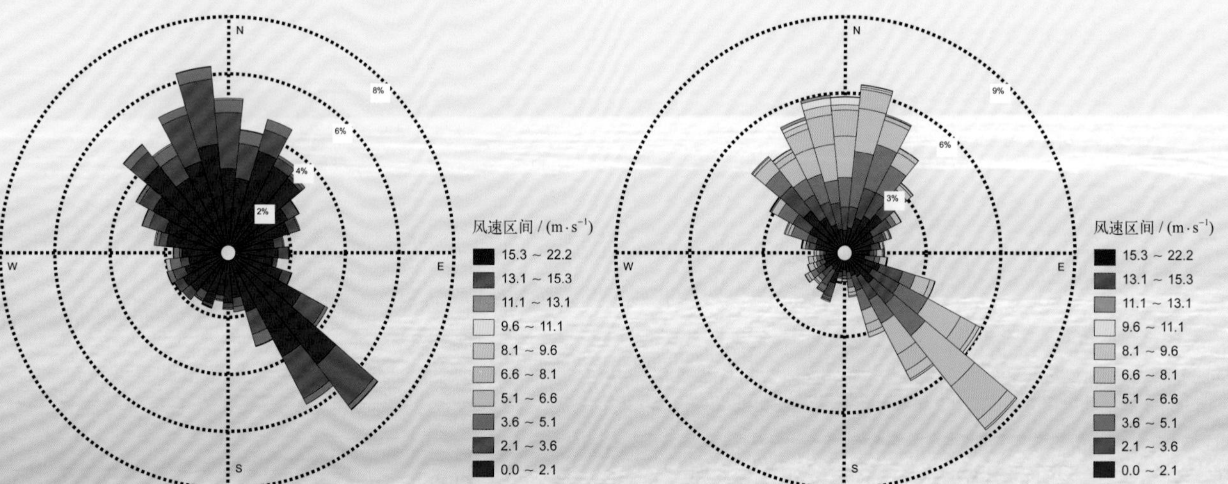

水文观测

2016年度01号浮标观测数据概述及曲线
（水温和盐度）

01号浮标位于中国近海观测研究网络黄海站观测范围最北端的海域（38°45′N，122°45′E），是一套直径3 m的圆盘形综合观测平台。可获取的观测参数包括气象、水文和水质，水温和盐度数据是水文参数中的重要观测内容。

2016年，01号浮标获取了266天的水温和盐度长序列观测数据。获取数据的区间共三个时间段，具体为4月6日07:00至9月1日14:30、9月5日11:00至11月27日06:30、11月29日21:30至12月31日23:30。

通过对获取数据质量控制和分析，01号浮标观测海域本年度水温、盐度数据和季节数据特征如下：年度水温平均值为17.53℃，年度盐度平均值为31.76；测得的年度最高水温和最低水温分别为30.2℃（8月4日15:00）和5.1℃（4月6日03:30—06:00）；测得的年度最高盐度和最低盐度分别为32.8（5月8日11:30）和29.8（8月3日11:30）。以5月为春季代表月，观测海域春季的平均水温是11.83℃，平均盐度是31.80；以8月为夏季代表月，观测海域夏季的平均水温是26.97℃，平均盐度是31.37；以11月为秋季代表月，观测海域秋季的平均水温是13.32℃，平均盐度是32.14。

01号浮标布放海域月度水温、盐度变化特征与该海域的气温和降水等因素密切相关。2016年，浮标观测的水温、盐度的月平均值和最高值、最低值数据参见表17。从表17中可以看出，水温平均值最低的月份为4月，并且在该时间段内观测到年度最低水温（5.1℃），水温平均值最高的月份为8月，并且在该时间段内观测到年度最高水温（30.2℃）。盐度平均值最低的月份为6月、7月和8月，年度盐度最低值（29.8）出现于8月，盐度平均值最高的月份为12月，年度盐度最高值（32.8）出现在5月。从月度水温、盐度的变化情况分析，水温变化最为剧烈的是5月，最高水温为17.5℃，最低水温为6.4℃，变化幅度为11.1℃，盐度变化最为剧烈的是8月，最高盐度为32.0，最低盐度为29.8，变化幅度为2.2；比较而言，水温变化幅度较小的月份是12月，最高水温为11.1℃，最低水温为7.8℃，变化幅度为3.3℃，盐度变化幅度较小的月份是11月，最高盐度为32.3，最低盐度为31.8，变化幅度为0.5。

2016年，01号浮标共记录到2次寒潮过程。01号浮标记录的2次寒潮过程均造成水温加剧并持续降低的现象，符合冬季气温、水温的持续走低趋势。第一次寒潮过程浮标获取的平均水温为16.30℃，第二次寒潮过程浮标获取的平均水温为9.34℃，盐度数据均未发现显著变化的特征。

表 17　01 号浮标各月份水温、盐度观测数据情况详表

月份	水温 / ℃			盐度			备注
	平均	最高	最低	平均	最高	最低	
1	—	—	—	—	—	—	浮标大修，无数据
2	—	—	—	—	—	—	冬季代表月，浮标大修，无数据
3	—	—	—	—	—	—	浮标大修，无数据
4	8.58	13.0	5.1	32.07	32.4	30.4	缺失 5 天数据
5	11.83	17.5	6.4	31.80	32.8	31.0	春季代表月
6	19.95	25.2	15.6	31.37	32.1	30.1	
7	24.23	26.4	21.8	31.37	31.7	30.5	
8	26.97	30.2	21.2	31.37	32.0	29.8	夏季代表月
9	22.16	24.8	20.3	31.74	32.0	30.4	缺失 3 天数据
10	18.63	21.2	15.8	31.97	32.1	31.5	记录 1 次寒潮过程
11	13.32	15.7	10.9	32.14	32.3	31.8	秋季代表月，缺失 1 天数据
12	9.27	11.1	7.8	32.16	32.4	31.5	记录 1 次寒潮过程

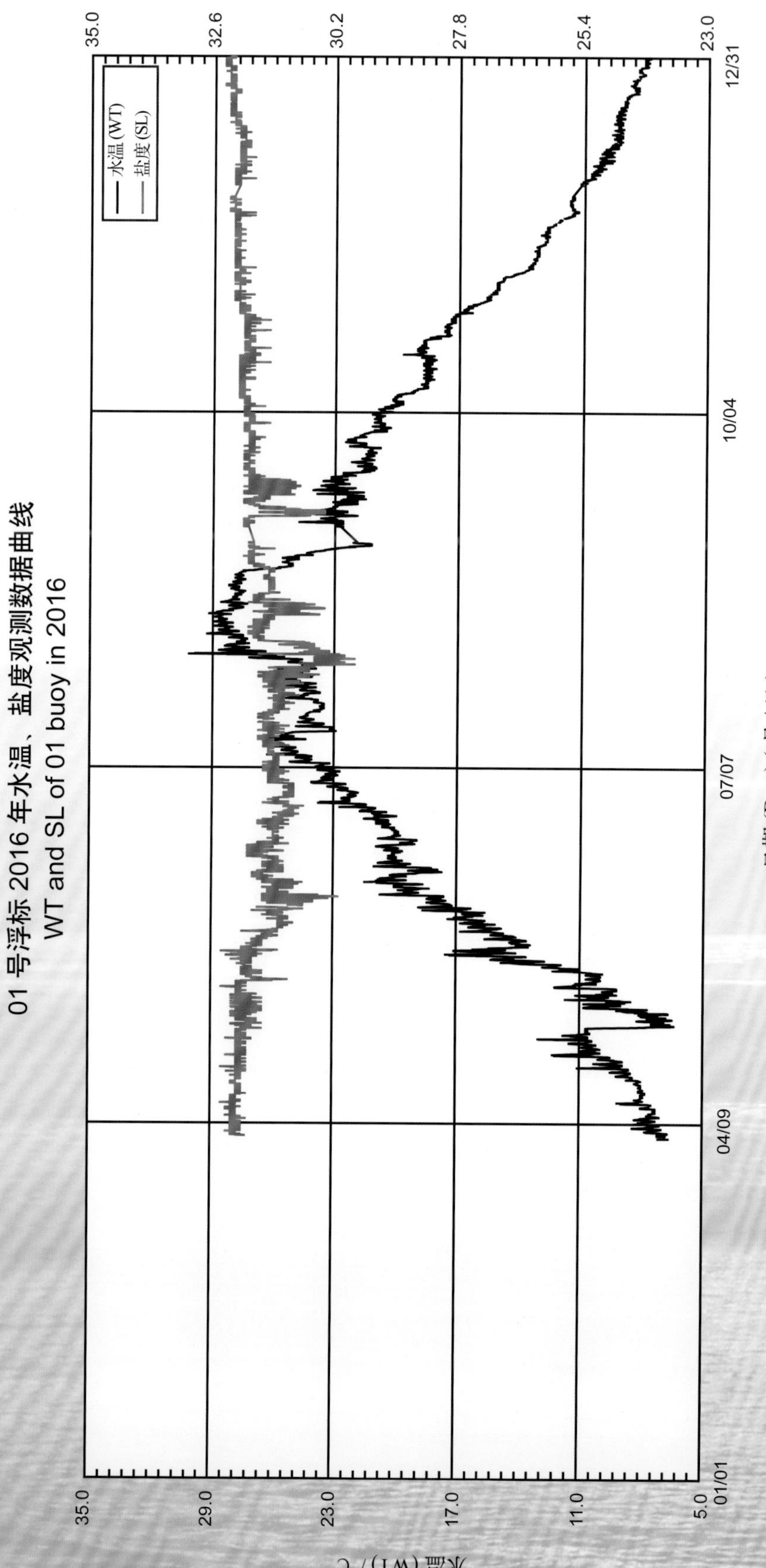

01 号浮标 2016 年水温、盐度观测数据曲线
WT and SL of 01 buoy in 2016

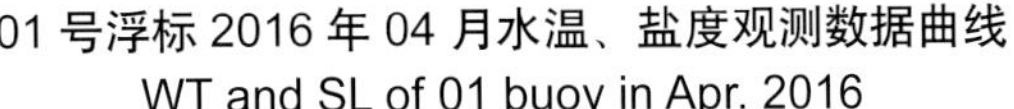

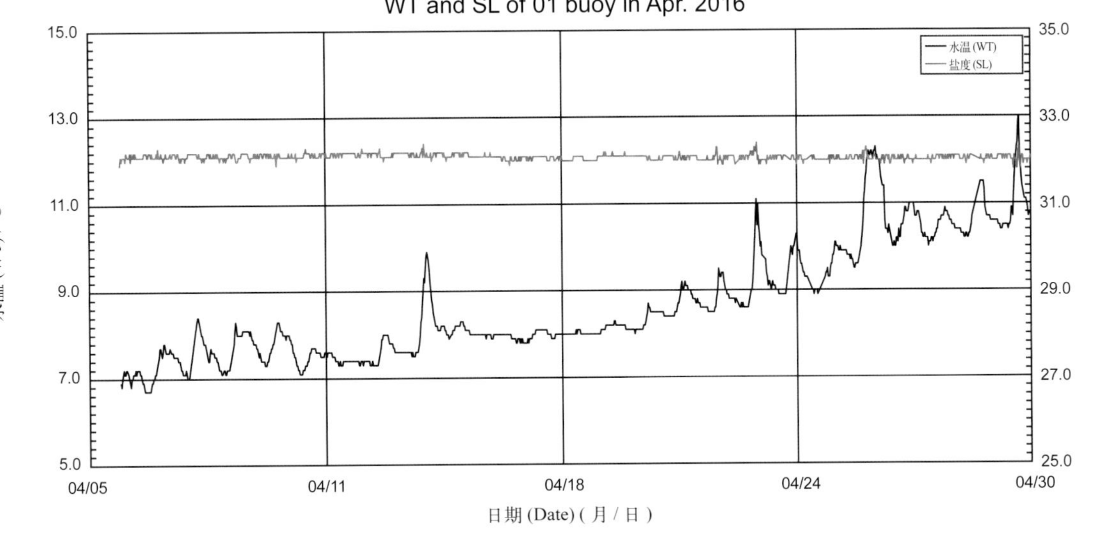

01 号浮标 2016 年 05 月水温、盐度观测数据曲线
WT and SL of 01 buoy in May 2016

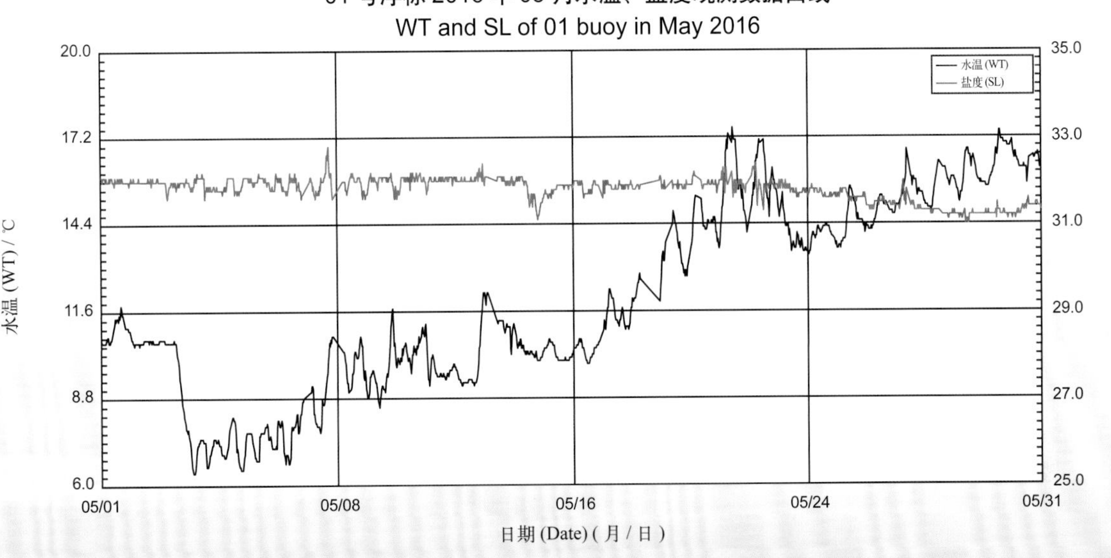

01 号浮标 2016 年 06 月水温、盐度观测数据曲线
WT and SL of 01 buoy in Jun. 2016

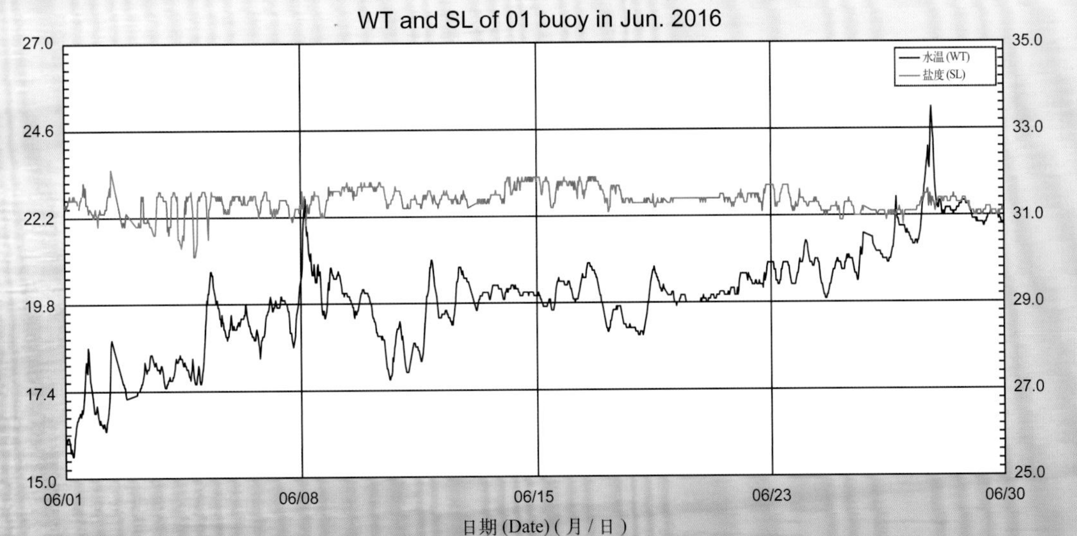

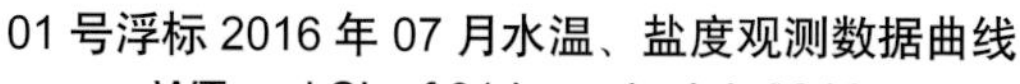

01 号浮标 2016 年 07 月水温、盐度观测数据曲线
WT and SL of 01 buoy in Jul. 2016

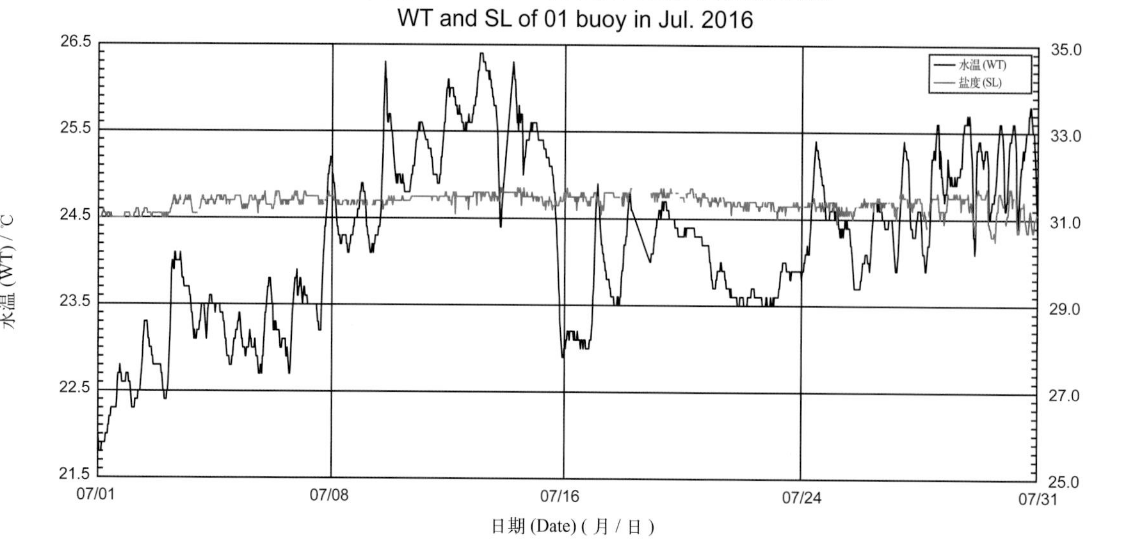

01 号浮标 2016 年 08 月水温、盐度观测数据曲线
WT and SL of 01 buoy in Aug. 2016

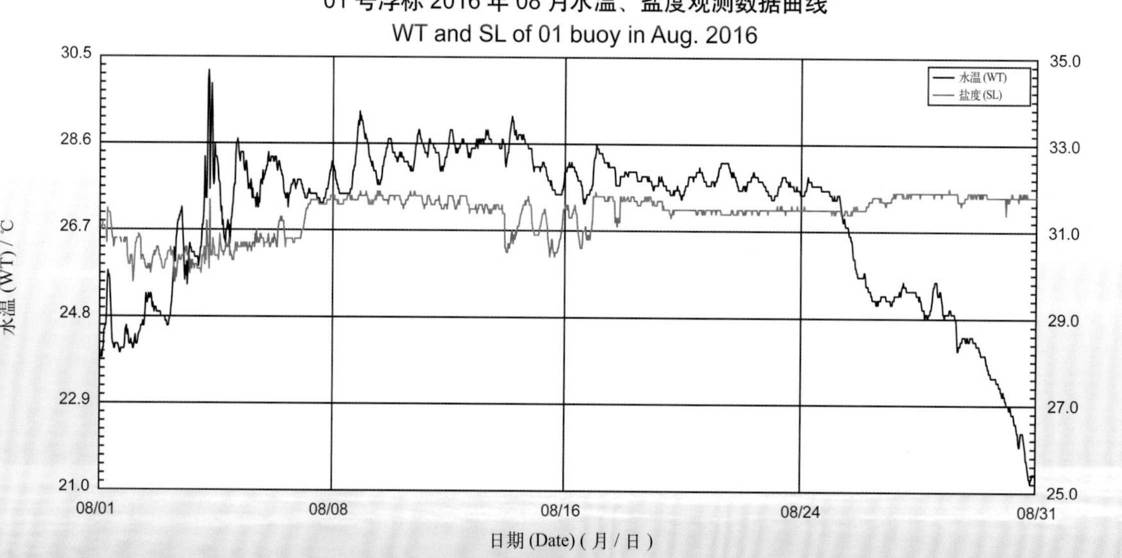

01 号浮标 2016 年 09 月水温、盐度观测数据曲线
WT and SL of 01 buoy in Sep. 2016

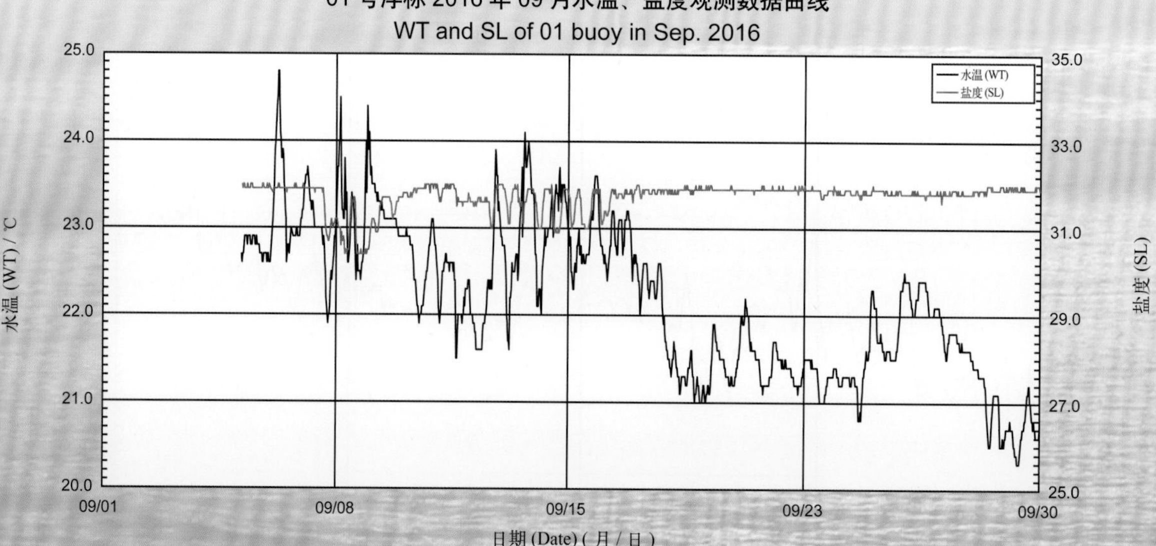

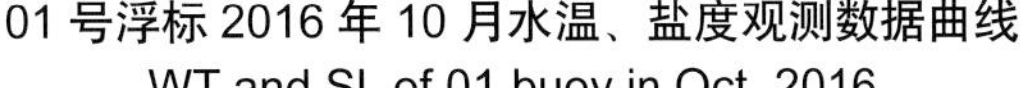

01 号浮标 2016 年 10 月水温、盐度观测数据曲线

WT and SL of 01 buoy in Oct. 2016

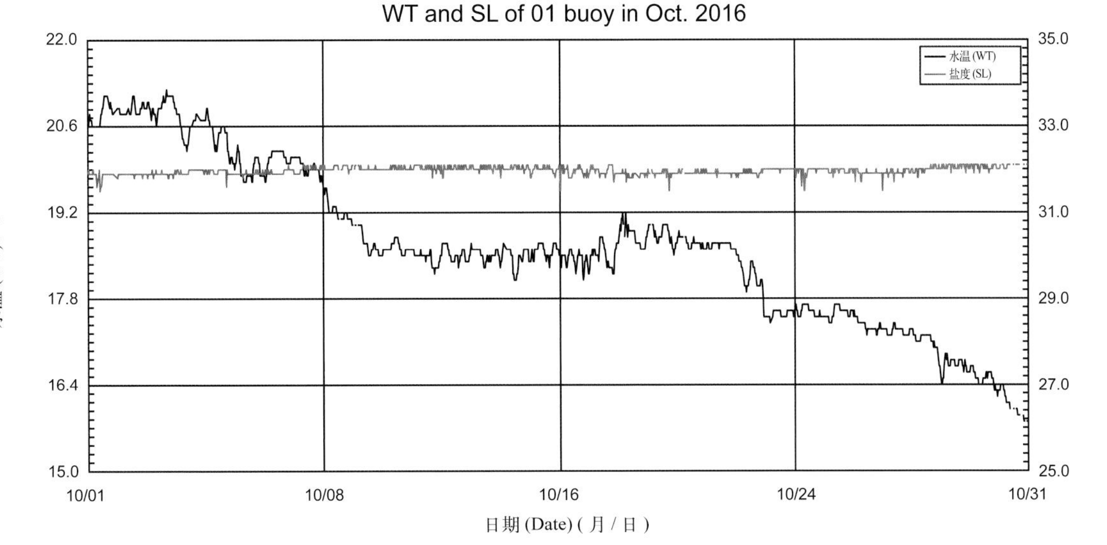

01 号浮标 2016 年 11 月水温、盐度观测数据曲线

WT and SL of 01 buoy in Nov. 2016

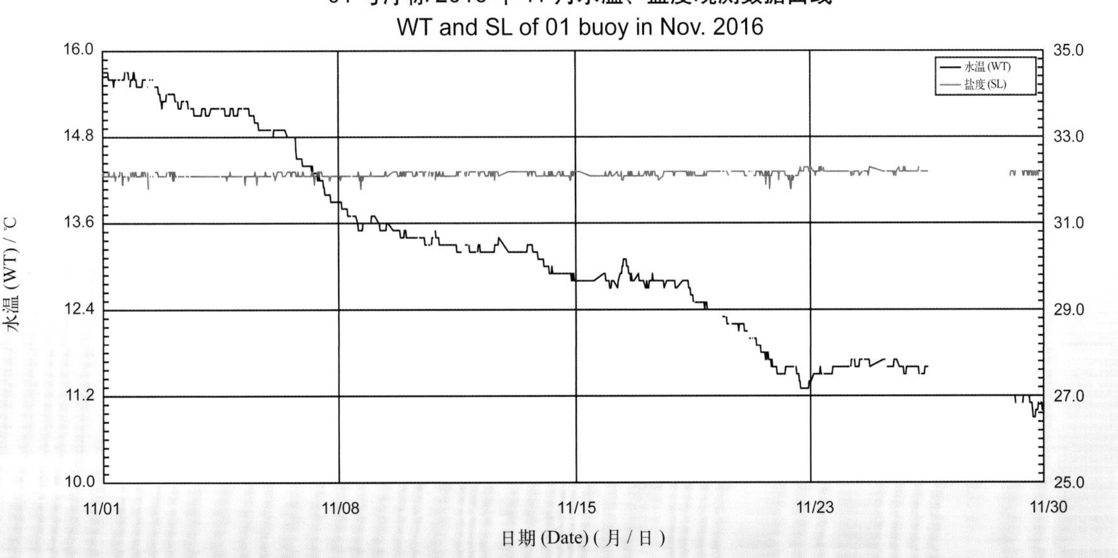

01 号浮标 2016 年 12 月水温、盐度观测数据曲线

WT and SL of 01 buoy in Dec. 2016

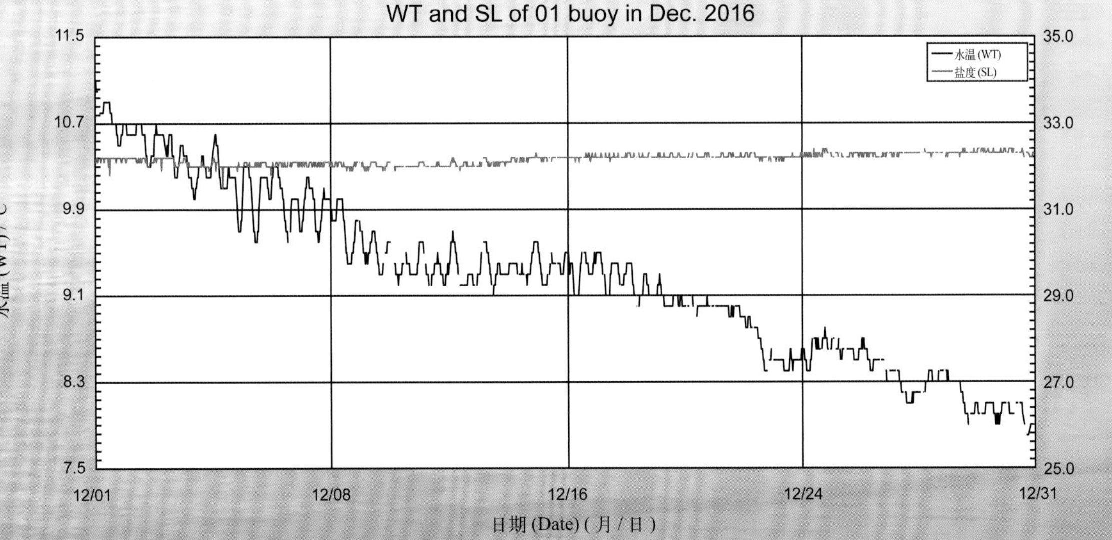

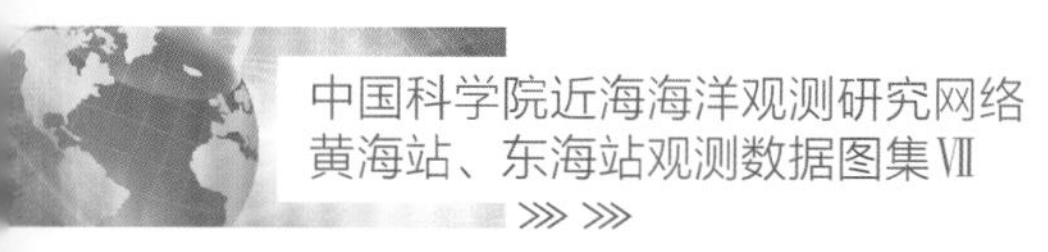

2016 年度 03 号浮标观测数据概述及曲线
（水温和盐度）

03 号浮标位于北黄海西北海域（38°45′N，122°45′E），是一套直径 2 m 的小型观测平台。可获取的观测参数包括水文和水质，水温和盐度数据是水文参数中的重要观测内容。

2016 年，03 号浮标共获取 328 天的水温长序列观测数据，获取近 244 天的盐度长序列观测数据。获取水温数据的时间区间为 1 月 1 日 0:00 至 11 月 23 日 03:30；获取盐度数据的时间区间为 1 月 1 日 00:00 至 8 月 31 日 23:00。

通过对获取数据质量控制和分析，03 号浮标观测海域本年度水温、盐度数据和季节数据特征如下：年度水温数据平均值为 13.01℃，年度盐度数据平均值为 30.27；测得的年度最高水温和最低水温分别为 28.5℃（8 月 14 日 16:30）和 0.2℃（1 月 29 日 07:00，2 月 2 日 11:00，2 月 3 日 0:00、01:30、03:30、06:00、11:00、23:30，2 月 4 日 08:30、09:00、14:30、23:30，2 月 6 日 04:00，2 月 7 日 05:30，2 月 8 日 17:00、17:30，2 月 9 日 00:00、06:30、17:30，2 月 14 日 10:30、11:00、13:00）；测得的年度最高盐度和最低盐度分别为 34.2（4 月 5 日 14:00）和 22.6（7 月 1 日 23:30）。以 2 月为冬季代表月，观测海域冬季的平均水温是 1.31℃，平均盐度是 32.29；以 5 月为春季代表月，观测海域春季的平均水温是 11.05℃，平均盐度是 31.29；以 8 月为夏季代表月，观测海域夏季的平均水温是 24.10℃，平均盐度是 28.04；以 11 月为秋季代表月，观测海域秋季的平均水温是 13.29℃。

03 号浮标布放海域月度水温、盐度变化特征与该海域的气温和降水等因素密切相关。2016 年，浮标观测的水温、盐度的月平均值和最高值、最低值数据参见表 18。从表 18 中可以看出，水温平均值最低的月份为 2 月，年度最低水温（0.2℃）出现在 1 月和 2 月，水温平均值最高的月份为 8 月，并且在该时间段内观测到年度最高水温（28.5℃）。盐度平均值最低的月份为 6 月，年度最低盐度（22.6）出现在 7 月，盐度平均值最高的月份为 3 月，年度盐度最高值（34.2）出现于 4 月。从月度水温、盐度的变化情况分析，水温变化最为剧烈的是 5 月，最高水温为 16.1℃，最低水温为 7.2℃，变化幅度为 8.9℃，盐度变化最剧烈的为 6 月和 7 月，变化幅度均为 7.2，6 月的最高盐度为 30.3，最低盐度为 23.1，7 月的最高盐度为 29.8，最低盐度为 22.6；比较而言，水温变化幅度较小的月份是 2 月，最高水温为 3.6℃，最低水温为 0.2℃，变化幅度为 3.4℃，盐度变化幅度较小的是 3 月，最高盐度为 32.8，最低盐度为 31.5，变化幅度为 1.3。

表 18　03 号浮标各月份水温、盐度观测数据情况详表

月份	水温 / ℃			盐度			备注
	平均	最高	最低	平均	最高	最低	
1	4.79	7.7	0.2	32.23	33.0	31.4	
2	1.31	3.6	0.2	32.29	32.9	31.1	冬季代表月
3	3.07	6.6	0.7	32.33	32.8	31.5	
4	6.77	11.1	4.3	32.16	34.2	31.5	
5	11.05	16.1	7.2	31.29	32.8	28.7	春季代表月
6	16.58	20.1	13.3	26.42	30.3	23.1	
7	21.08	24.5	16.8	27.71	29.8	22.6	
8	24.10	28.5	21.2	28.04	31.3	25.6	夏季代表月
9	21.32	24.1	19.4	—	—	—	传感器故障，盐度无数据
10	18.08	20.7	15.5	—	—	—	传感器故障，盐度无数据
11	13.29	15.5	11.3	—	—	—	秋季代表月，浮标大修，水温缺测 7 天数据，盐度无数据
12	—	—	—	—	—	—	浮标大修，无数据

2016 年，03 号浮标的水温数据具有明显的季节变化趋势，夏季走高，冬季走低，表层盐度数据则随着夏季降雨增多出现一定幅度的降低。

03 号浮标 2016 年水温、盐度观测数据曲线

WT and SL of 03 buoy in 2016

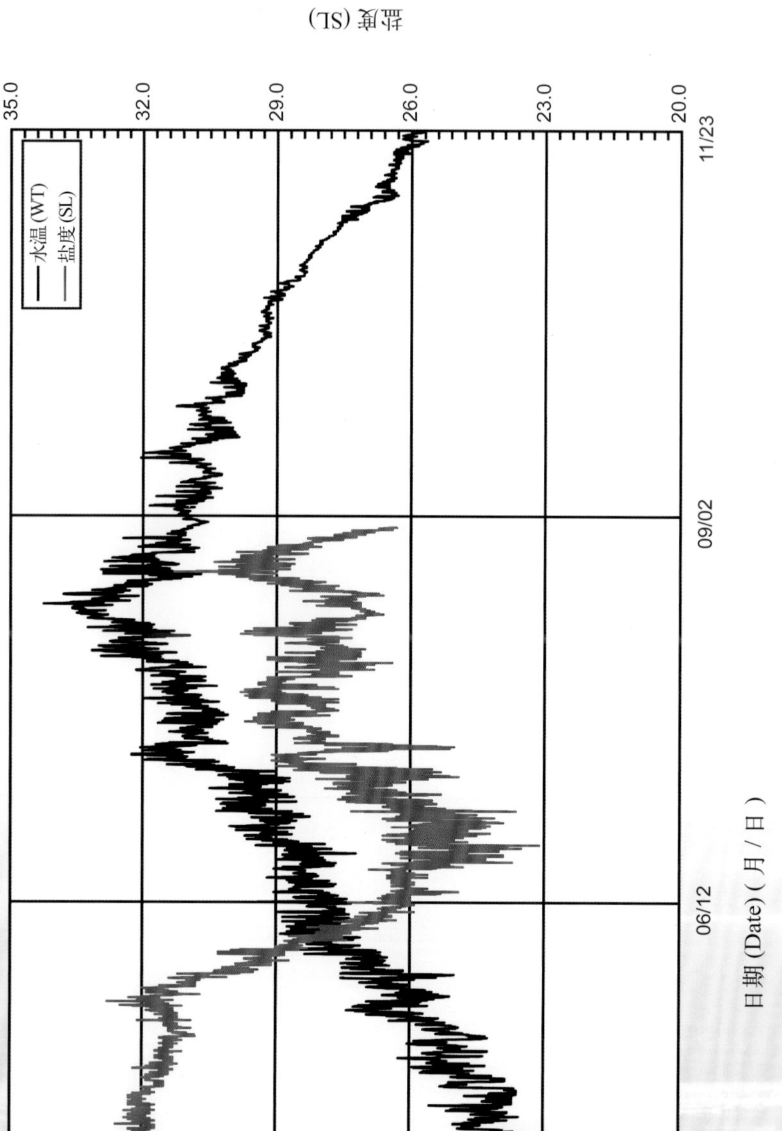

水温 (WT)
盐度 (SL)

水温 (WT) / ℃: 0.0, 6.0, 12.0, 18.0, 24.0, 30.0

盐度 (SL): 20.0, 23.0, 26.0, 29.0, 32.0, 35.0

日期 (Date)（月 / 日）: 01/01, 03/02, 06/12, 09/02, 11/23

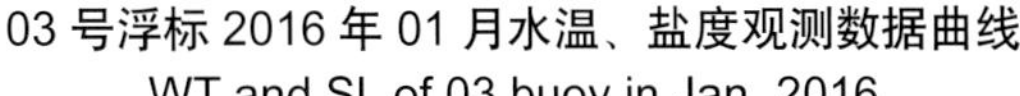

03 号浮标 2016 年 01 月水温、盐度观测数据曲线

WT and SL of 03 buoy in Jan. 2016

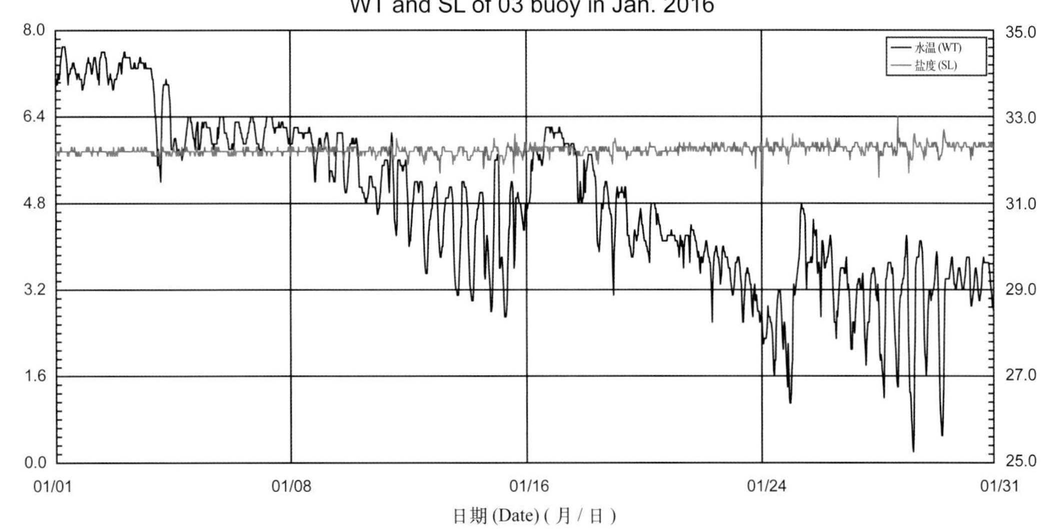

03 号浮标 2016 年 02 月水温、盐度观测数据曲线

WT and SL of 03 buoy in Feb. 2016

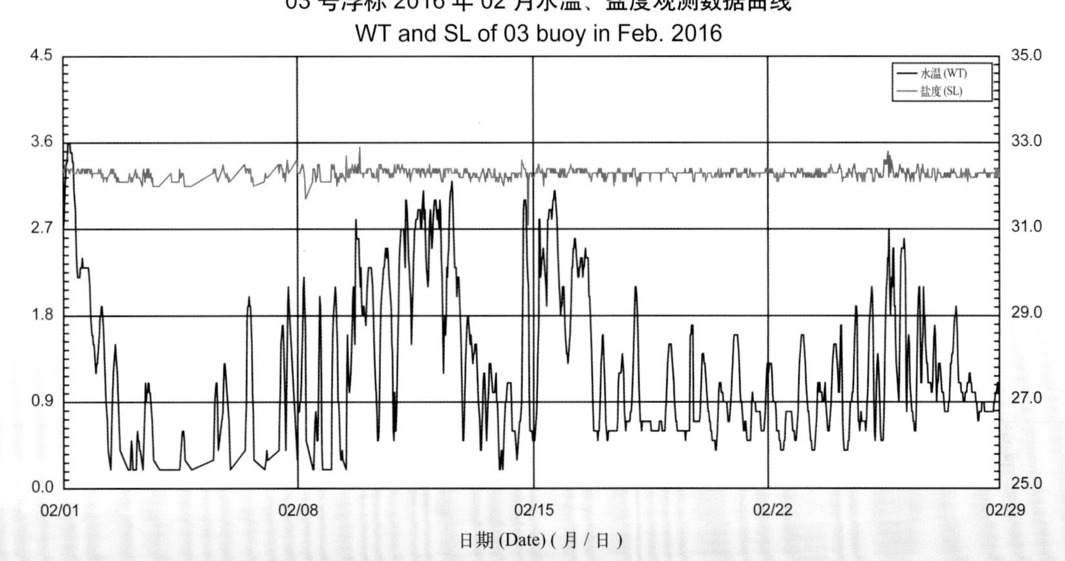

03 号浮标 2016 年 03 月水温、盐度观测数据曲线

WT and SL of 03 buoy in Mar. 2016

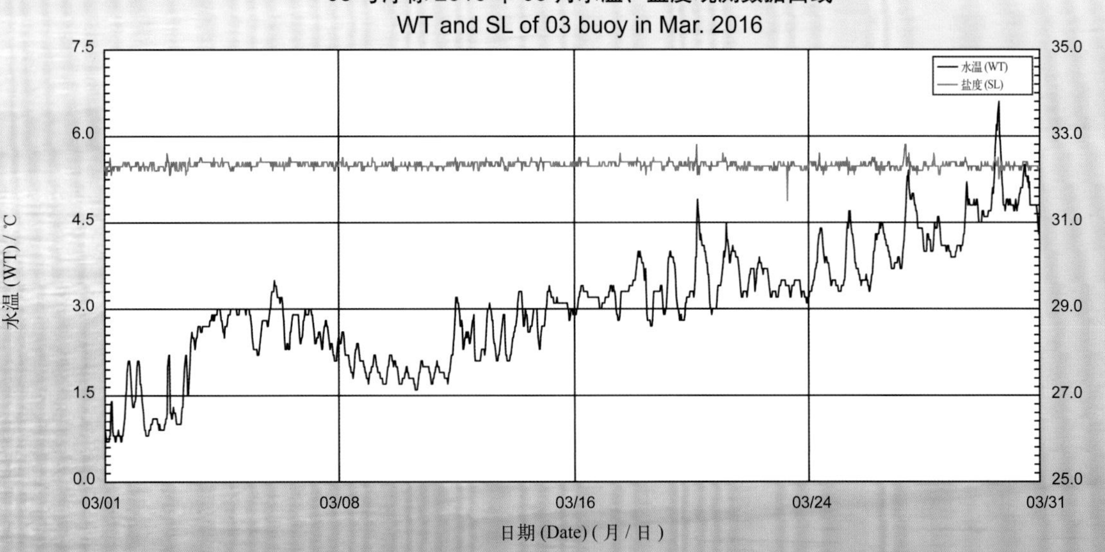

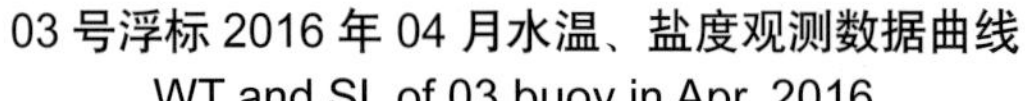

03 号浮标 2016 年 04 月水温、盐度观测数据曲线
WT and SL of 03 buoy in Apr. 2016

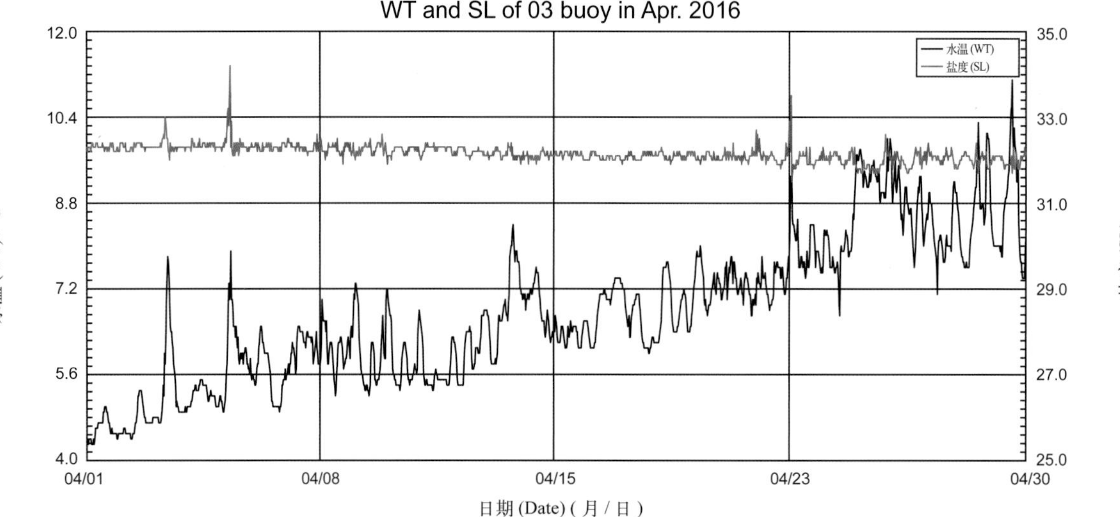

03 号浮标 2016 年 05 月水温、盐度观测数据曲线
WT and SL of 03 buoy in May 2016

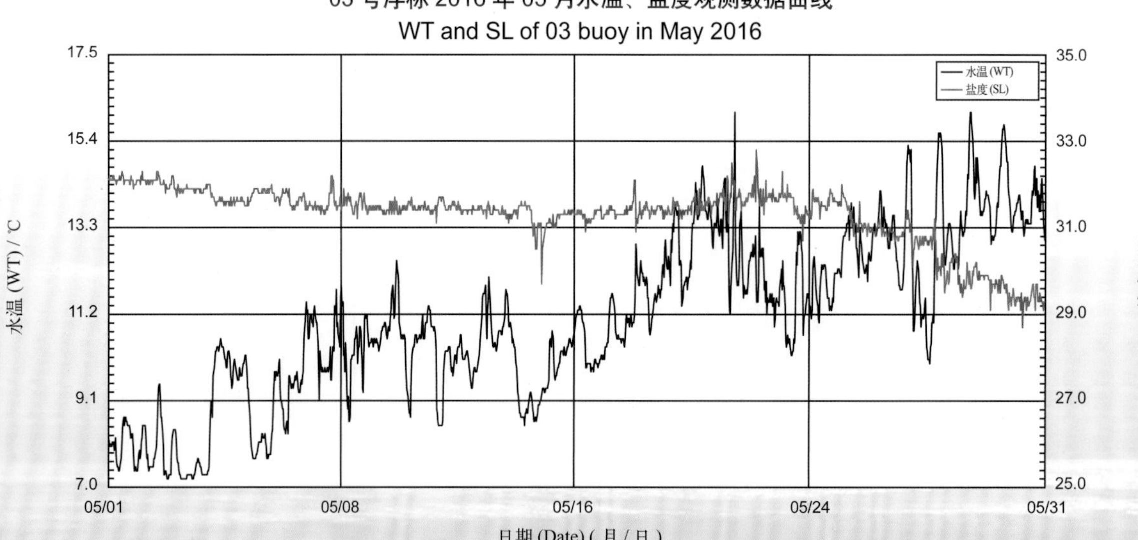

03 号浮标 2016 年 06 月水温、盐度观测数据曲线
WT and SL of 03 buoy in Jun. 2016

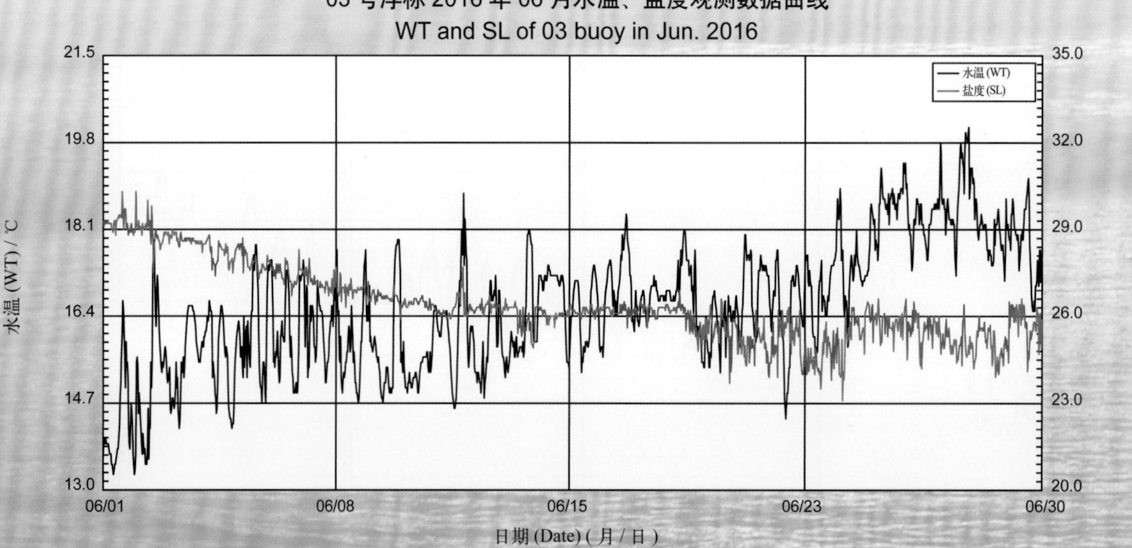

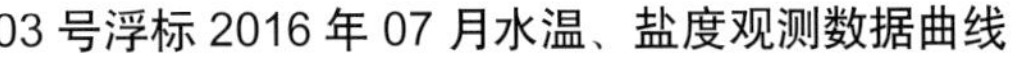

03 号浮标 2016 年 07 月水温、盐度观测数据曲线
WT and SL of 03 buoy in Jul. 2016

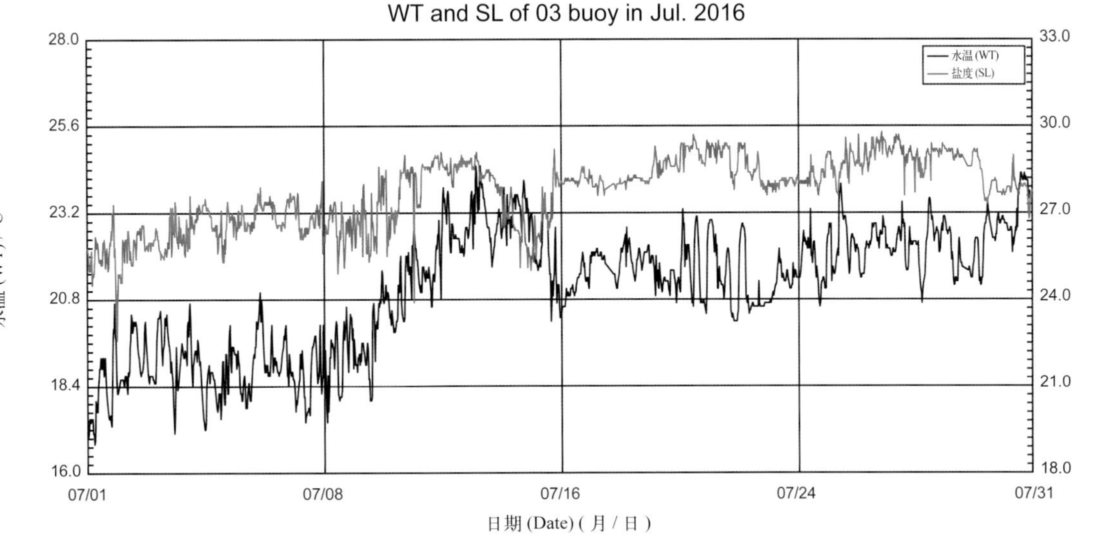

03 号浮标 2016 年 08 月水温、盐度观测数据曲线
WT and SL of 03 buoy in Aug. 2016

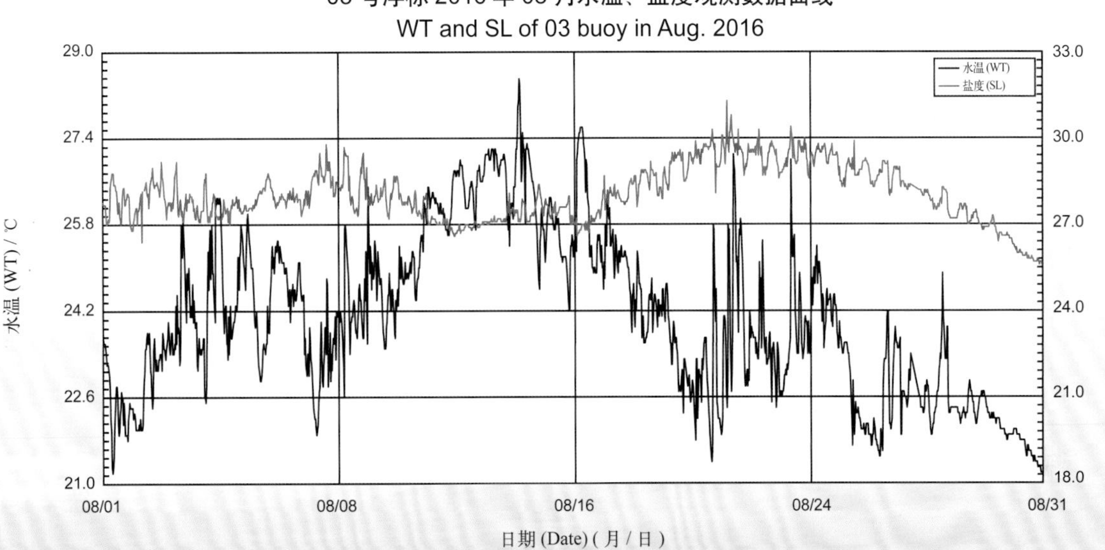

03 号浮标 2016 年 09 月水温观测数据曲线
WT of 03 buoy in Sep. 2016

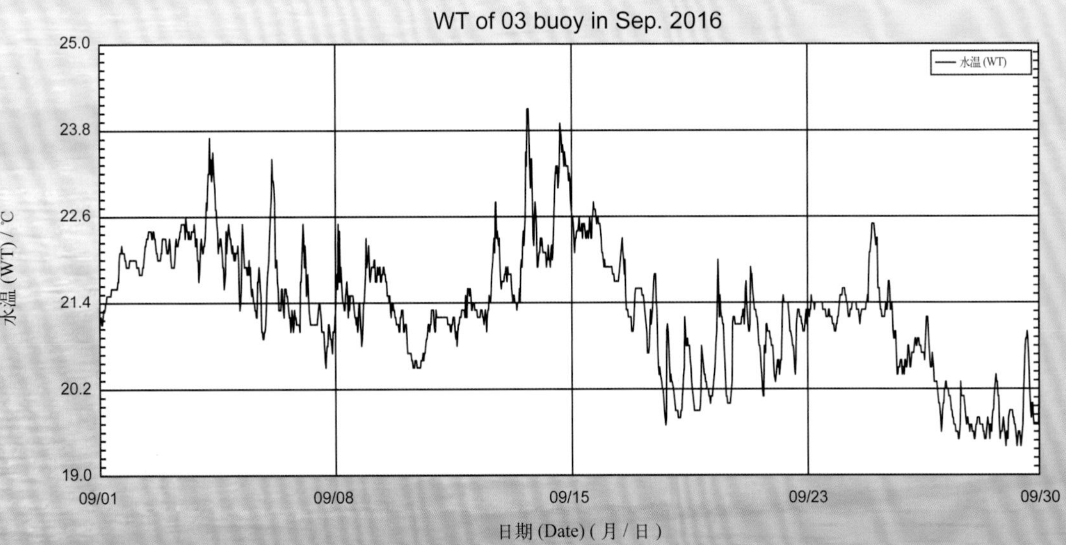

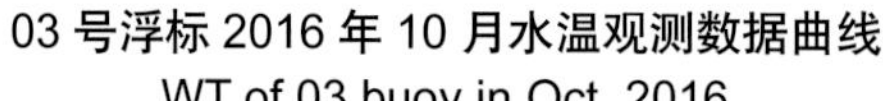

03 号浮标 2016 年 10 月水温观测数据曲线
WT of 03 buoy in Oct. 2016

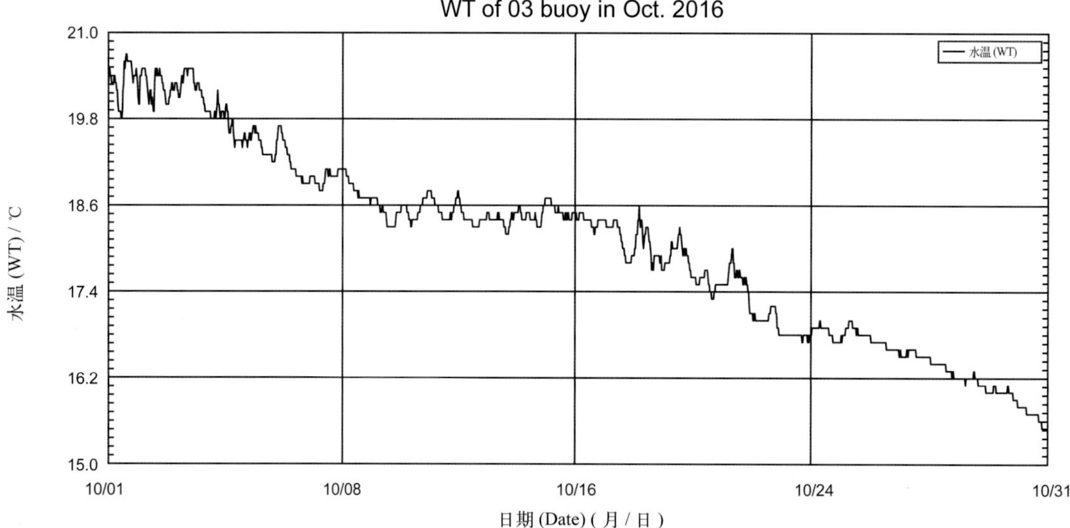

03 号浮标 2016 年 11 月水温观测数据曲线
WT of 03 buoy in Nov. 2016

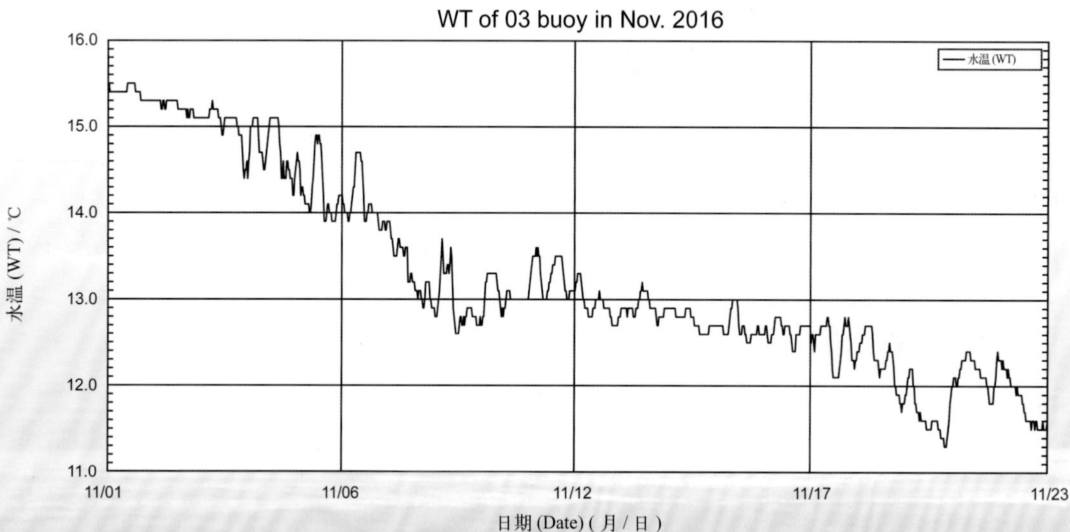

2016年度09号浮标观测数据概述及曲线
（水温和盐度）

09号浮标位于黄海青岛灵山岛附近海域（35°55′N，120°16′E），是一套直径3 m的圆盘形综合观测平台。可获取的观测参数包括气象、水文和水质，水温和盐度数据是水文参数中的重要观测内容。

2016年，09号浮标共获取362天的水温和盐度长序列观测数据。获取数据的时间区间共四个时间段，具体为1月1日00:00至7月18日16:20、7月19日07:30至9月1日14:30、9月5日11:30至11月27日07:00、11月29日14:50至12月31日23:50。

通过对获取数据质量控制和分析，09号浮标观测海域本年度水温、盐度数据和季节数据特征如下：年度水温数据平均值为15.16℃，年度盐度数据平均值为30.95。测得的年度最高水温和最低水温分别为29.5℃（8月10日16:30）和3.6℃（2月7日05:40—08:10，2月8日04:30—04:50、08:30—09:00、22:40—23:30，2月9日04:30—05:40）；测得的年度最高盐度和最低盐度分别为32.9（6月23日10:00，7月2日23:30）和26.4（11月13日02:00）。以2月为冬季代表月，观测海域冬季的平均水温是4.16℃，平均盐度是31.65；以5月为春季代表月，观测海域春季的平均水温是14.12℃，平均盐度是31.55；以8月为夏季代表月，观测海域夏季的平均水温是27.30℃，平均盐度是31.81；以11月为秋季代表月，观测海域秋季的平均水温是15.95℃，平均盐度是29.24。

09号浮标布放海域月度水温、盐度变化特征与该海域的气温和降水等因素密切相关。2016年，浮标观测的水温、盐度的月平均值和最高值、最低值数据参见表19。从表19中可以看出，水温平均值最低的月份为2月，并且在该时间段内出现了观测到的年度最低水温（3.6℃），水温平均值最高的月份为8月，并且在该时间段内出现了观测到的年度最高水温（29.5℃）。盐度平均值最低的月份为12月，年度盐度最低值（26.4）出现在11月，盐度平均值最高的月份为6月，年度盐度最高值（32.9）出现在6月和7月。从月度水温、盐度的变化情况分析，水温变化最为剧烈的是7月，最高水温为28.2℃，最低水温为18.8℃，变化幅度为9.4℃，盐度变化最为剧烈的是7月和10月，变化幅度均为3.7，7月的最高盐度为32.9，最低盐度为29.2，10月的最高盐度为30.9，最低盐度为27.2；比较而言，水温变化幅度较小的月份是2月，最高水温为5.3℃，最低水温为3.6℃，变化幅度为1.7℃，盐度变化幅度较小的月份亦是2月，最高盐度为32.1，最低盐度为31.4，变化幅度为0.7。

表 19　09 号浮标各月份水温、盐度观测数据情况详表

月份	水温 / ℃			盐度			备注
	平均	最高	最低	平均	最高	最低	
1	6.40	8.8	3.7	31.53	32.2	31.2	记录 1 次寒潮过程
2	4.16	5.3	3.6	31.65	32.1	31.4	冬季代表月
3	5.96	9.4	4.3	31.66	32.4	31.2	
4	9.95	13.6	7.5	31.63	32.2	30.8	
5	14.12	17.8	11.6	31.55	32.7	30.5	春季代表月
6	18.17	22.9	15.4	31.71	32.9	30.6	
7	23.50	28.2	18.8	31.12	32.9	29.2	传感器故障，缺测 1 天数据
8	27.30	29.5	24.0	30.81	31.8	28.5	夏季代表月
9	24.73	26.8	22.9	31.46	31.7	30.1	通信故障，缺测 3 天数据
10	21.45	24.8	17.9	30.01	30.9	27.2	
11	15.95	18.5	12.5	29.24	29.9	26.4	秋季代表月，记录 1 次寒潮，通信故障，缺测 1 天数据
12	10.48	13.0	7.9	28.97	30.1	27.0	

2016 年，09 号浮标共记录了 2 次寒潮过程，分别为 1 月 22—24 日、11 月 21—22 日，水温数据曲线均呈现明显的下降趋势。第一次寒潮过程，09 号浮标观测到表层水温由 6.1℃（1 月 22 日 14:50）下降至 4.4℃（1 月 24 日 08:10），寒潮期间平均水温为 5.40℃，平均盐度为 31.57；第二次寒潮过程，09 号浮标观测到的表层水温由 15.8℃（11 月 20 日 20:20）下降至 14.4℃（11 月 22 日 17:30），寒潮期间平均水温为 15.15℃，平均盐度为 28.93。

09 号浮标 2016 年水温、盐度观测数据曲线

WT and SL of 09 buoy in 2016

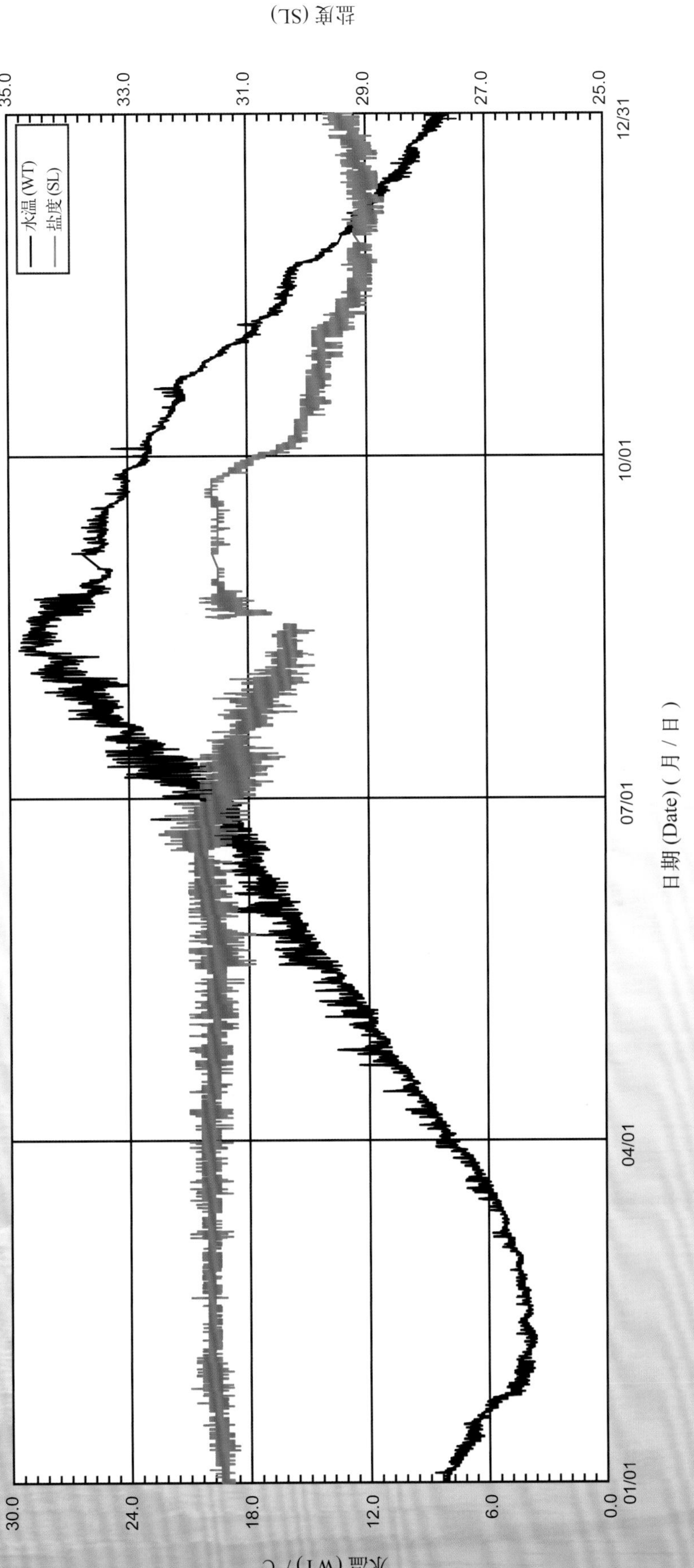

水温 (WT) / ℃

30.0
24.0
18.0
12.0
6.0
0.0

盐度 (SL)

35.0
33.0
31.0
29.0
27.0
25.0

—— 水温 (WT)
—— 盐度 (SL)

01/01
04/01
07/01
10/01
12/31

日期 (Date) (月 / 日)

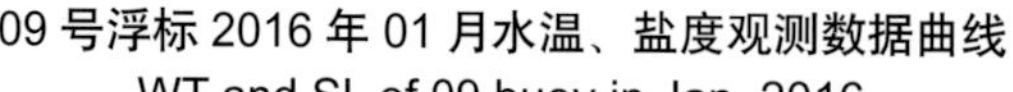

WT and SL of 09 buoy in Jan. 2016

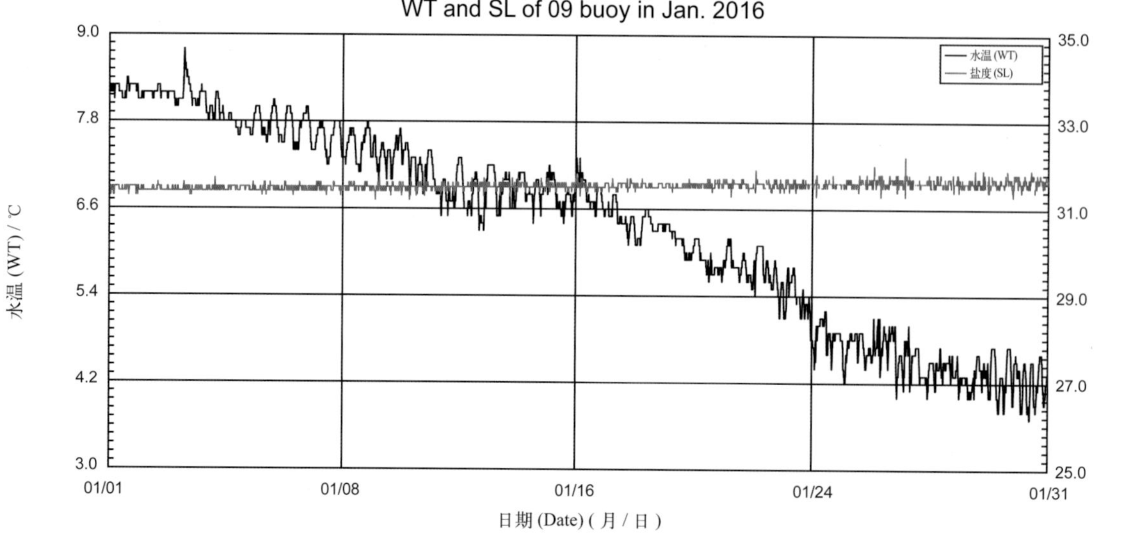

09 号浮标 2016 年 02 月水温、盐度观测数据曲线

WT and SL of 09 buoy in Feb. 2016

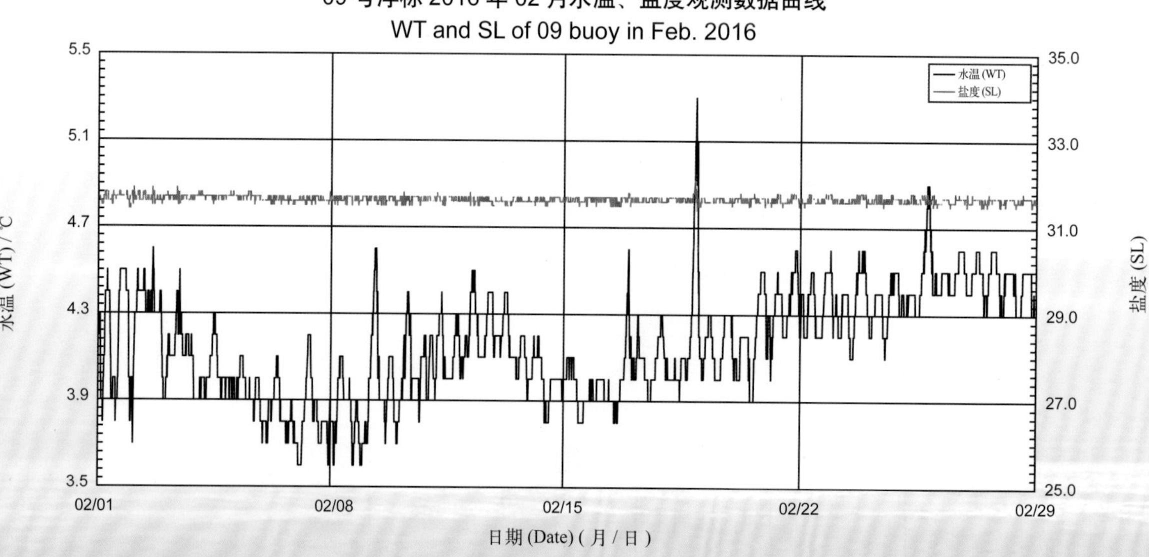

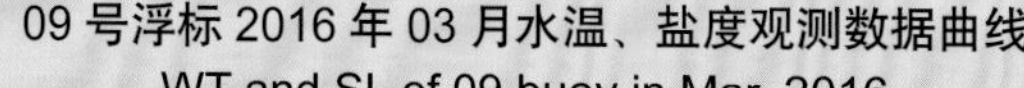

WT and SL of 09 buoy in Mar. 2016

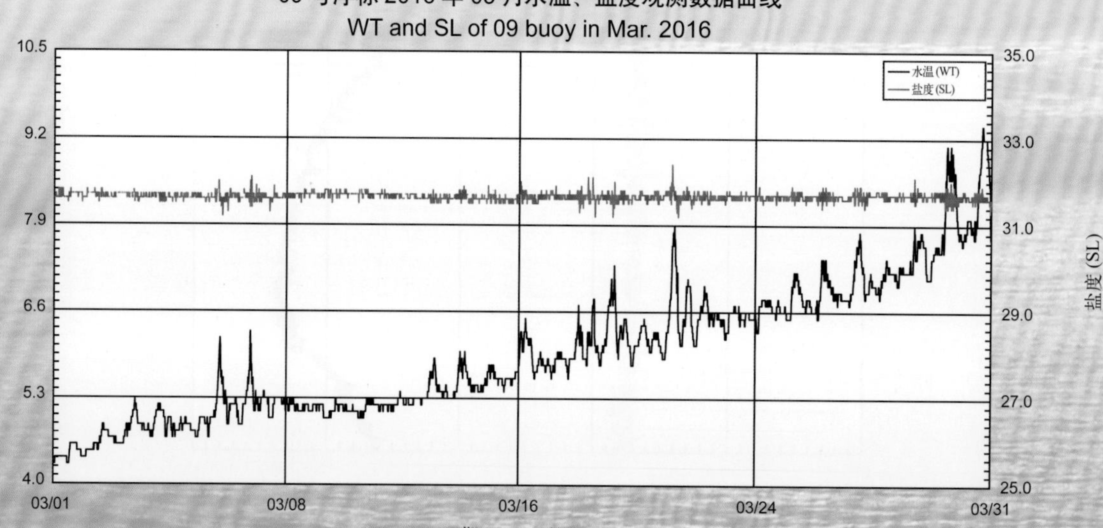

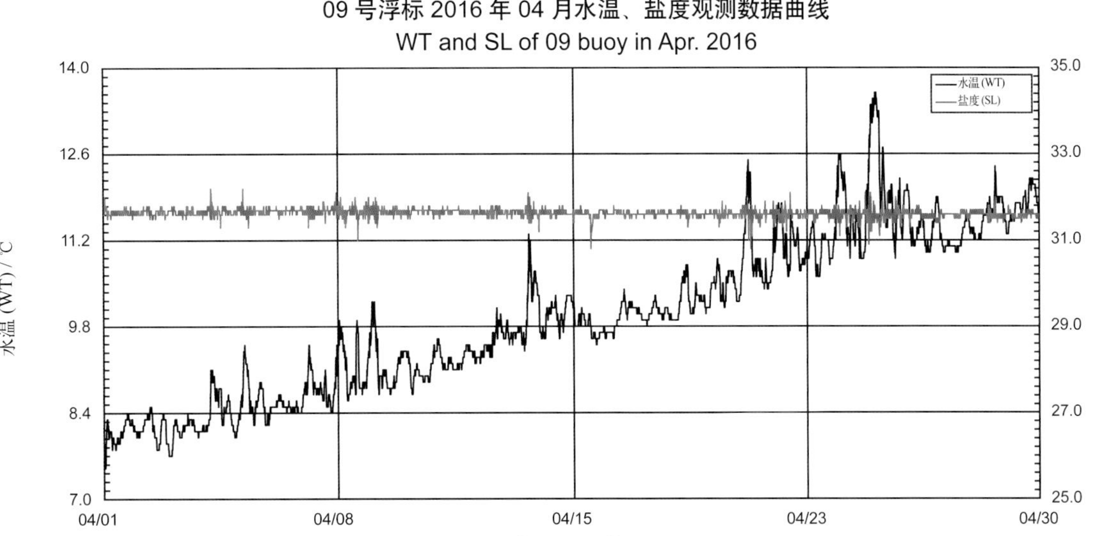
09 号浮标 2016 年 04 月水温、盐度观测数据曲线
WT and SL of 09 buoy in Apr. 2016
水温 (WT)
盐度 (SL)
14.0
12.6
11.2
9.8
8.4
7.0
35.0
33.0
31.0
29.0
27.0
25.0
水温 (WT) / ℃
盐度 (SL)
04/01
04/08
04/15
04/23
04/30
日期 (Date) (月 / 日)

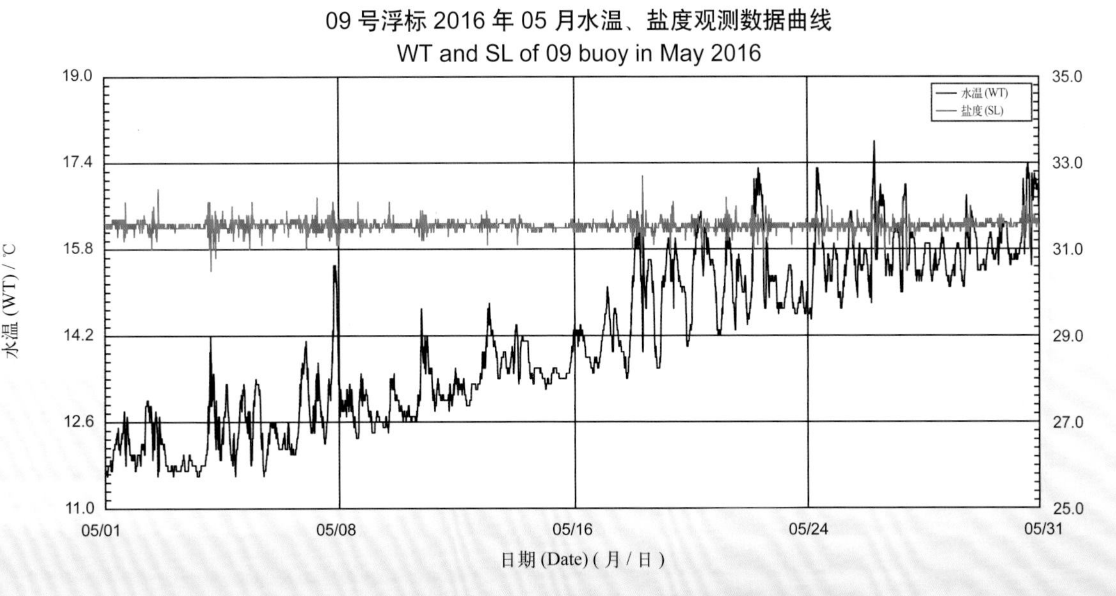
09 号浮标 2016 年 05 月水温、盐度观测数据曲线
WT and SL of 09 buoy in May 2016
水温 (WT)
盐度 (SL)
19.0
17.4
15.8
14.2
12.6
11.0
35.0
33.0
31.0
29.0
27.0
25.0
水温 (WT) / ℃
盐度 (SL)
05/01
05/08
05/16
05/24
05/31
日期 (Date) (月 / 日)

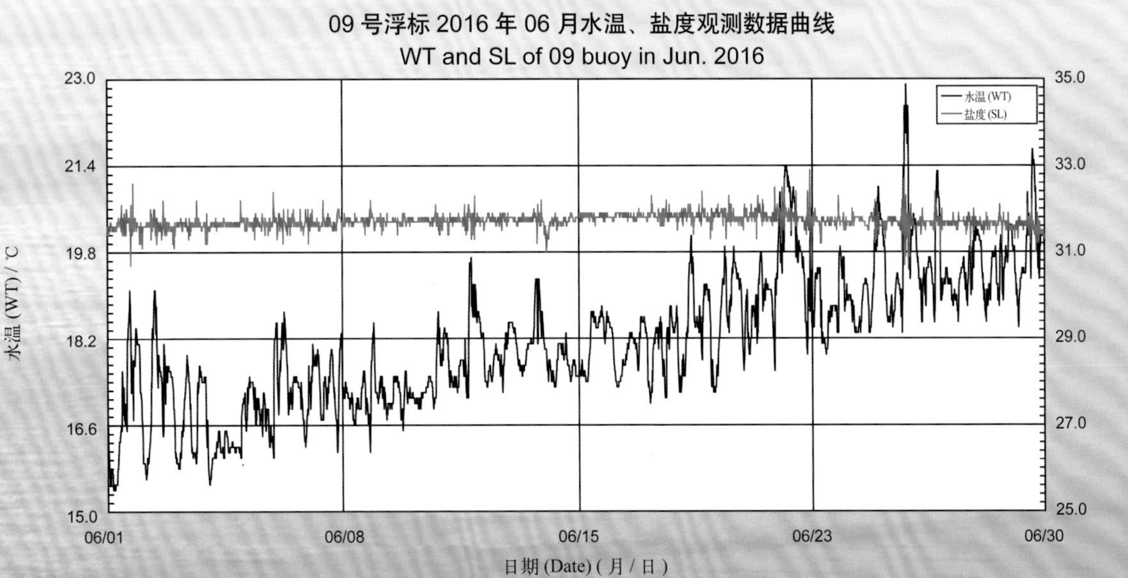
09 号浮标 2016 年 06 月水温、盐度观测数据曲线
WT and SL of 09 buoy in Jun. 2016
水温 (WT)
盐度 (SL)
23.0
21.4
19.8
18.2
16.6
15.0
35.0
33.0
31.0
29.0
27.0
25.0
水温 (WT) / ℃
盐度 (SL)
06/01
06/08
06/15
06/23
06/30
日期 (Date) (月 / 日)

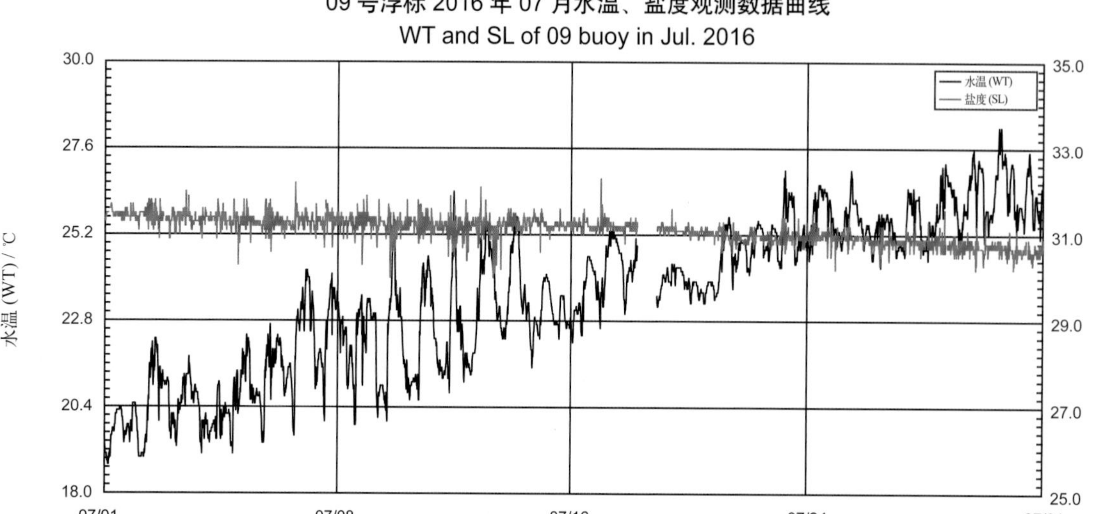
09 号浮标 2016 年 07 月水温、盐度观测数据曲线
WT and SL of 09 buoy in Jul. 2016
水温 (WT)
盐度 (SL)
30.0
27.6
25.2
22.8
20.4
18.0
35.0
33.0
31.0
29.0
27.0
25.0
水温 (WT) / ℃
盐度 (SL)
07/01
07/08
07/16
07/24
07/31
日期 (Date) (月 / 日)

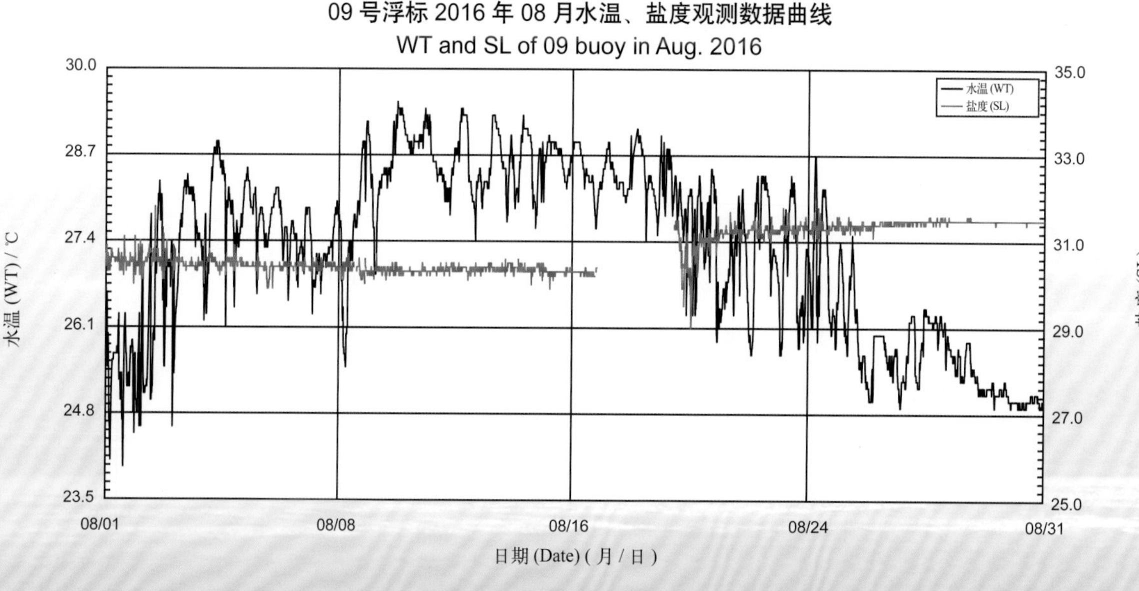
09 号浮标 2016 年 08 月水温、盐度观测数据曲线
WT and SL of 09 buoy in Aug. 2016
水温 (WT)
盐度 (SL)
30.0
28.7
27.4
26.1
24.8
23.5
35.0
33.0
31.0
29.0
27.0
25.0
水温 (WT) / ℃
盐度 (SL)
08/01
08/08
08/16
08/24
08/31
日期 (Date) (月 / 日)

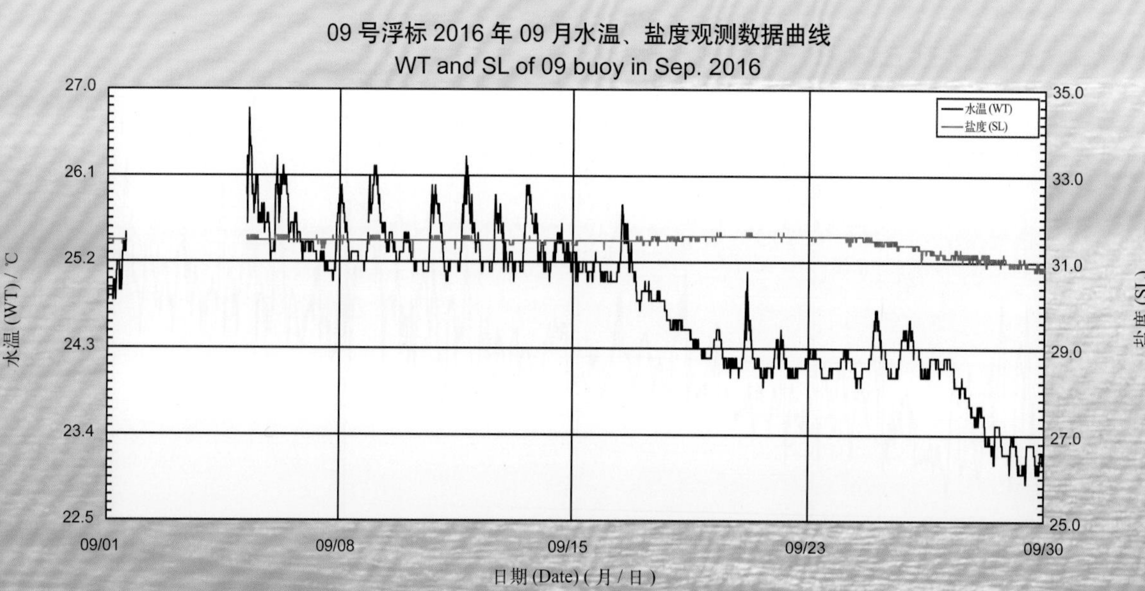
09 号浮标 2016 年 09 月水温、盐度观测数据曲线
WT and SL of 09 buoy in Sep. 2016
水温 (WT)
盐度 (SL)
27.0
26.1
25.2
24.3
23.4
22.5
35.0
33.0
31.0
29.0
27.0
25.0
水温 (WT) / ℃
盐度 (SL)
09/01
09/08
09/15
09/23
09/30
日期 (Date) (月 / 日)

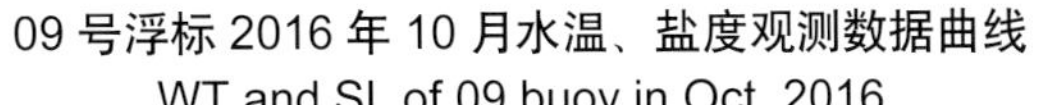

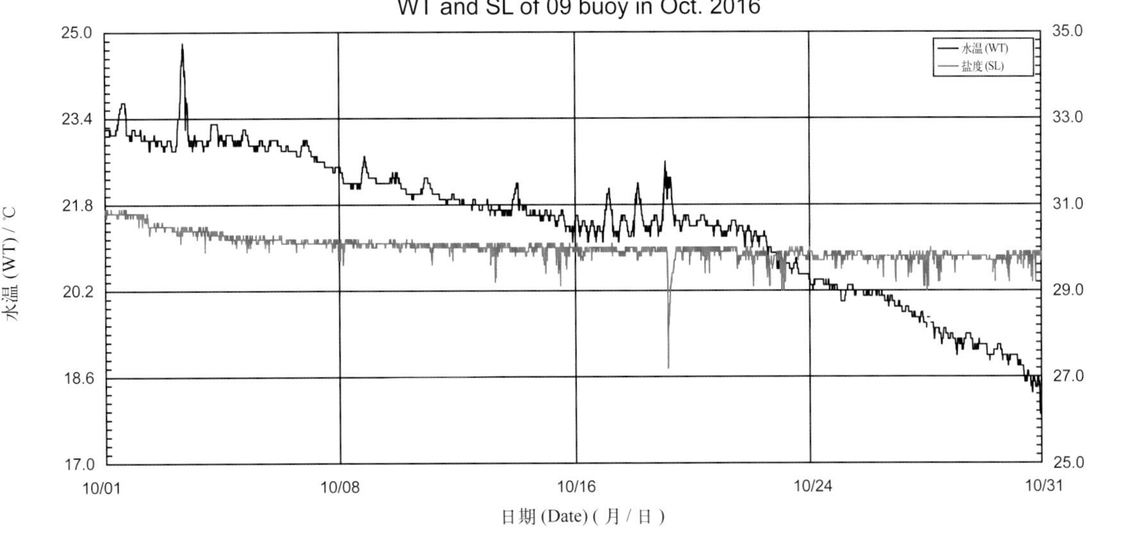

09 号浮标 2016 年 11 月水温、盐度观测数据曲线
WT and SL of 09 buoy in Nov. 2016

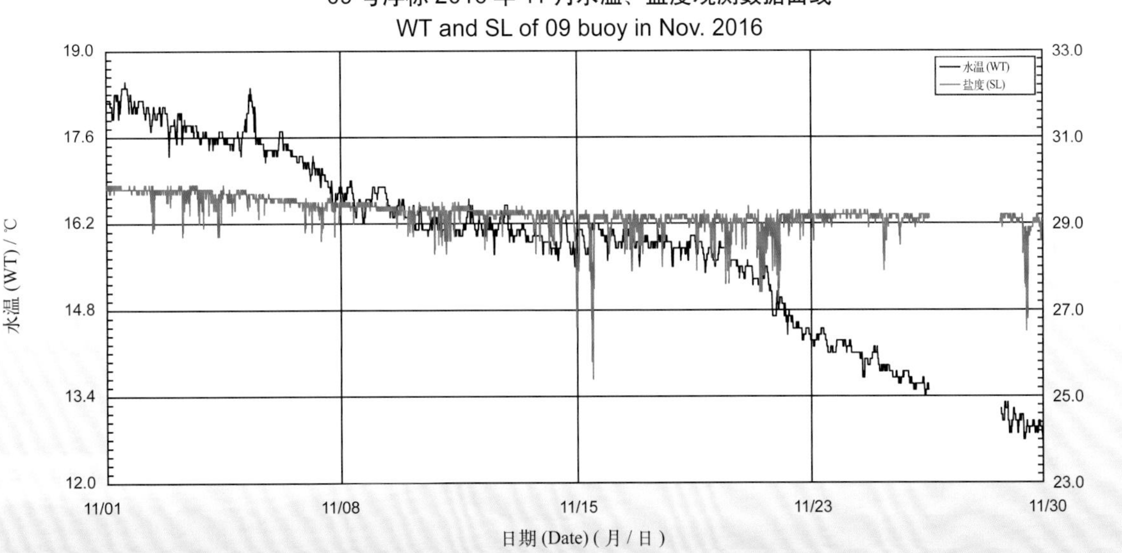

09 号浮标 2016 年 12 月水温、盐度观测数据曲线
WT and SL of 09 buoy in Dec. 2016

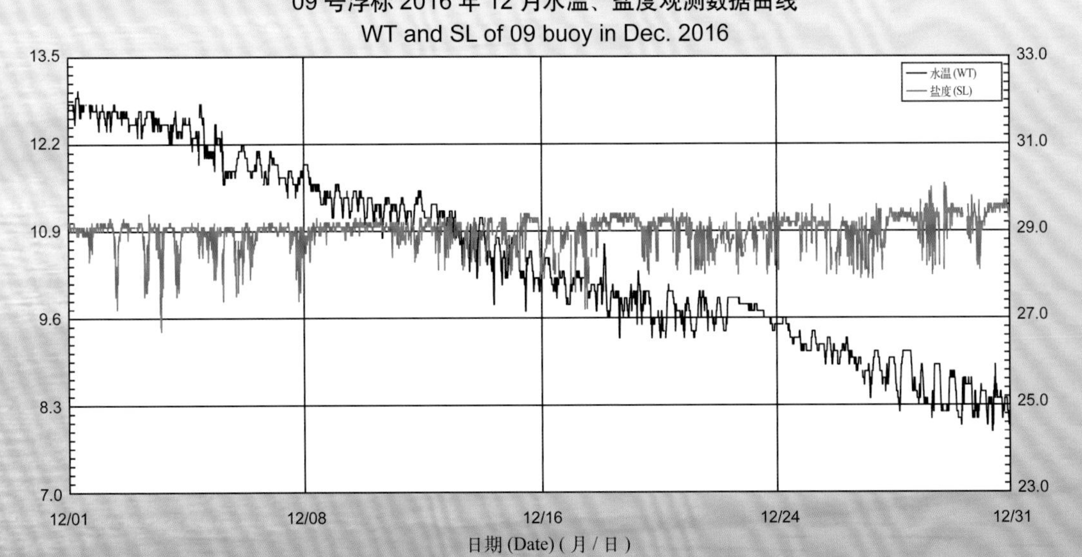

2016 年度 01 号浮标观测数据概述及曲线
(有效波高和有效波周期)

01 号浮标位于中国近海观测研究网络黄海站观测范围最北端的海域（38°45′N，122°45′E），是一套直径 3 m 的圆盘形综合观测平台。可获取的观测参数包括气象、水文和水质，有效波高和有效波周期是水文参数中的重要观测内容。

2016 年，01 号浮标共获取 221 天的有效波高和有效波周期长序列观测数据。获取数据的区间主要有四个时间段，具体为 4 月 6 日 07:00 至 6 月 21 日 12:30、8 月 2 日 21:30 至 9 月 1 日 14:30、9 月 9 日 21:00 至 11 月 27 日 06:30、11 月 29 日 21:30 至 12 月 31 日 23:30。

通过对获取数据质量控制和分析，01 号浮标观测海域本年度有效波高、有效波周期数据和季节数据特征如下：年度有效波高平均值为 0.75 m，年度有效波周期平均值为 4.62 s。测得的年度最大有效波高为 4.3 m（5 月 3 日 19:30），对应的有效波周期为 7.7 s，当时有效波高≥ 2 m 的海浪持续了 13 h（5 月 3 日 10:00—23:00）。以 5 月为春季代表月，观测海域春季的平均有效波高是 0.64 m，平均有效波周期是 4.69 s；以 8 月为夏季代表月，观测海域夏季的平均有效波高是 0.59 m，平均有效波周期是 4.55 s；以 11 月为秋季代表月，观测海域秋季的平均有效波高是 1.10 m，平均有效波周期是 4.76 s。

2016 年，01 号浮标观测的有效波高、有效波周期的月平均值和最大值、最小值数据参见表 20。从表 20 中可以看出，有效波高平均值最小的月份为 6 月，有效波高平均值最大的月份为 11 月，年度最大有效波高（4.3 m）出现在 5 月；有效波周期平均值最小的月份为 6 月，并且在该时间段内观测到年度最小有效波周期（2.3 s），有效波周期平均值最大的月份为 9 月，并且在该时间段内观测到年度最大有效波周期（11.9 s）。从月度有效波高、有效波周期的变化情况分析，有效波高变化最为剧烈的是 5 月，最大有效波高为 4.3 m，变化幅度超过 4.1 m，有效波周期变化最为剧烈的是 9 月，最大有效波周期为 11.9 s，最小有效波周期为 2.6 s，变化幅度为 9.3 s；比较而言，有效波高变化幅度较小的月份是 9 月，最大有效波高为 1.2 m，变化幅度超过 1.0 m；有效波周期变化幅度较小的月份是 11 月，最大有效波周期为 6.4 s，最小有效波周期为 2.9 s，变化幅度为 3.5 s。

2016 年，01 号浮标获取到有效波高≥ 2 m 的海浪过程有 16 次，分别为 9 月 1 次，5 月和 8 月各 2 次，10 月 3 次，11 月和 12 月各 4 次，其中有效波高≥ 4 m 的灾害性海浪过程 1 次，发生在 5 月。2016 年，01 号浮标共记录到 2 次寒潮过程。第一次寒潮过程，获取到的最大有效波高为 2.1 m（10 月

31 日 01:30、06:00），对应的有效波周期为 5.4 s 和 5.8 s，寒潮期间≥ 1.5 m 的海浪过程累计时长为 8.7 h，累计时间内的平均有效波高为 1.76 m，平均有效波周期为 5.44 s；第二次寒潮过程，获取到的最大有效波高为 2.5 m（12 月 13 日 23:30），对应的有效波周期为 5.7 s，寒潮期间有效波高≥ 1.5 m 的海浪过程累计时长为 12.5 h，累计时间内的平均有效波高为 1.86 m，平均有效波周期为 5.41 s。

表 20　01 号浮标各月份有效波高、有效波周期数据情况详表

月份	有效波高 / m			有效波周期 / s			备注
	平均	最大	最小	平均	最大	最小	
1	—	—	—	—	—	—	浮标大修，无数据
2	—	—	—	—	—	—	冬季代表月，浮标大修，无数据
3	—	—	—	—	—	—	浮标大修，无数据
4	0.62	1.9	0.2	4.57	7.0	2.7	浮标大修，缺测 5 天数据
5	0.64	4.3	0.2	4.69	7.7	2.5	春季代表月，记录 1 次≥ 4 m 过程
6	0.57	1.8	0.2	4.31	7.9	2.3	传感器故障，缺测 9 天数据
7	—	—	—	—	—	—	传感器故障，无数据
8	0.59	2.7	0.2	4.55	9.7	2.5	夏季代表月，传感器故障，缺测 1 天数据
9	0.76	2.4	0.2	5.12	11.9	2.6	传感器故障，缺测 7 天数据
10	0.85	2.2	0.2	4.59	8.5	2.6	记录 1 次寒潮过程
11	1.10	2.7	0.2	4.76	6.4	2.9	秋季代表月，传感器故障，缺测 1 天数据
12	0.96	2.6	0.2	4.42	6.4	2.7	记录 1 次寒潮过程

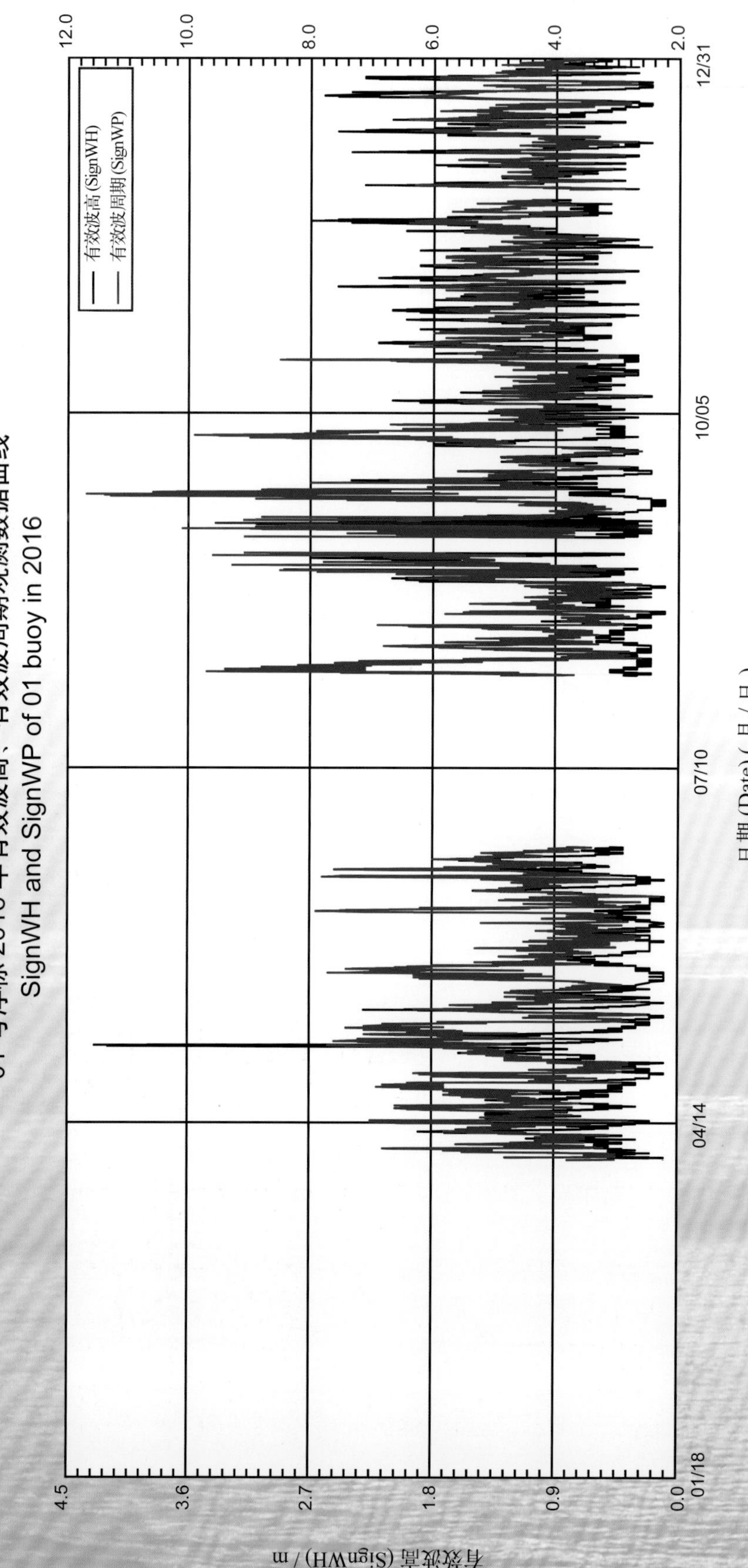

01 号浮标 2016 年有效波高、有效波周期观测数据曲线
SignWH and SignWP of 01 buoy in 2016

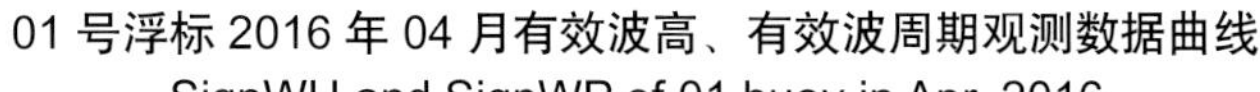

01 号浮标 2016 年 04 月有效波高、有效波周期观测数据曲线

SignWH and SignWP of 01 buoy in Apr. 2016

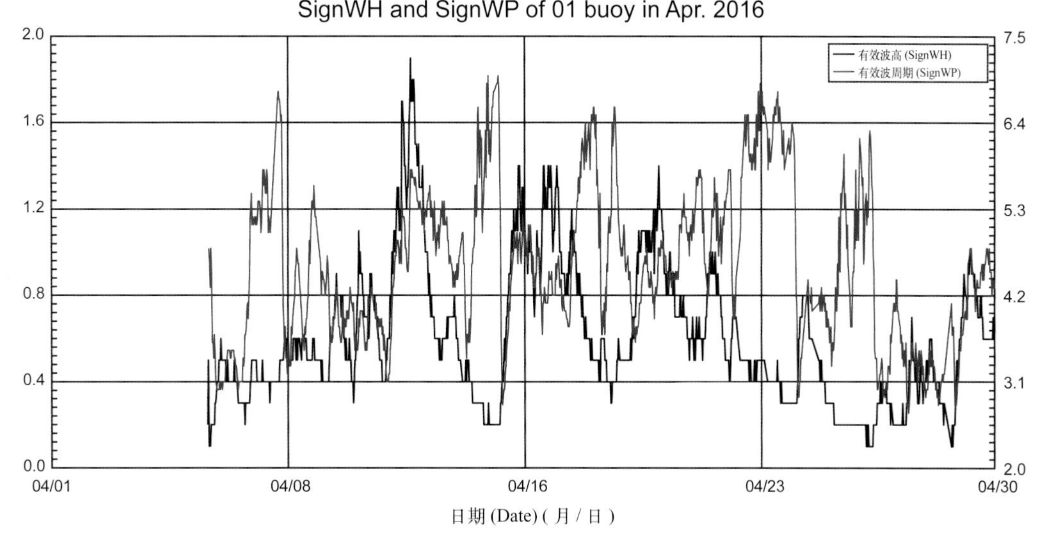

01 号浮标 2016 年 05 月有效波高、有效波周期观测数据曲线

SignWH and SignWP of 01 buoy in May 2016

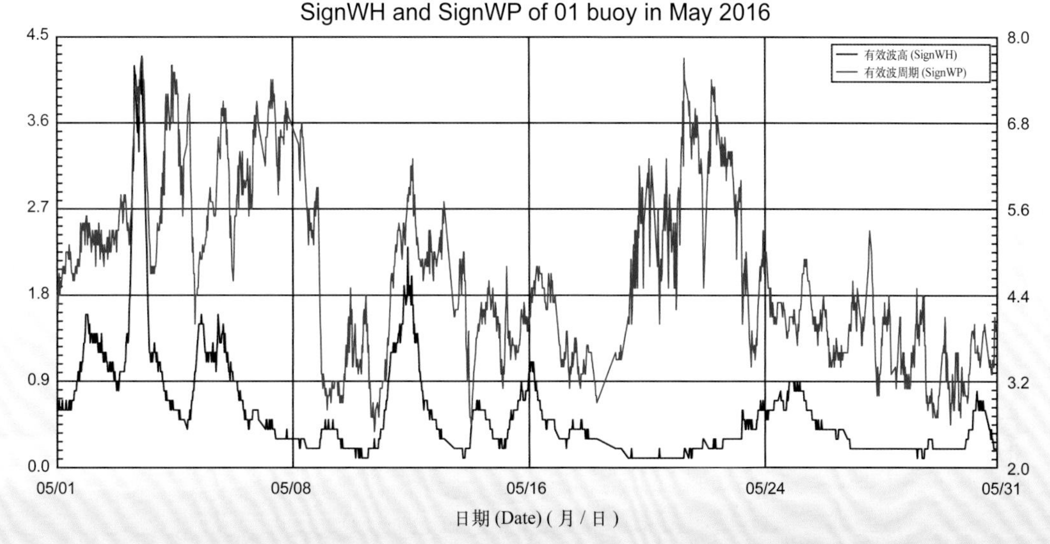

01 号浮标 2016 年 06 月有效波高、有效波周期观测数据曲线

SignWH and SignWP of 01 buoy in Jun. 2016

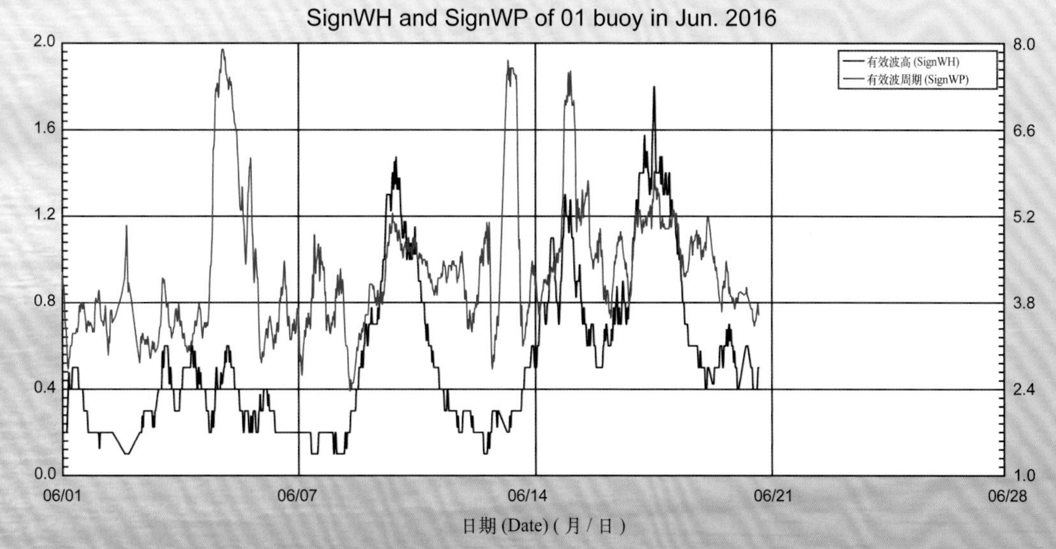

01 号浮标 2016 年 08 月有效波高、有效波周期观测数据曲线
SignWH and SignWP of 01 buoy in Aug. 2016

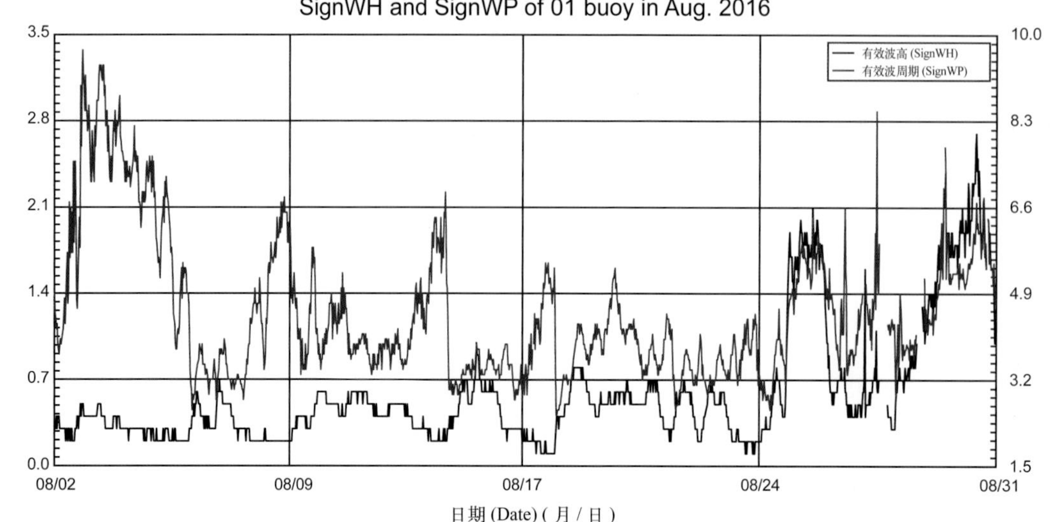

01 号浮标 2016 年 09 月有效波高、有效波周期观测数据曲线
SignWH and SignWP of 01 buoy in Sep. 2016

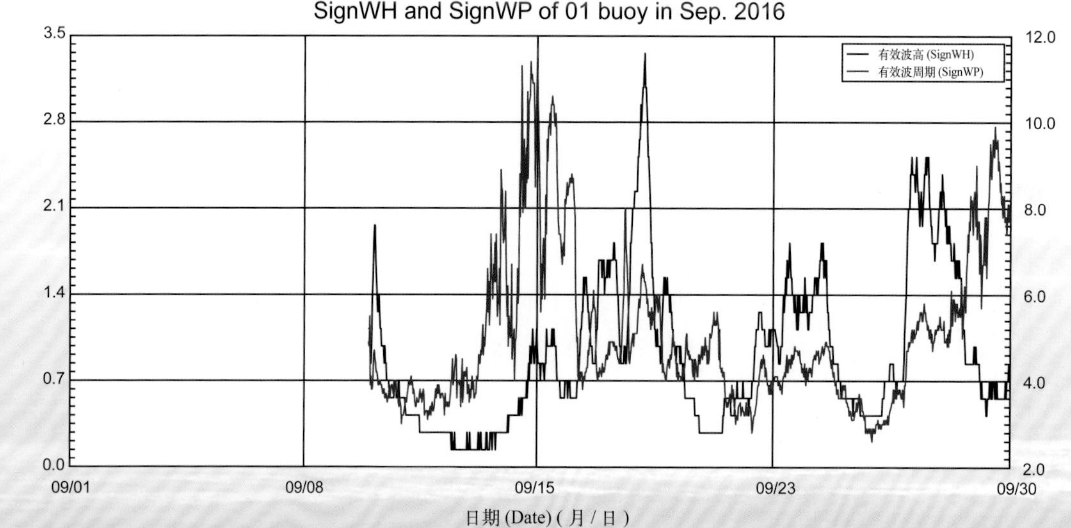

01 号浮标 2016 年 10 月有效波高、有效波周期观测数据曲线
SignWH and SignWP of 01 buoy in Oct. 2016

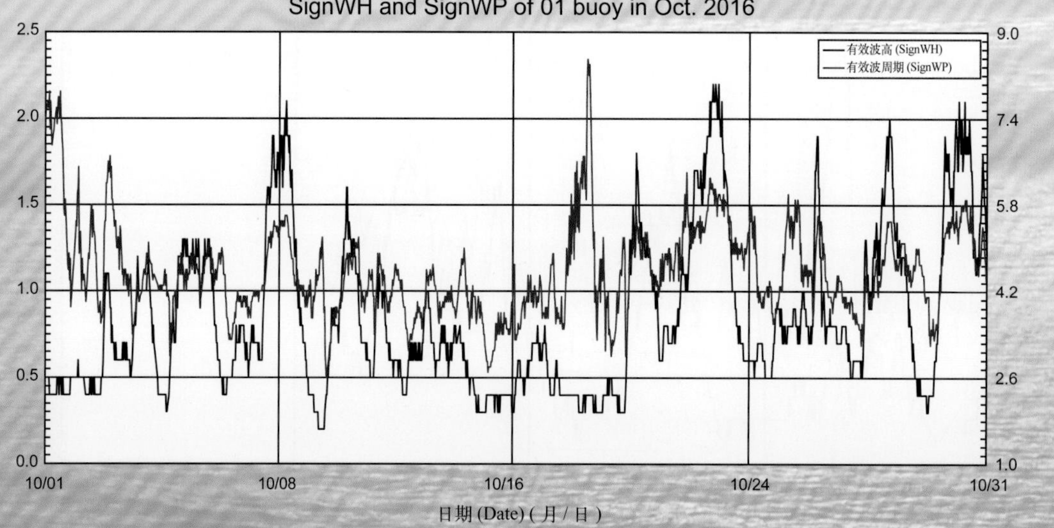

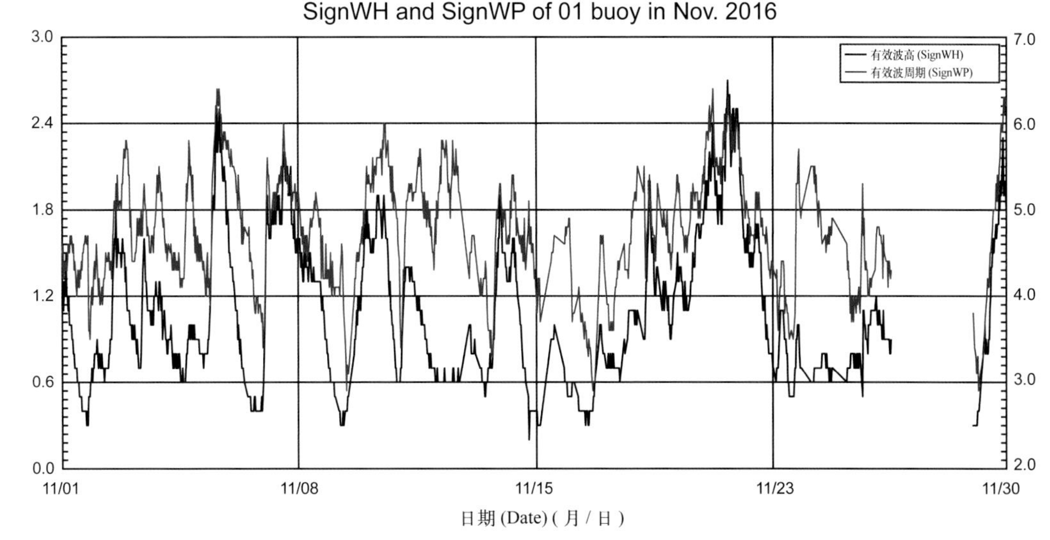
01 号浮标 2016 年 11 月有效波高、有效波周期观测数据曲线
SignWH and SignWP of 01 buoy in Nov. 2016
有效波高 (SignWH)
有效波周期 (SignWP)
有效波高 (SignWH) / m
有效波周期 (SignWP) / s
3.0
2.4
1.8
1.2
0.6
0.0
7.0
6.0
5.0
4.0
3.0
2.0
11/01
11/08
11/15
11/23
11/30
日期 (Date) (月 / 日)

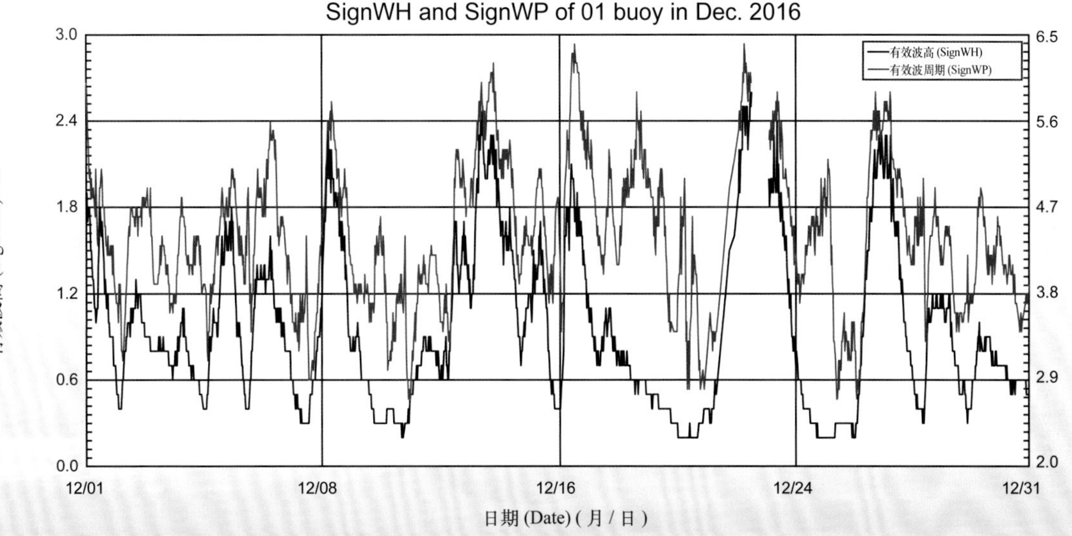
01 号浮标 2016 年 12 月有效波高、有效波周期观测数据曲线
SignWH and SignWP of 01 buoy in Dec. 2016
有效波高 (SignWH)
有效波周期 (SignWP)
有效波高 (SignWH) / m
有效波周期 (SignWP) / s
3.0
2.4
1.8
1.2
0.6
0.0
6.5
5.6
4.7
3.8
2.9
2.0
12/01
12/08
12/16
12/24
12/31
日期 (Date) (月 / 日)

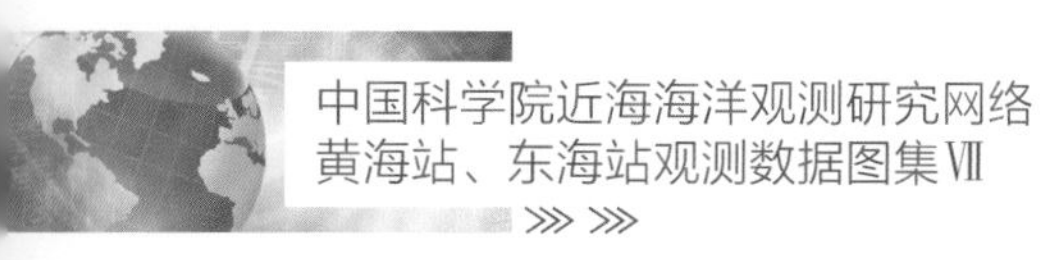

2016 年度 03 号浮标观测数据概述及曲线
（有效波高和有效波周期）

03 号浮标位于北黄海西北海域（38°45′N，122°45′E），是一套直径 2 m 的小型观测平台。可获取的观测参数包括水文和水质，有效波高和有效波周期是水文参数中的重要观测内容。

2016 年，03 号浮标共获取 328 天的有效波高和有效波周期长序列观测数据。获取数据的区间为 1 月 1 日 00:00 至 11 月 23 日 03:30。

通过对获取数据质量控制和分析，03 号浮标观测海域本年度有效波高、有效波周期数据和季节数据特征如下：年度有效波高平均值为 0.60 m，年度有效波周期平均值为 4.56 s。测得的年度最大有效波高为 3.2 m（5 月 3 日 19:30），对应的有效波周期为 6.6 s，当时有效波高≥ 2 m 的海浪持续 9.5 h（5 月 3 日 12:00—21:30）。以 2 月为冬季代表月，观测海域冬季的平均有效波高是 0.68 m，平均有效波周期是 4.29 s；以 5 月为春季代表月，观测海域春季的平均有效波高是 0.54 m，平均有效波周期是 4.71 s；以 8 月为夏季代表月，观测海域夏季的平均有效波高是 0.43 m，平均有效波周期是 4.53 s；以 11 月为秋季代表月，观测海域秋季的平均有效波高是 0.87 m，平均有效波周期是 4.49 s。

2016 年，03 号浮标观测的有效波高、有效波周期的月平均值和最大值、最小值数据参见表 21。从表 21 中可以看出，有效波高平均值最小的月份为 8 月，有效波高平均值最大的月份为 11 月，年度最大有效波高（3.2 m）出现在 5 月；有效波周期平均值最小的月份为 1 月，并且在该时间段内观测到年度最小有效波周期（2.3 s），有效波周期平均值最大的月份为 7 月，年度最大有效波周期（12.7 s）出现在 9 月。从月度有效波高、有效波周期的变化情况分析，有效波高变化最为剧烈的是 5 月，最大有效波高为 3.2 m，变化幅度超过 3.0 m，有效波周期变化最为剧烈的是 9 月，最大有效波周期为 12.7 s，最小有效波周期为 2.8 s，变化幅度为 9.9 s；比较而言，有效波高变化幅度较小的月份是 9 月，最大有效波高为 1.4 m，变化幅度超过 1.2 m；有效波周期变化幅度较小的月份是 11 月，最大有效波周期为 6.2 s，最小有效波周期为 2.8 s，变化幅度为 3.4 s。

2016 年，03 号浮标获取到有效波高≥ 2 m 的海浪过程有 4 次，分别发生在 2 月、5 月、7 月和 11 月，累计时长为 48 h，其中 5 月记录一次有效波高≥ 3 m 的海浪过程，累计时长为 1 h。

表 21　03 号浮标各月份有效波高、有效波周期数据情况详表

月份	有效波高 / m			有效波周期 / s			备注
	平均	最大	最小	平均	最大	最小	
1	0.70	1.7	0.2	3.81	6.8	2.3	
2	0.68	2.2	0.2	4.29	8.0	2.4	冬季代表月，记录 1 次有效波高 ≥ 2 m 过程
3	0.52	1.7	0.2	3.93	7.5	2.4	
4	0.53	1.8	0.2	4.50	7.3	2.5	
5	0.54	3.2	0.2	4.71	8.2	2.5	春季代表月，记录 1 次有效波高 ≥ 2 m 过程
6	0.53	1.5	0.2	4.47	8.2	2.5	
7	0.67	2.6	0.2	5.70	11.3	3.2	记录 1 次≥ 2 m 过程
8	0.43	1.9	0.2	4.53	10.5	2.5	夏季代表月
9	0.52	1.4	0.2	5.30	12.7	2.8	
10	0.65	1.9	0.2	4.43	11.2	2.5	
11	0.87	2.5	0.2	4.49	6.2	2.8	秋季代表月，记录 1 次有效波高 ≥ 2 m 过程，浮标大修缺测 7 天数据
12	—	—	—	—	—	—	浮标大修，无数据

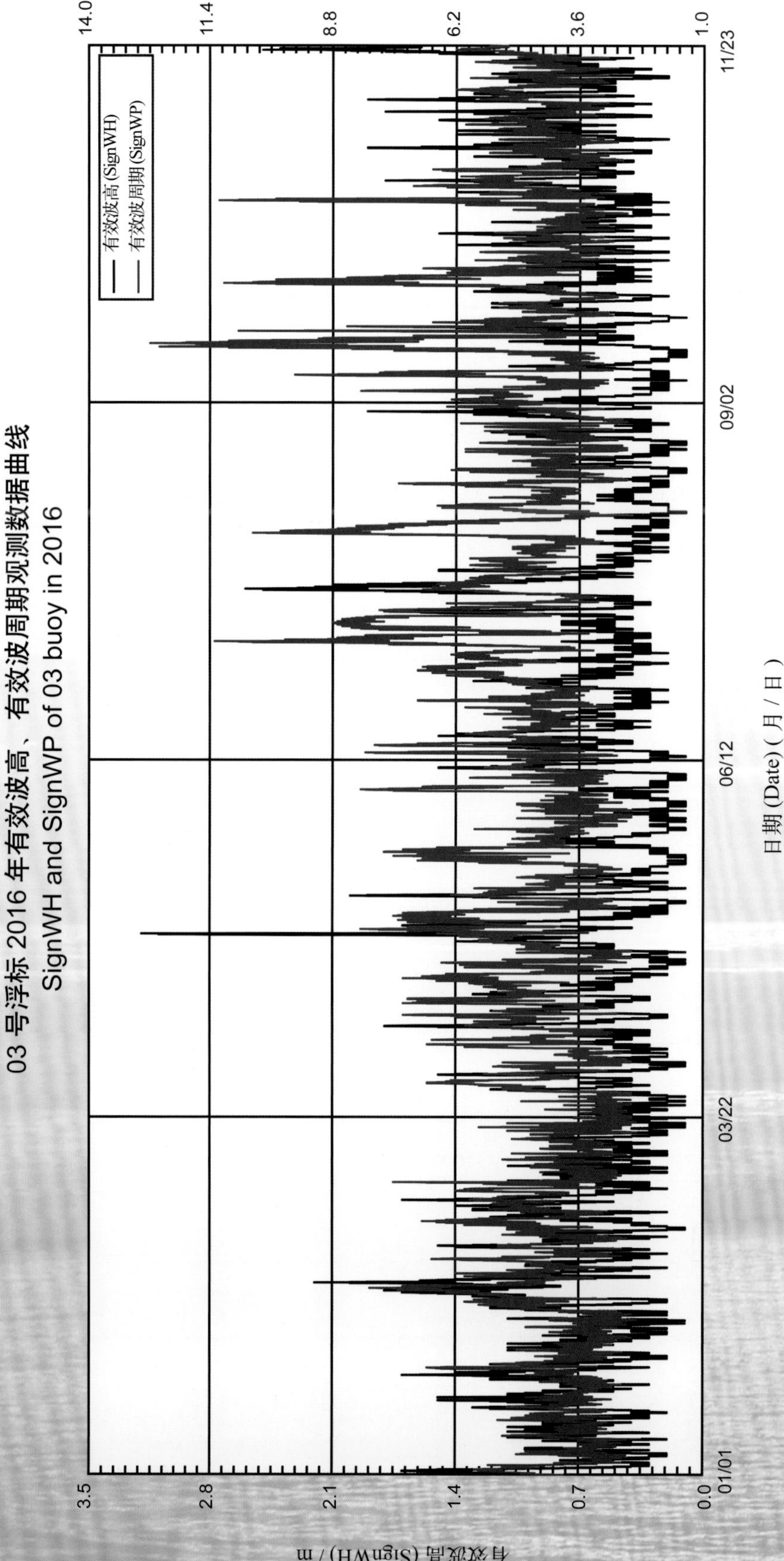

03 号浮标 2016 年有效波高、有效波周期观测数据曲线
SignWH and SignWP of 03 buoy in 2016

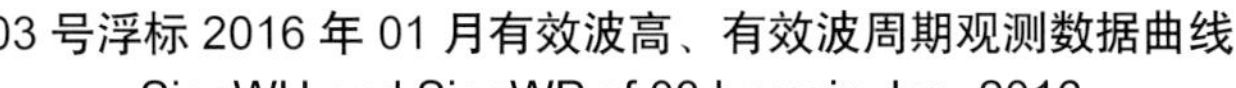

03 号浮标 2016 年 01 月有效波高、有效波周期观测数据曲线
SignWH and SignWP of 03 buoy in Jan. 2016

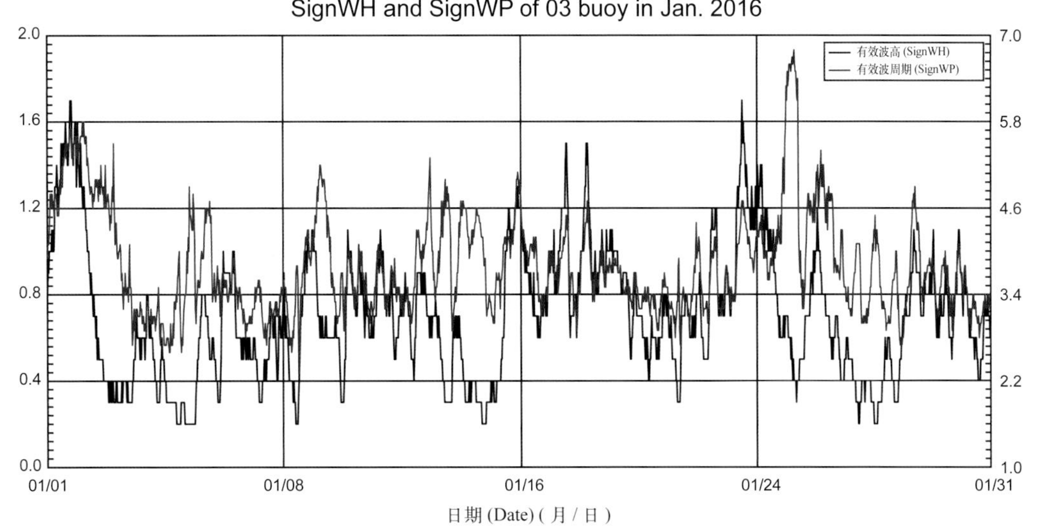

03 号浮标 2016 年 02 月有效波高、有效波周期观测数据曲线
SignWH and SignWP of 03 buoy in Feb. 2016

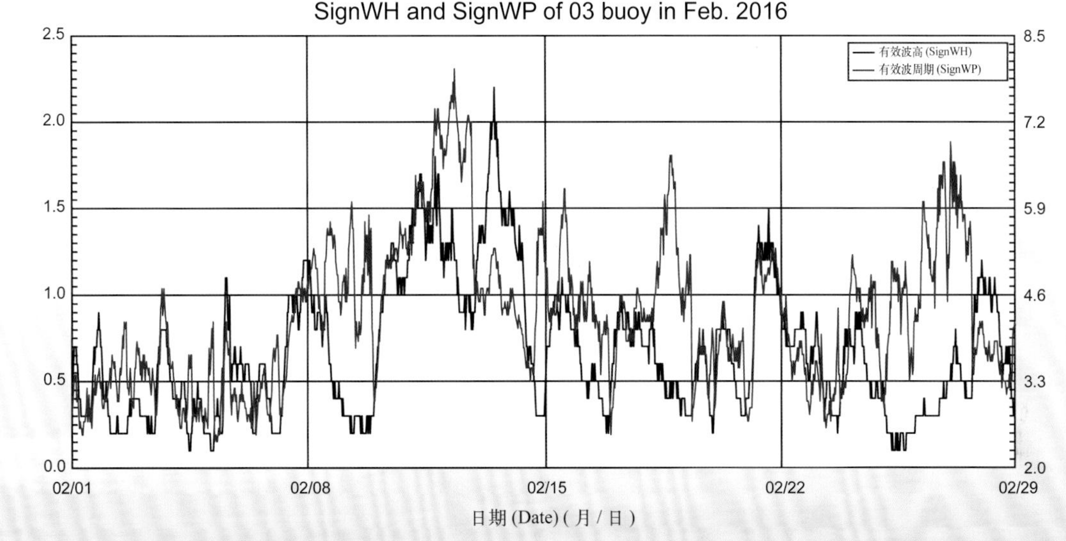

03 号浮标 2016 年 03 月有效波高、有效波周期观测数据曲线
SignWH and SignWP of 03 buoy in Mar. 2016

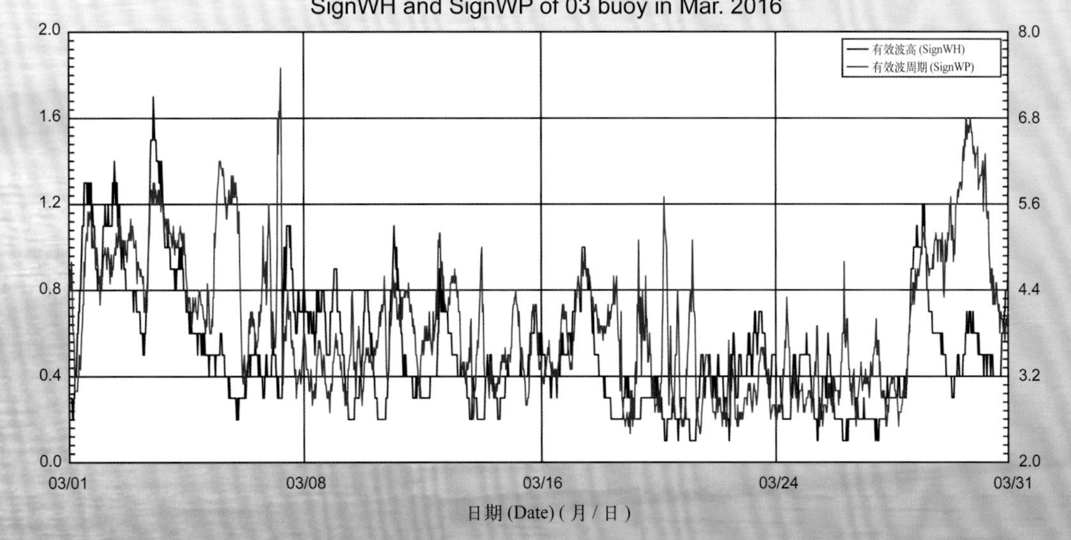

03 号浮标 2016 年 04 月有效波高、有效波周期观测数据曲线
SignWH and SignWP of 03 buoy in Apr. 2016

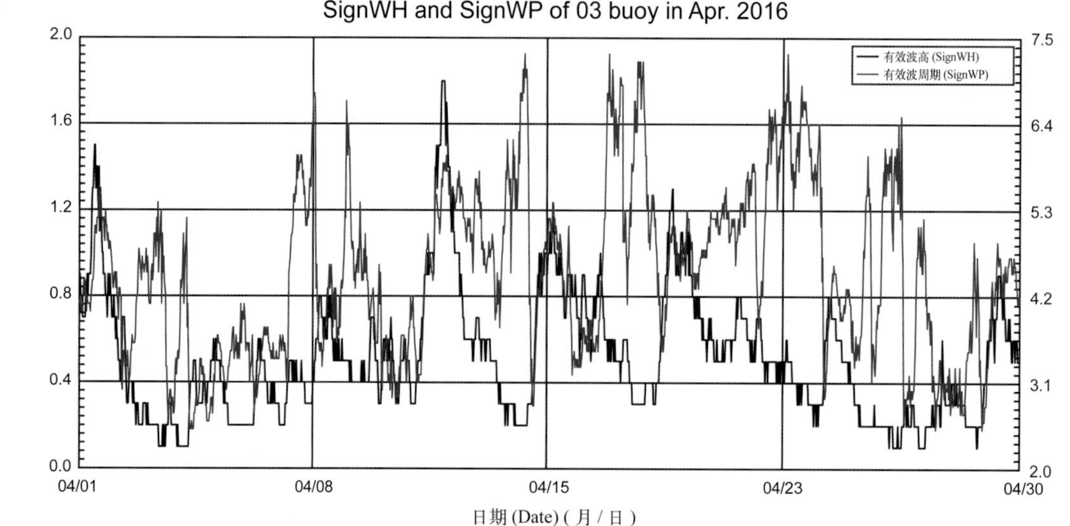

03 号浮标 2016 年 05 月有效波高、有效波周期观测数据曲线
SignWH and SignWP of 03 buoy in May 2016

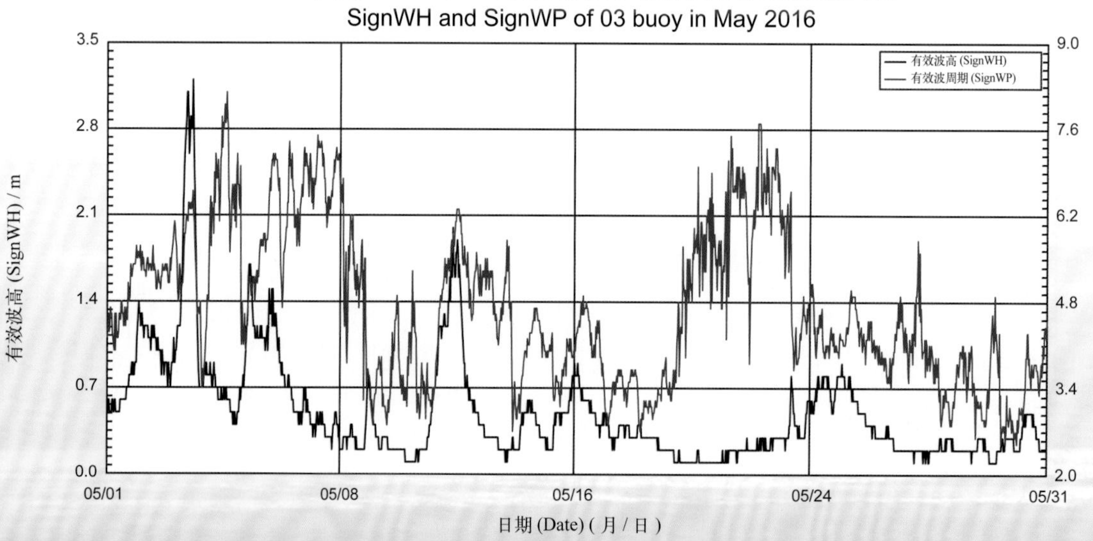

03 号浮标 2016 年 06 月有效波高、有效波周期观测数据曲线
SignWH and SignWP of 03 buoy in Jun. 2016

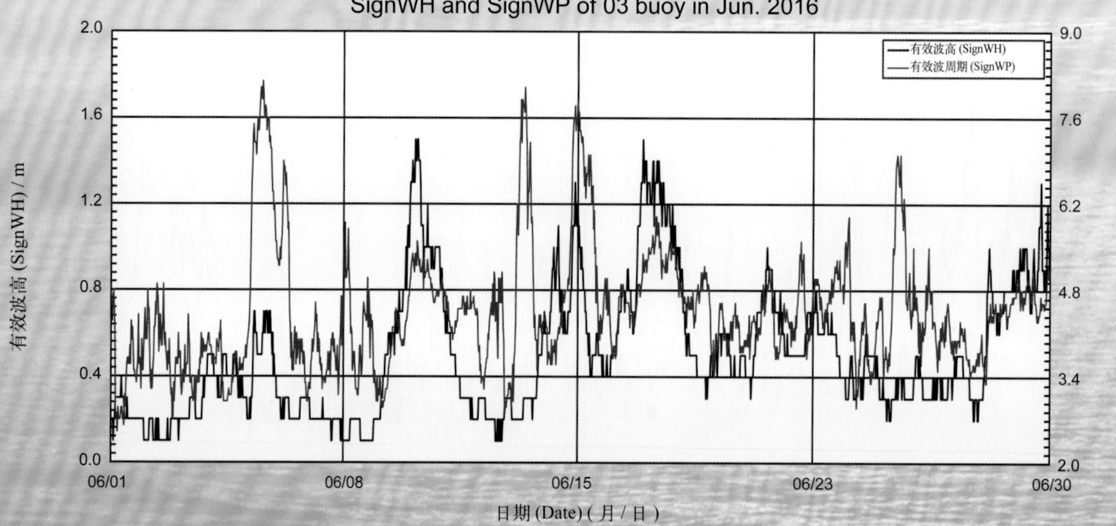

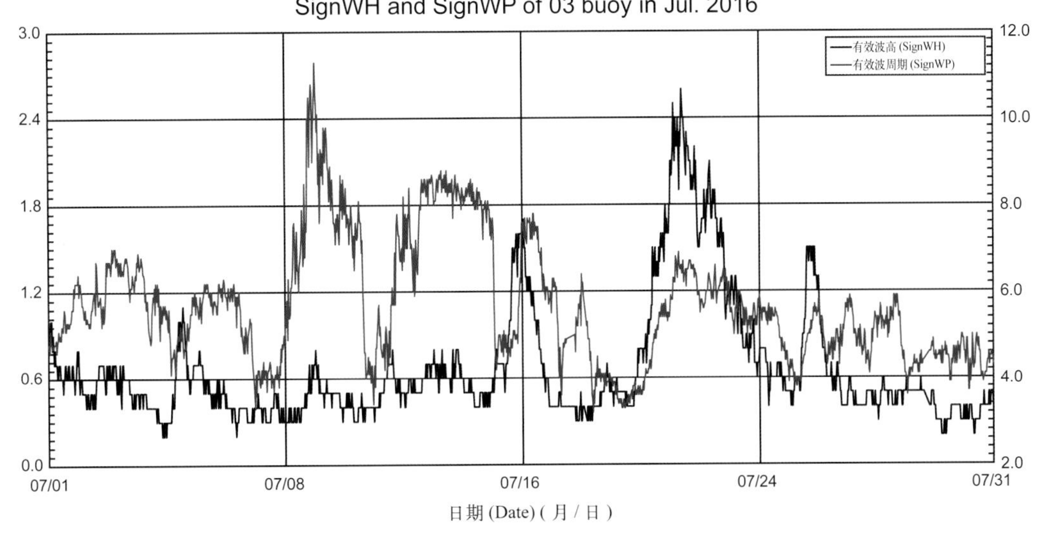
03 号浮标 2016 年 07 月有效波高、有效波周期观测数据曲线
SignWH and SignWP of 03 buoy in Jul. 2016
有效波高 (SignWH)
有效波周期 (SignWP)
有效波高 (SignWH) / m
有效波周期 (SignWP) / s
日期 (Date) (月 / 日)
3.0
2.4
1.8
1.2
0.6
0.0
12.0
10.0
8.0
6.0
4.0
2.0
07/01
07/08
07/16
07/24
07/31

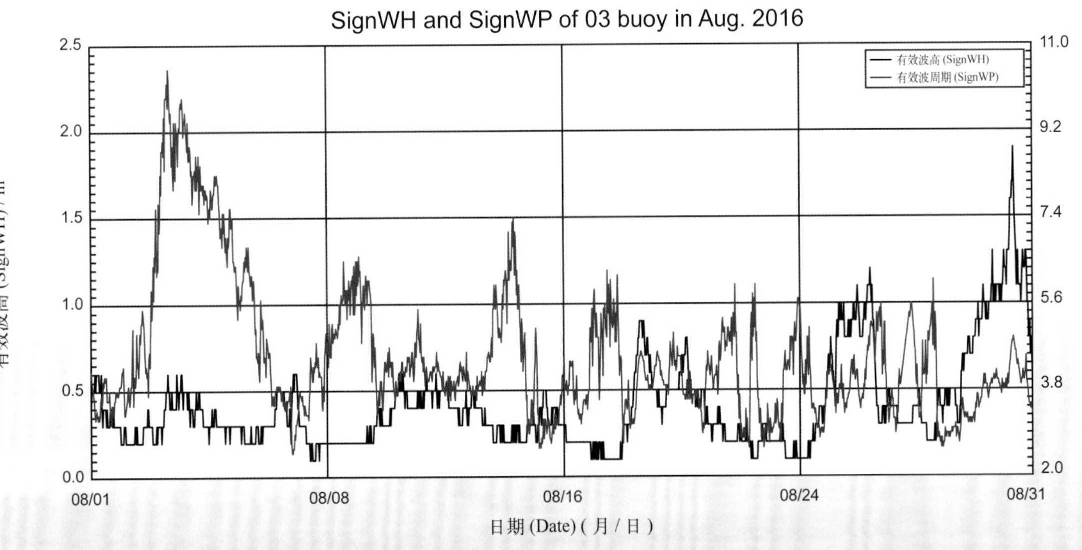
03 号浮标 2016 年 08 月有效波高、有效波周期观测数据曲线
SignWH and SignWP of 03 buoy in Aug. 2016
有效波高 (SignWH)
有效波周期 (SignWP)
有效波高 (SignWH) / m
有效波周期 (SignWP) / s
日期 (Date) (月 / 日)
2.5
2.0
1.5
1.0
0.5
0.0
11.0
9.2
7.4
5.6
3.8
2.0
08/01
08/08
08/16
08/24
08/31

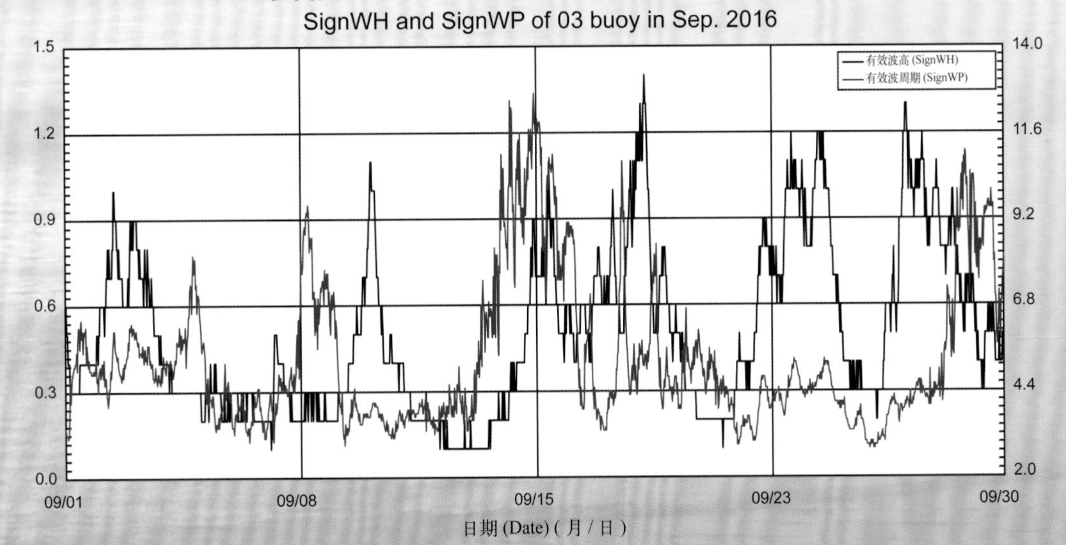
03 号浮标 2016 年 09 月有效波高、有效波周期观测数据曲线
SignWH and SignWP of 03 buoy in Sep. 2016
有效波高 (SignWH)
有效波周期 (SignWP)
有效波高 (SignWH) / m
有效波周期 (SignWP) / s
日期 (Date) (月 / 日)
1.5
1.2
0.9
0.6
0.3
0.0
14.0
11.6
9.2
6.8
4.4
2.0
09/01
09/08
09/15
09/23
09/30

03 号浮标 2016 年 10 月有效波高、有效波周期观测数据曲线
SignWH and SignWP of 03 buoy in Oct. 2016

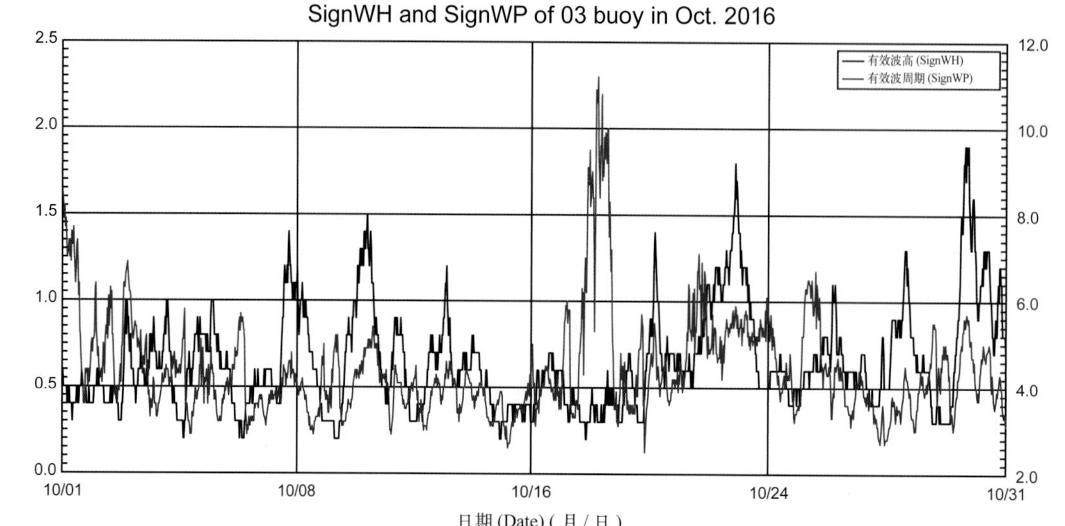

03 号浮标 2016 年 11 月有效波高、有效波周期观测数据曲线
SignWH and SignWP of 03 buoy in Nov. 2016

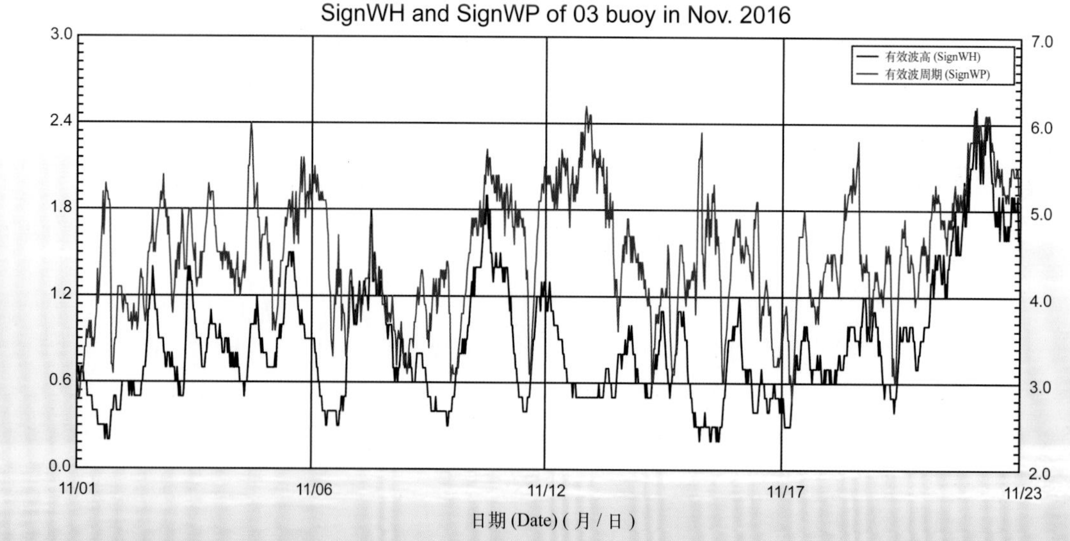

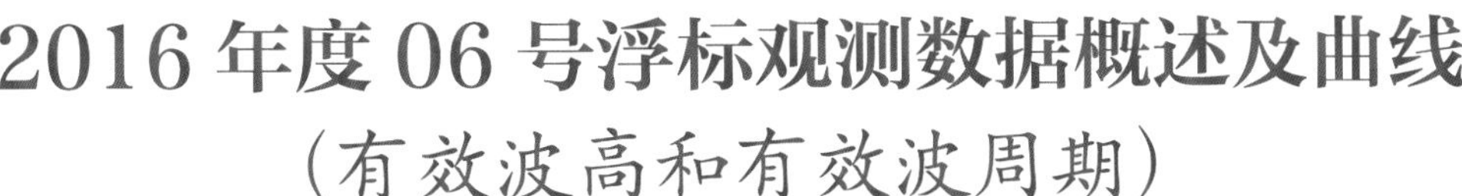

2016 年度 06 号浮标观测数据概述及曲线
（有效波高和有效波周期）

06 号浮标位于东海舟山嵊山岛海礁附近海域（30°43′N，123°08′E），是一套直径 10 m 的圆盘形综合观测平台。可获取的观测参数包括气象、水文和水质，有效波高和有效波周期是水文参数中的重要观测内容。

2016 年，06 号浮标共获取到 269 天的有效波高和有效波周期长序列观测数据。获取数据的区间共四个时间段，具体为 1 月 1 日 00:00 至 27 日 05:00、4 月 30 日 06:00 至 9 月 1 日 14:30、9 月 5 日 11:30 至 11 月 27 日 07:00、11 月 29 日 14:30 至 12 月 31 日 23:30。

通过对获取数据质量控制和分析，06 号浮标观测海域本年度有效波高、有效波周期数据和季节数据特征如下：年度有效波高平均值为 1.25 m，年度有效波周期平均值为 6.49 s。测得的年度最大有效波高为 5.4 m［1 月 24 日 06:00 和 10 月 4 日 20:30（台风“暹芭”期间）］，对应的有效波周期分别为 9.0 s 和 11.3 s，对应时间有效波高≥ 4 m 的海浪分别持续了 33 h（1 月 23 日 10:00 至 24 日 19:00）和 3.5 h（10 月 4 日 19:00—22:30）；测得年度最大有效波周期为 14.1 s（10 月 20 日 06:30）。以 5 月为春季代表月，观测海域春季的平均有效波高是 0.89 m，平均有效波周期是 5.84 s；以 8 月为夏季代表月，观测海域夏季的平均有效波高是 1.07 m，平均有效波周期是 7.14 s；以 11 月为秋季代表月，观测海域秋季的平均有效波高是 1.31 m，平均有效波周期是 6.43 s。

2016 年，06 号浮标观测的有效波高、有效波周期的月平均值和最大值、最小值数据参见表 22。从表 22 中可以看出，有效波高平均值最小的月份为 6 月，有效波高平均值最大的月份为 1 月，并且年度最大有效波高（5.4 m）出现在 1 月和 10 月；有效波周期平均值最小的月份亦为 6 月，有效波周期平均值最大的月份为 9 月，年度最大有效波周期（14.1 s）出现在 10 月。从月度有效波高、有效波周期的变化情况分析，有效波高变化最为剧烈的是 1 月，最大有效波高为 5.4 m，最小有效波高为 0.3 m，变化幅度为 5.1 m，有效波周期变化最为剧烈的是 10 月，最大有效波周期为 14.1 s，最小有效周期为 4.5 s，变化幅度为 9.6 s；比较而言，有效波高变化幅度较小的月份是 6 月，最大有效波高为 2.1 m，变化幅度超过 1.9 m，有效波周期变化幅度较小的月份亦是 6 月，最大有效波周期为 7.7 s，变化幅度超过 5.7 s。

2016 年，06 号浮标获取到有效波高在 4 m 以上的灾害性海浪过程共 4 次。分别为 1 月 23—24 日、10 月 4 日（台风“暹芭”影响）、11 月 8 日、11 月 22 日。其中 1 月 23 日 10:00 至 24 日 19:00 期间为本年度出现灾害性海浪过程最长的时间段，有效波高≥ 4 m 的海浪持续了 33 h。2016 年，06 号浮标共记录了 3 次台风过程。第一次台风过程，受第 14 号超强台风“莫兰蒂”影响，有效波高从 9 月 14 日 04:30 开始增大至 2 m 以上，最大有效波高为 2.8 m（9 月 14 日 08:30），对应有效波周期为 11.7 s，超过 2 m 的波浪一直持续到 15 日 10:00，期间平均有效波高为 2.22 m，平均有效波周期为 9.69 s；第二次台风过程，受第 16 号强台风“马勒卡”影响，9 月 17 日 09:30 开始增大至 2 m 以上，最大有效波高为 3.6 m（9 月 19 日 22:00—23:30），对应的有效波周期均为 8.1 s，超过 2 m 的海浪一直持续到 9 月 21 日 03:00，期间平均有效波高为 2.54 m，平均有效波周期为 8.22 s；第三次台风过程，受第 18 号超强台风“暹芭”影响，有效波高从 10 月 4 日 08:30 开始增大至 2 m 以上，最大有效波高为 5.4 m（10 月 4 日 20:30），对应的有效波周期为 11.3 s，超过 2 m 的海浪一直持续到 10 月 5 日 13:30，期间超过 4 m 的灾害性海浪持续了 3.5 h（10 月 4 日 19:00—22:30），也是三次台风中唯一一次获取到超过 4 m 海浪数据，台风“暹芭”期间平均有效波高为 3.24 m，平均有效波周期为 9.10 s。

表 22　06 号浮标各月份有效波高、有效波周期数据情况详表

月份	有效波高 / m			有效波周期 / s			备注
	平均	最大	最小	平均	最大	最小	
1	1.89	5.4	0.3	6.60	12.9	3.8	记录 1 次有效波高≥ 4 m 过程，浮标大修，缺测 4 天数据
2	—	—	—	—	—	—	浮标大修，无数据
3	—	—	—	—	—	—	浮标大修，无数据
4	—	—	—	—	—	—	浮标大修，缺测 29 天数据
5	0.89	2.7	0.3	5.84	8.6	3.8	春季代表月
6	0.87	2.1	0.3	5.67	7.7	3.7	
7	1.12	2.5	0.3	5.90	10.4	3.4	
8	1.07	3.3	0.4	7.14	11.1	4.2	夏季代表月
9	1.43	3.7	0.3	7.36	13.1	4.2	传感器故障，缺测 3 天数据，记录 2 次台风过程
10	1.71	5.4	0.5	7.18	14.1	4.5	记录 1 次台风过程，记录 1 次有效波高≥ 4 m 过程
11	1.31	4.3	0.5	6.43	9.7	4.0	秋季代表月，记录 2 次有效波高≥ 4 m 过程，传感器故障，缺测 1 天数据
12	1.36	3.8	0.4	6.54	9.5	4.0	

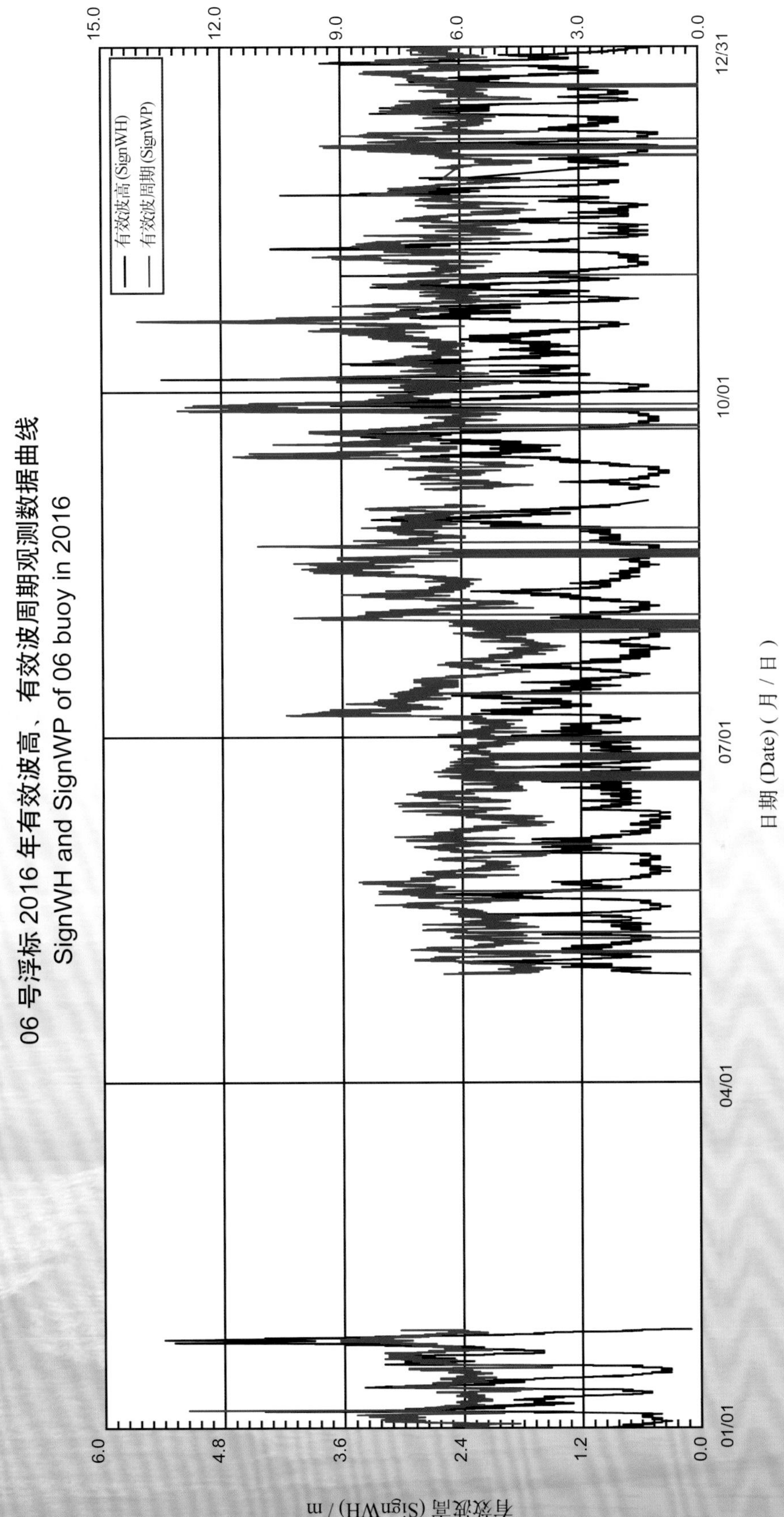
06 号浮标 2016 年有效波高、有效波周期观测数据曲线
SignWH and SignWP of 06 buoy in 2016
有效波高 (SignWH)
有效波周期 (SignWP)
有效波高 (SignWH) / m
有效波周期 (SignWP) / s
日期 (Date) (月 / 日)
0.0
1.2
2.4
3.6
4.8
6.0
0.0
3.0
6.0
9.0
12.0
15.0
01/01
04/01
07/01
10/01
12/31

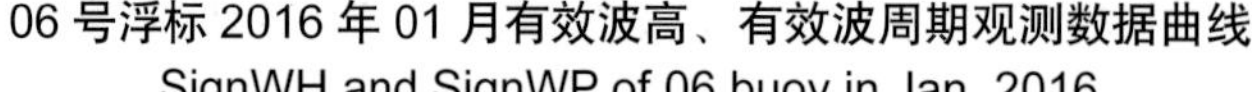

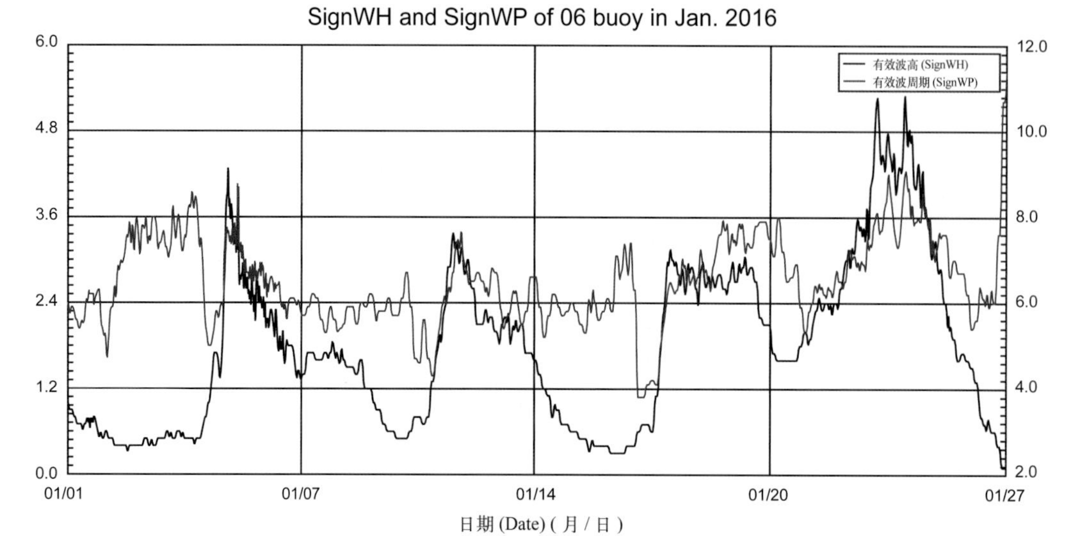

06 号浮标 2016 年 05 月有效波高、有效波周期观测数据曲线
SignWH and SignWP of 06 buoy in May 2016

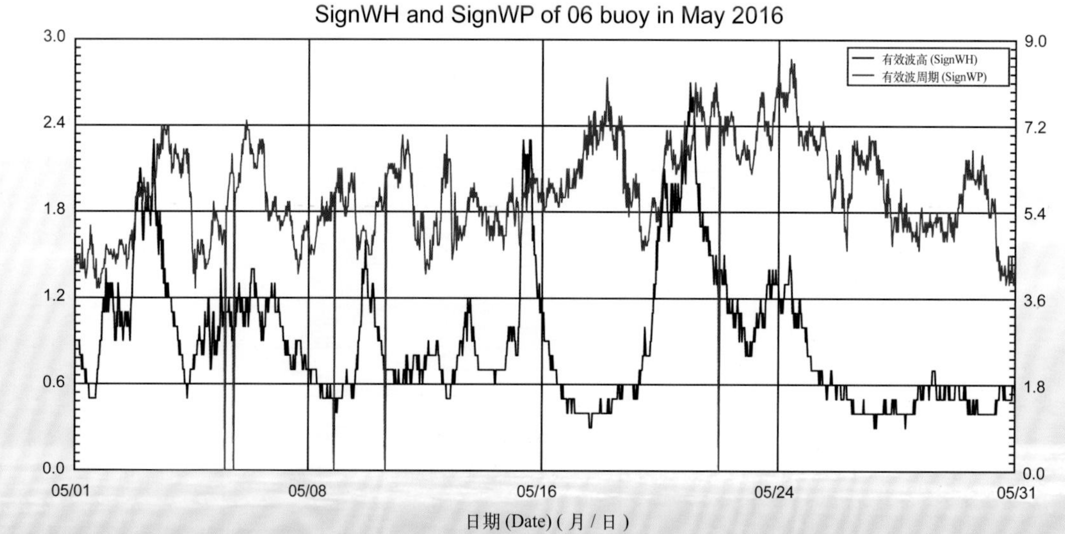

06 号浮标 2016 年 06 月有效波高、有效波周期观测数据曲线
SignWH and SignWP of 06 buoy in Jun. 2016

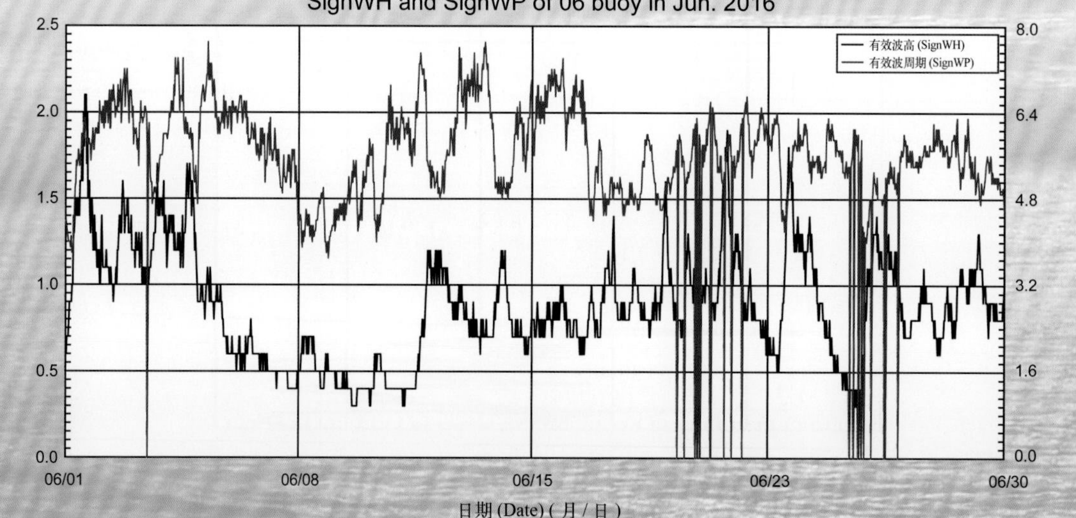

06 号浮标 2016 年 07 月有效波高、有效波周期观测数据曲线
SignWH and SignWP of 06 buoy in Jul. 2016

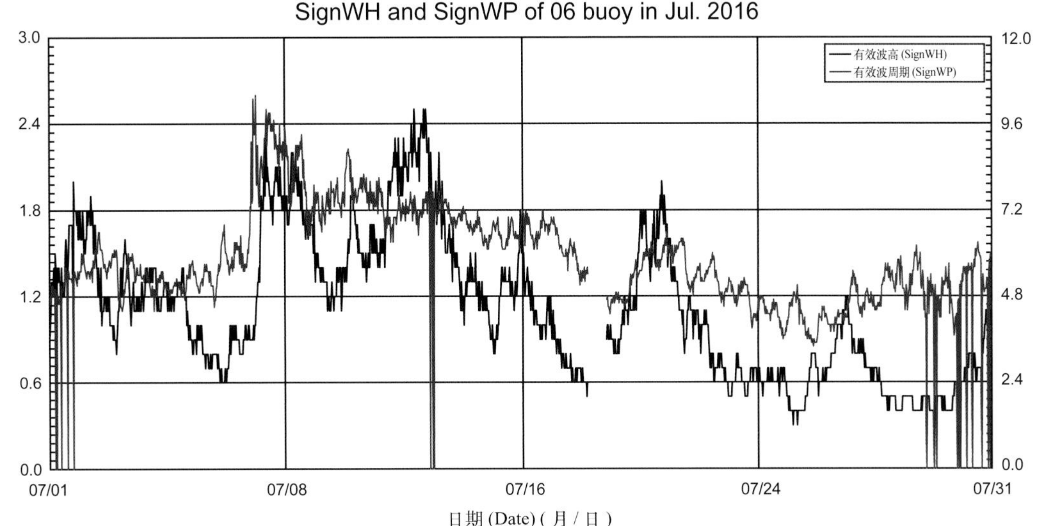

06 号浮标 2016 年 08 月有效波高、有效波周期观测数据曲线
SignWH and SignWP of 06 buoy in Aug. 2016

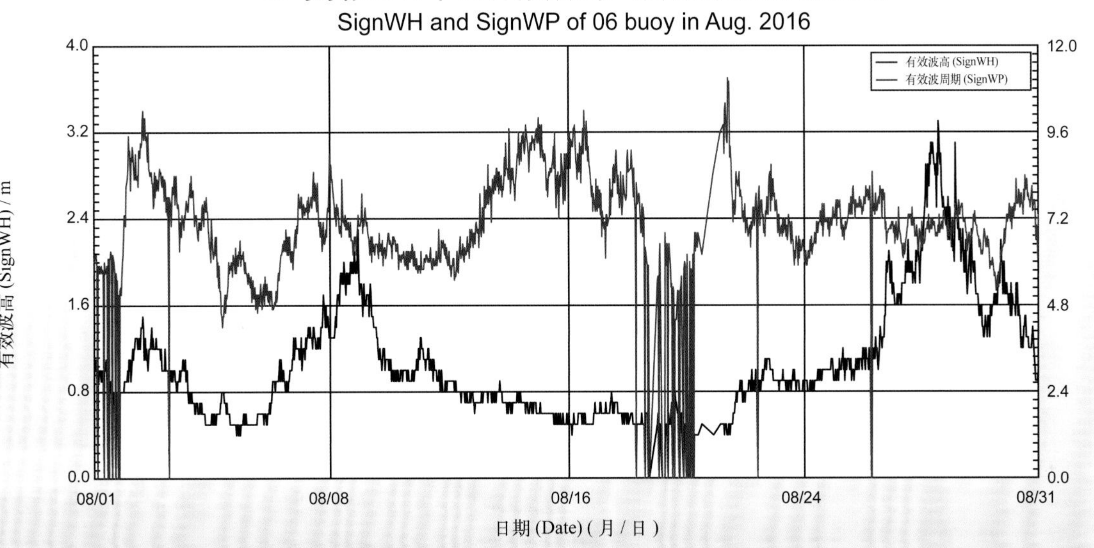

06 号浮标 2016 年 09 月有效波高、有效波周期观测数据曲线
SignWH and SignWP of 06 buoy in Sep. 2016

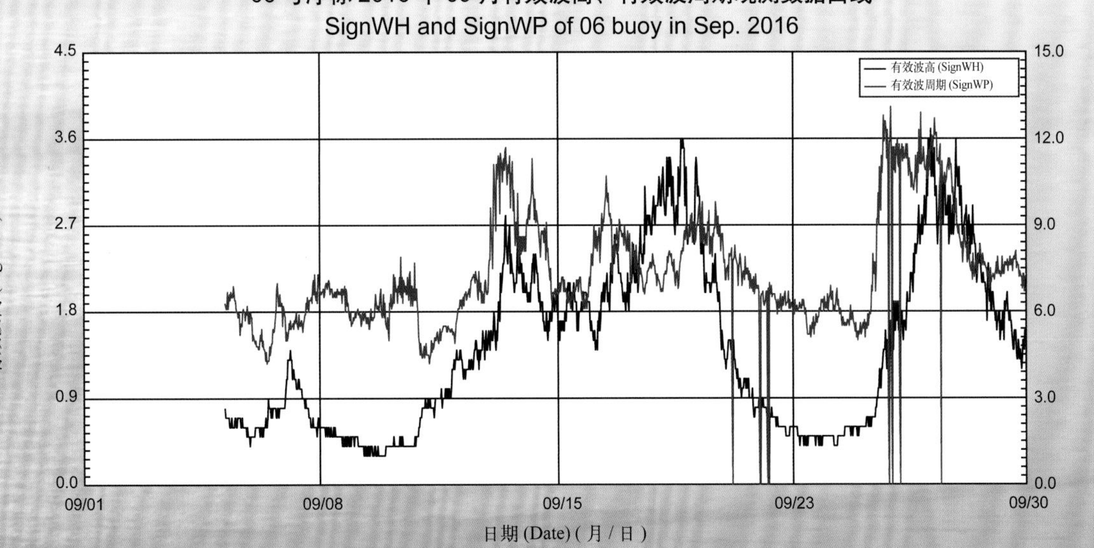

06 号浮标 2016 年 10 月有效波高、有效波周期观测数据曲线
SignWH and SignWP of 06 buoy in Oct. 2016

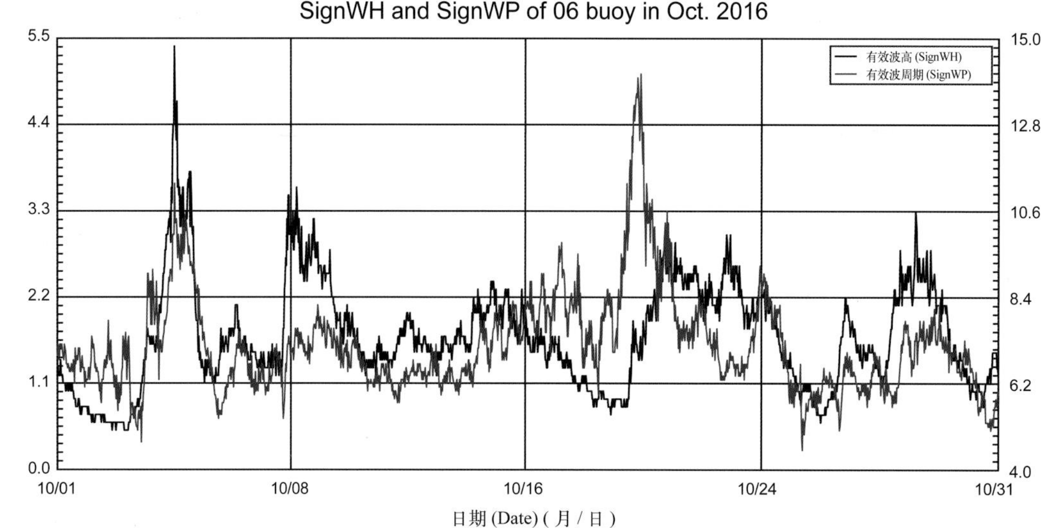

06 号浮标 2016 年 11 月有效波高、有效波周期观测数据曲线
SignWH and SignWP of 06 buoy in Nov. 2016

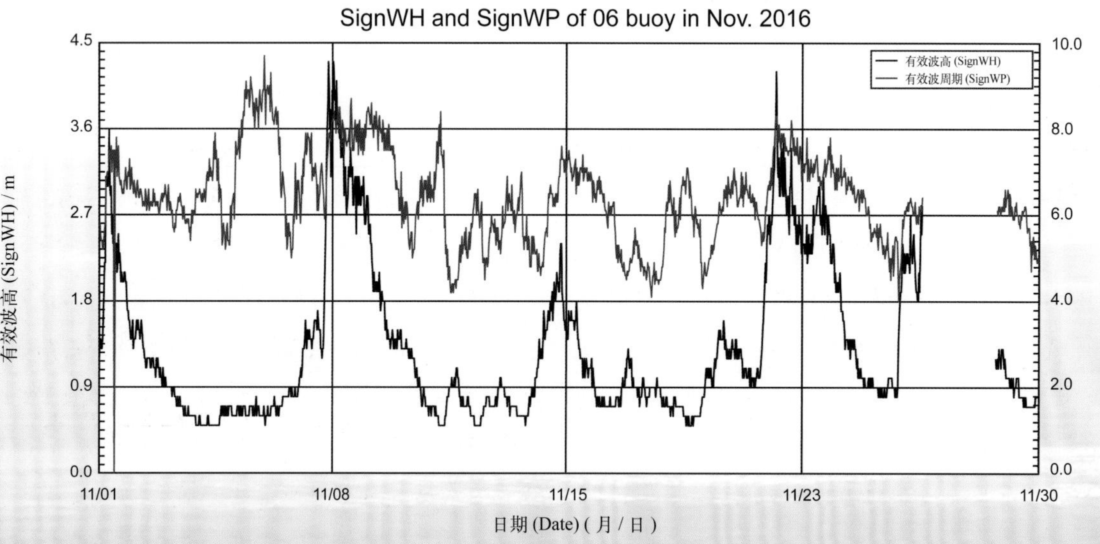

06 号浮标 2016 年 12 月有效波高、有效波周期观测数据曲线
SignWH and SignWP of 06 buoy in Dec. 2016

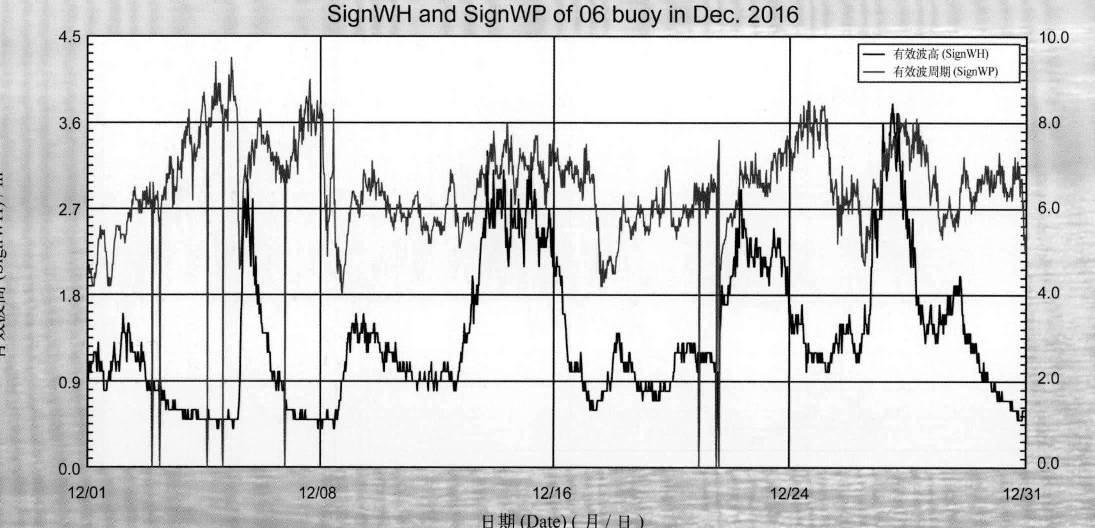

2016 年度 07 号浮标观测数据概述及曲线（有效波高和有效波周期）

07 号浮标位于黄海荣成楮岛附近海域（37°04′N，122°35′E），是一套直径 3 m 的圆盘形综合观测平台。可获取的观测参数包括气象、水文和水质，有效波高和有效波周期是水文参数中的重要观测内容。

2016 年，07 号浮标共获取 331 天的有效波高和有效波周期长序列观测数据。获取数据的区间共三个时间段，具体为 1 月 1 日 00:00 至 5 月 26 日 11:10、6 月 30 日 14:30 至 11 月 27 日 13:10、11 月 29 日 07:20 至 12 月 31 日 23:50。

通过对获取数据质量控制和分析，07 号浮标观测海域本年度有效波高、有效波周期数据和季节数据特征如下：年度有效波高平均值为 0.45 m，年度有效波周期平均值为 5.81 s。测得的年度最大有效波高为 2.2 m（10 月 2 日 18:30—18:50），对应的有效波周期为 6.5 s，当时有效波高≥ 2 m 以上的海浪持续了 4.7 h（10 月 2 日 18:00—22:50）；测得的年度最大有效波周期为 14.7 s（9 月 14 日 22:00—22:20）。以 2 月为冬季代表月，观测海域冬季的平均有效波高是 0.41 m，平均有效波周期是 5.83 s；以 5 月为春季代表月，观测海域春季的平均有效波高是 0.40 m，平均有效波周期是 6.05 s；以 8 月为夏季代表月，观测海域夏季的平均有效波高是 0.36 m，平均有效波周期是 5.77 s；以 11 月为秋季代表月，观测海域秋季的平均有效波高是 0.59 m，平均有效波周期是 5.38 s。

2016 年，07 号浮标观测的有效波高、有效波周期的月平均值和最大值、最小值数据参见表 23。从表 23 中可以看出，月平均有效波高最小的月份为 3 月（0.33 m），月平均有效波周期最小的月份为 11 月（5.38 s）；月平均有效波高最大的月份为 10 月，并且在该时间段内出现了年度最大有效波高（2.2 m），月平均有效波周期最大的月份为 7 月，年度最大有效波周期（14.7 s）出现在 9 月。从月度有效波高、有效波周期的变化情况分析，有效波高变化最为剧烈的是 10 月，最大有效波高为 2.2 m，变化幅度超过 2.0 m，有效波周期变化最为剧烈的是 9 月，最大有效波周期为 14.7 s，变化幅度超过 12.7 s；比较而言，有效波高变化幅度较小的月份是 3 月，最大有效波高为 1.0 m，变化幅度超过 0.8 m，有效波周期变化幅度较小的月份是 11 月，最大有效波周期为 7.7 s，最小有效波周期为 2.9 s，变化幅度为 4.8 s。

2016 年，07 号浮标获取到有效波高≥ 2 m 的海浪过程仅 1 次，出现在 10 月份，该过程持续了 4.8 h（10 月 2 日 18:00—22:50），该时间段内平均有效波高为 2.08 m，平均有效波周期为 6.58 s。

表 23　07 号浮标各月份有效波高、有效波周期数据情况详表

月份	有效波高 / m			有效波周期 / s			备注
	平均	最大	最小	平均	最大	最小	
1	0.38	1.4	0.2	5.54	8.3	2.7	
2	0.41	1.6	0.2	5.83	9.0	3.3	冬季代表月
3	0.33	1.0	0.2	5.54	8.7	2.6	
4	0.35	1.1	0.2	6.01	9.3	2.3	
5	0.40	1.2	0.2	6.05	9.2	2.7	春季代表月，浮标大修，缺测 5 天数据
6	—	—	—	—	—	—	浮标大修，缺测 29 天数据
7	0.57	1.9	0.2	6.24	11.6	3.7	
8	0.36	1.7	0.2	5.77	10.3	2.9	夏季代表月
9	0.45	1.6	0.2	6.16	14.7	2.8	
10	0.61	2.2	0.2	5.86	13.8	3.1	记录 1 次有效波高≥ 2 m 过程
11	0.59	1.7	0.2	5.38	7.7	2.9	秋季代表月，缺测 1 天数据
12	0.43	1.6	0.2	5.54	8.6	3.2	

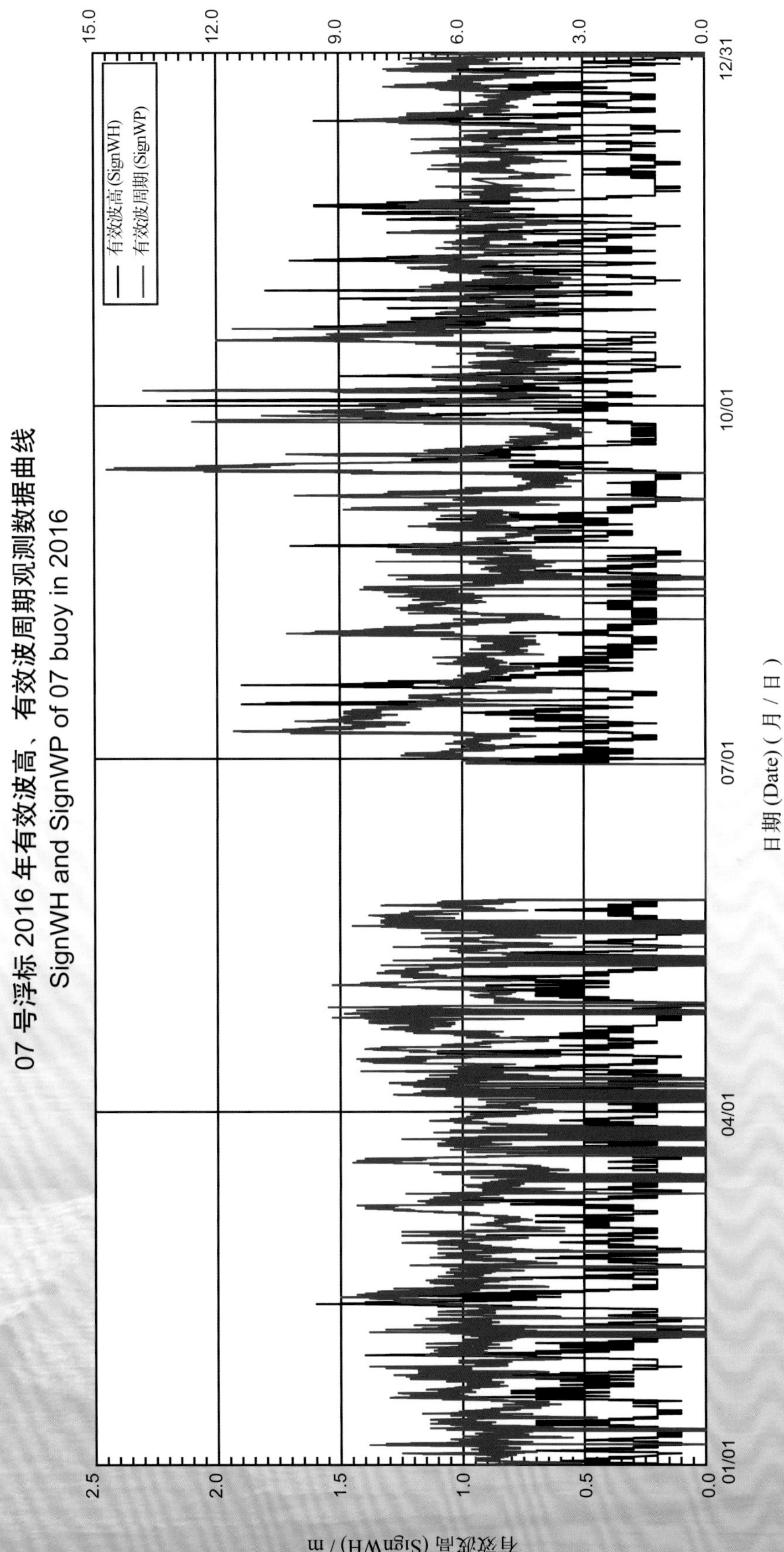

07 号浮标 2016 年有效波高、有效波周期观测数据曲线
SignWH and SignWP of 07 buoy in 2016

07 号浮标 2016 年 01 月有效波高、有效波周期观测数据曲线
SignWH and SignWP of 07 buoy in Jan. 2016

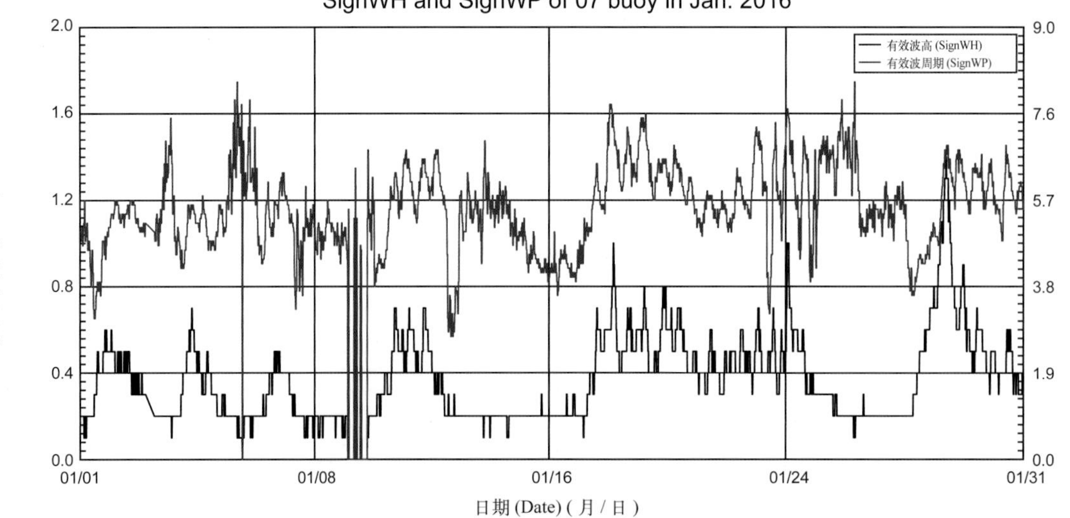

07 号浮标 2016 年 02 月有效波高、有效波周期观测数据曲线
SignWH and SignWP of 07 buoy in Feb. 2016

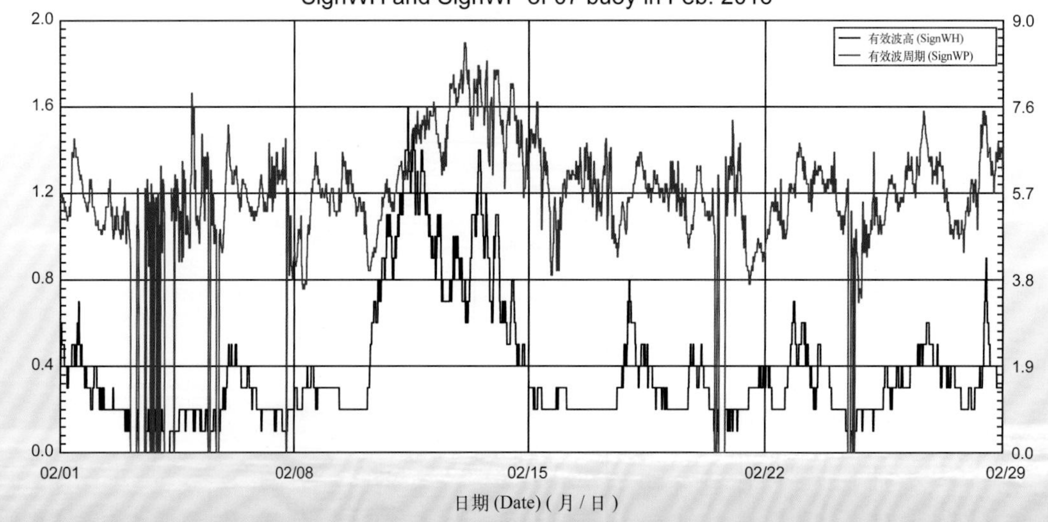

07 号浮标 2016 年 03 月有效波高、有效波周期观测数据曲线
SignWH and SignWP of 07 buoy in Mar. 2016

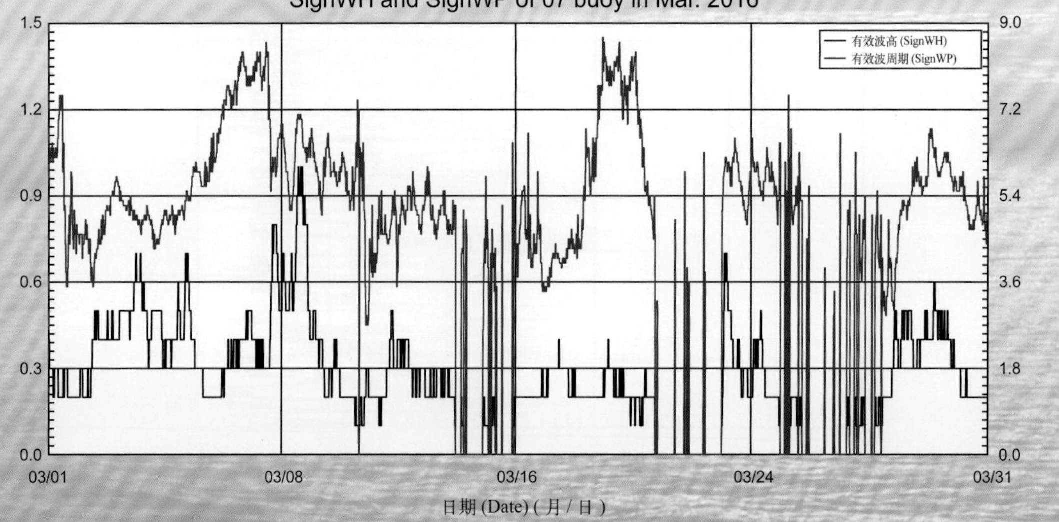

07 号浮标 2016 年 04 月有效波高、有效波周期观测数据曲线
SignWH and SignWP of 07 buoy in Apr. 2016

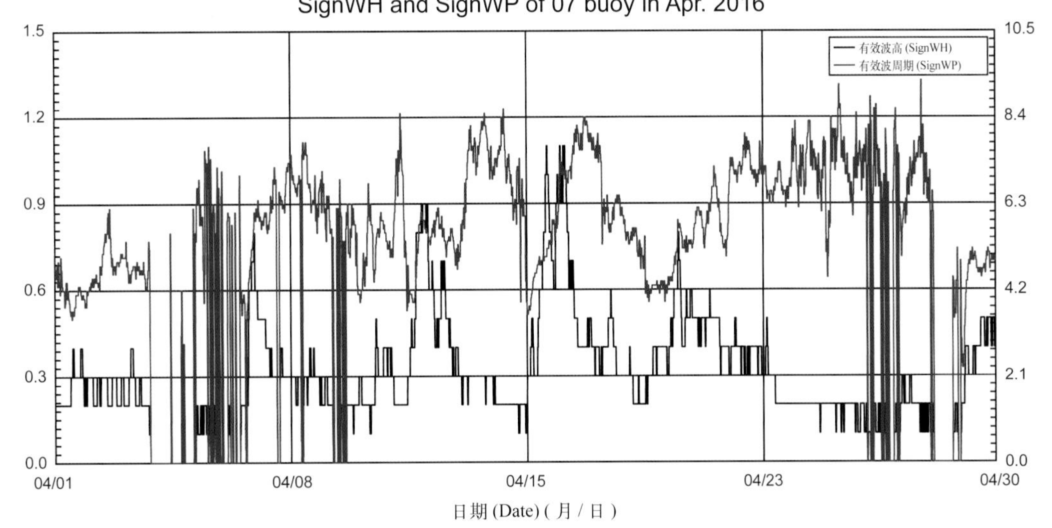

07 号浮标 2016 年 05 月有效波高、有效波周期观测数据曲线
SignWH and SignWP of 07 buoy in May 2016

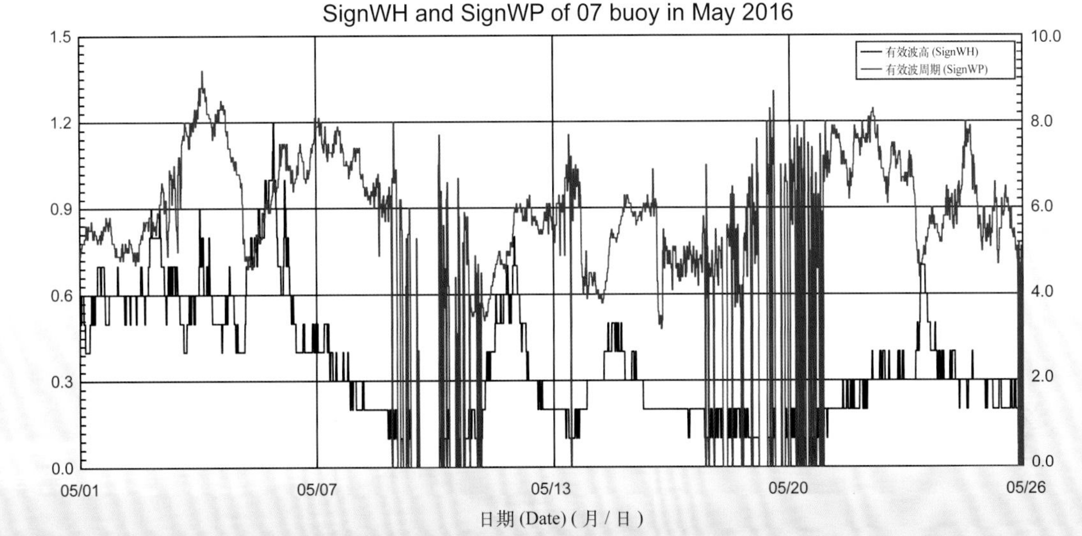

07 号浮标 2016 年 07 月有效波高、有效波周期观测数据曲线
SignWH and SignWP of 07 buoy in Jul. 2016

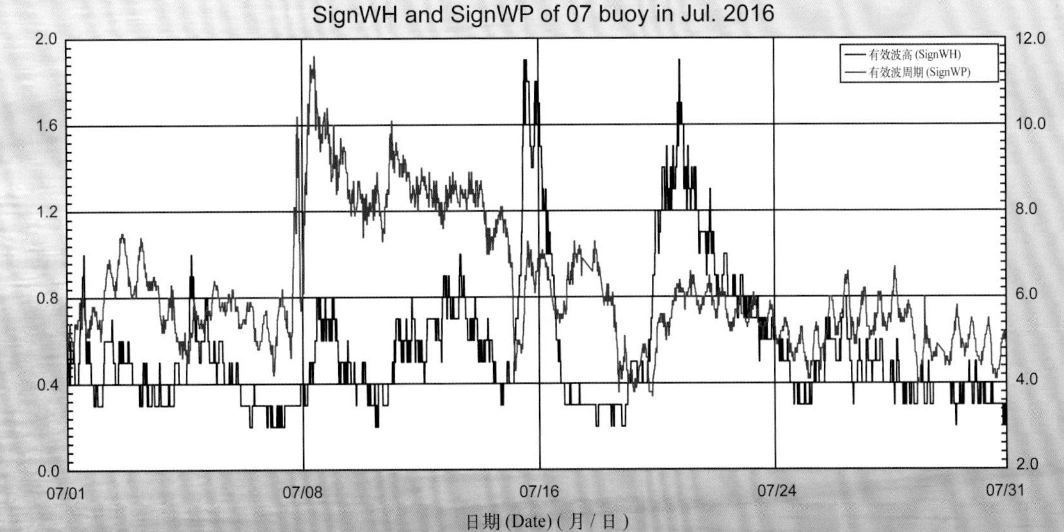

07 号浮标 2016 年 08 月有效波高、有效波周期观测数据曲线
SignWH and SignWP of 07 buoy in Aug. 2016

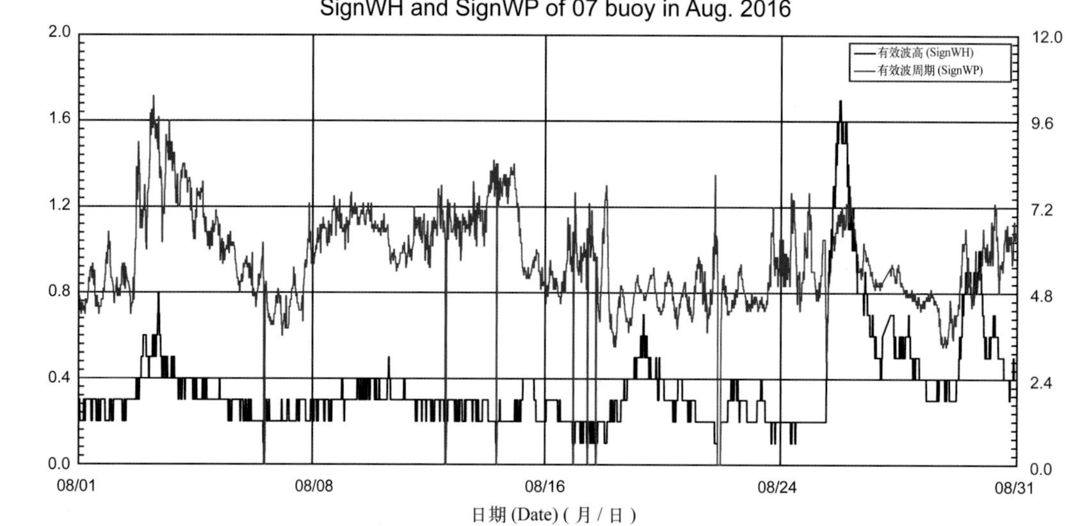

07 号浮标 2016 年 09 月有效波高、有效波周期观测数据曲线
SignWH and SignWP of 07 buoy in Sep. 2016

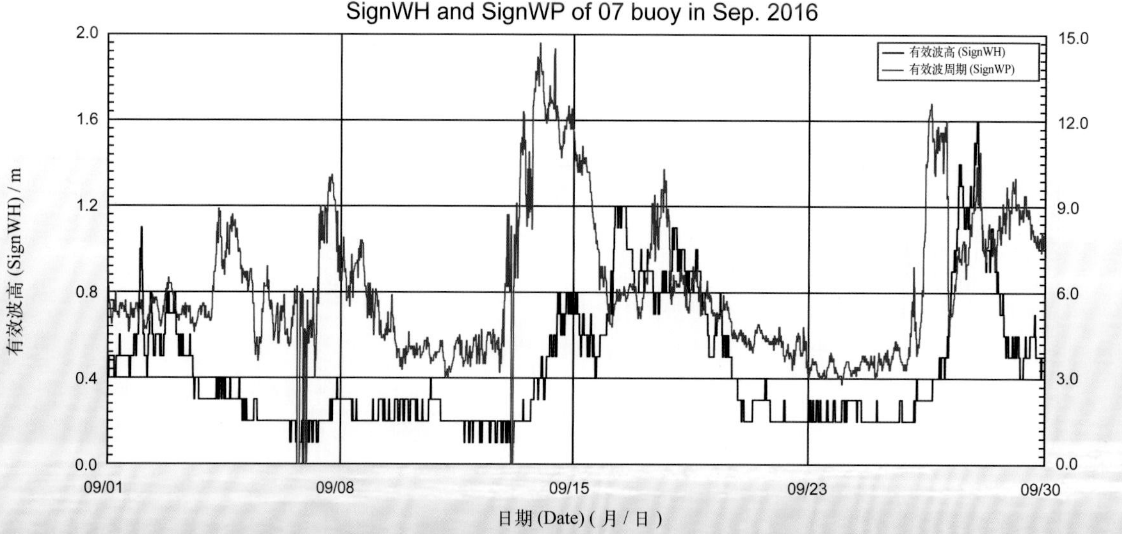

07 号浮标 2016 年 10 月有效波高、有效波周期观测数据曲线
SignWH and SignWP of 07 buoy in Oct. 2016

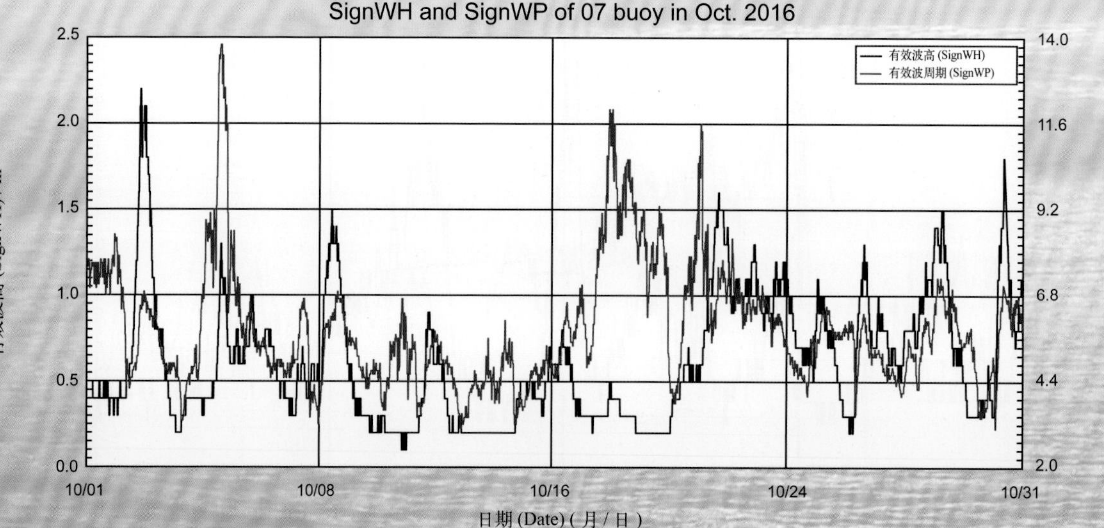

07 号浮标 2016 年 11 月有效波高、有效波周期观测数据曲线
SignWH and SignWP of 07 buoy in Nov. 2016

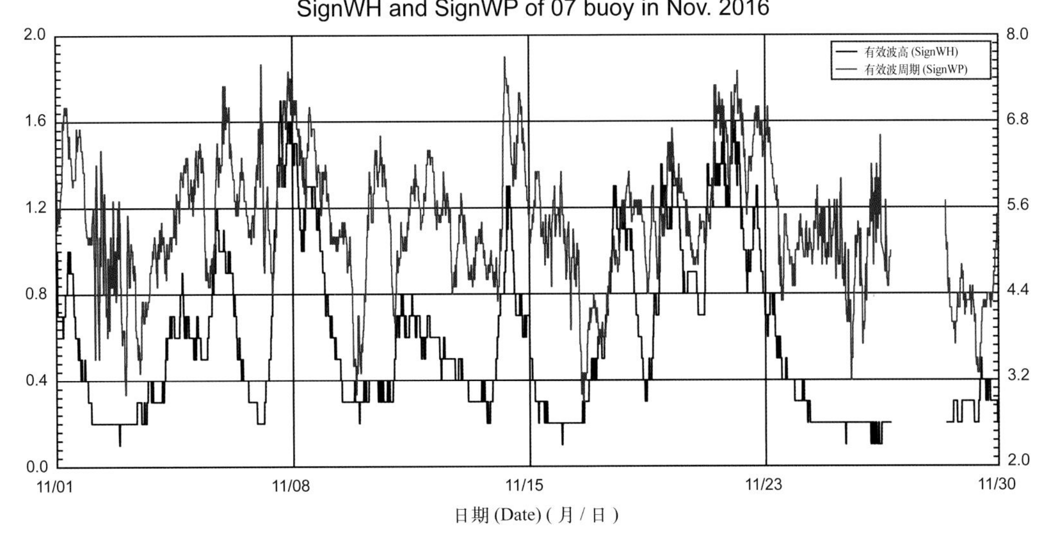

07 号浮标 2016 年 12 月有效波高、有效波周期观测数据曲线
SignWH and SignWP of 07 buoy in Dec. 2016

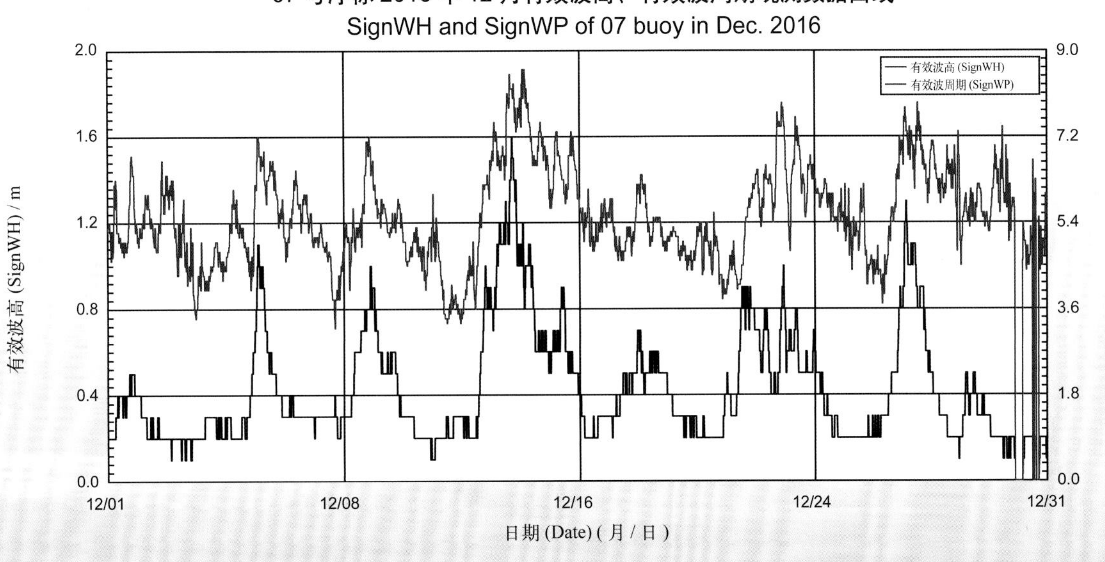

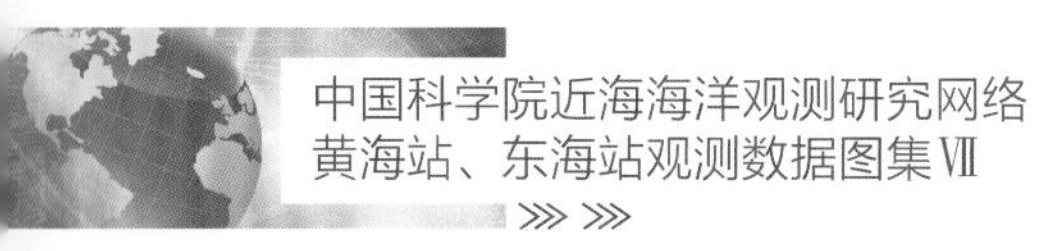

2016年度09号浮标观测数据概述及曲线
（有效波高和有效波周期）

09号浮标位于黄海青岛灵山岛附近海域（35°55′N，120°16′E），是一套直径3 m的圆盘形综合观测平台。可获取的观测参数包括气象、水文和水质，有效波高和有效波周期是水文参数中的重要观测内容。

2016年，09号浮标共获取362天的有效波高和有效波周期长序列观测数据。获取数据的区间共三个时间段，具体为1月1日00:00至9月1日14:30、9月5日11:30至11月27日07:00、11月29日14:50至12月31日23:50。

通过对获取数据质量控制和分析，09号浮标观测海域本年度有效波高、有效波周期数据和季节数据特征如下：年度有效波高平均值为0.51 m，年度有效波周期平均值为5.47 s。测得的年度最大有效波高为2.4 m（7月20日16:30—19:20），对应的有效波周期为6.2 s，有效波高≥ 2 m的海浪持续了9.3 h（7月20日13:00—22:20）；测得的年度最大有效波周期为11.0 s（10月5日15:00—15:20）。以2月为冬季代表月，观测海域冬季的平均有效波高是0.51 m，平均有效波周期是4.49 s；以5月为春季代表月，观测海域春季的平均有效波高是0.43 m，平均有效波周期是4.75 s；以8月为夏季代表月，观测海域夏季的平均有效波高是0.45 m，平均有效波周期是4.64 s；以11月为秋季代表月，观测海域秋季的平均有效波高是0.64 m，平均有效波周期是4.78 s。

2016年，09号浮标观测的有效波高、有效波周期的月平均值和最大值、最小值数据参见表24。从表24中可以看出，有效波高平均值最小的月份为1月和5月，有效波高平均值最大的月份为10月，年度最大有效波高值（2.4 m）出现在7月；有效波周期平均值最小的月份为1月，有效波周期平均值最大的月份亦为10月，并且在该时间段内出现了年度最大有效波周期（11.0 s）。从月度有效波高、有效波周期的变化情况分析，有效波高变化最为剧烈的是7月，最大有效波高为2.4 m，最小有效波高为0.2 m，变化幅度为2.2 m，有效波周期变化最为剧烈的是10月，最大有效波周期为11.0 s，最小有效波周期为2.6 s，变化幅度为8.4 s；比较而言，有效波高变化幅度较小的月份是5月，最大有效波高为1.1 m，变化幅度超过0.9 m，有效波周期变化幅度较小的月份是7月，最大有效波周期为7.9 s，最小有效波周期为3.2 s，变化幅度为4.7 s。

2016年，09号浮标获取到有效波高≥ 2 m的海浪过程仅1次，该过程从7月20日13:00开始有效波高增大至2 m以上，最大有效波高为2.4 m，也是09号浮标获取的年度最大有效波高，2 m以上的有效波高一直持续到7月20日22:20，这时间段内平均有效波高为2.11 m，平均有效波周期为

6.27 s。2016 年，09 号浮标共记录到 2 次寒潮过程。第一次寒潮过程，1 月 22—24 日 09 号浮标未获取到有效波高出现明显增大的现象，寒潮期间平均有效波高为 0.52 m，平均有效波周期为 3.19 s；第二次寒潮过程，11 月 21—22 日 09 号浮标获取到的最大有效波周期为 1.5 m（11 月 20 日 15:30—16:20、17:00—17:20、18:00—18:20），寒潮期间有效波高≥ 1 m 的累计时长为 54 h，累计时间内平均有效波高为 1.18 m，平均有效波周期为 5.19 s。

表 24　09 号浮标各月份有效波高、有效波周期数据情况详表

月份	有效波高 / m			有效波周期 / s			备注
	平均	最大	最小	平均	最大	最小	
1	0.43	1.3	0.2	4.09	8.8	2.4	记录 1 次寒潮过程
2	0.51	1.4	0.2	4.49	7.8	2.4	冬季代表月
3	0.45	1.4	0.2	4.64	7.6	2.6	
4	0.51	1.5	0.2	4.91	8.0	2.6	
5	0.43	1.1	0.2	4.75	7.9	2.5	春季代表月
6	0.45	1.3	0.2	4.55	7.9	2.6	
7	0.58	2.4	0.2	5.28	7.9	3.2	记录 1 次有效波高≥ 2 m 过程
8	0.45	1.3	0.2	4.64	8.8	2.7	夏季代表月
9	0.53	1.8	0.2	5.03	10.3	2.5	通信故障，缺测 3 天数据
10	0.65	1.7	0.2	5.30	11.0	2.6	
11	0.64	1.9	0.2	4.78	7.7	2.4	秋季代表月，记录 1 次寒潮过程，通信故障，缺测 1 天数据
12	0.48	1.3	0.2	4.47	9.1	2.5	

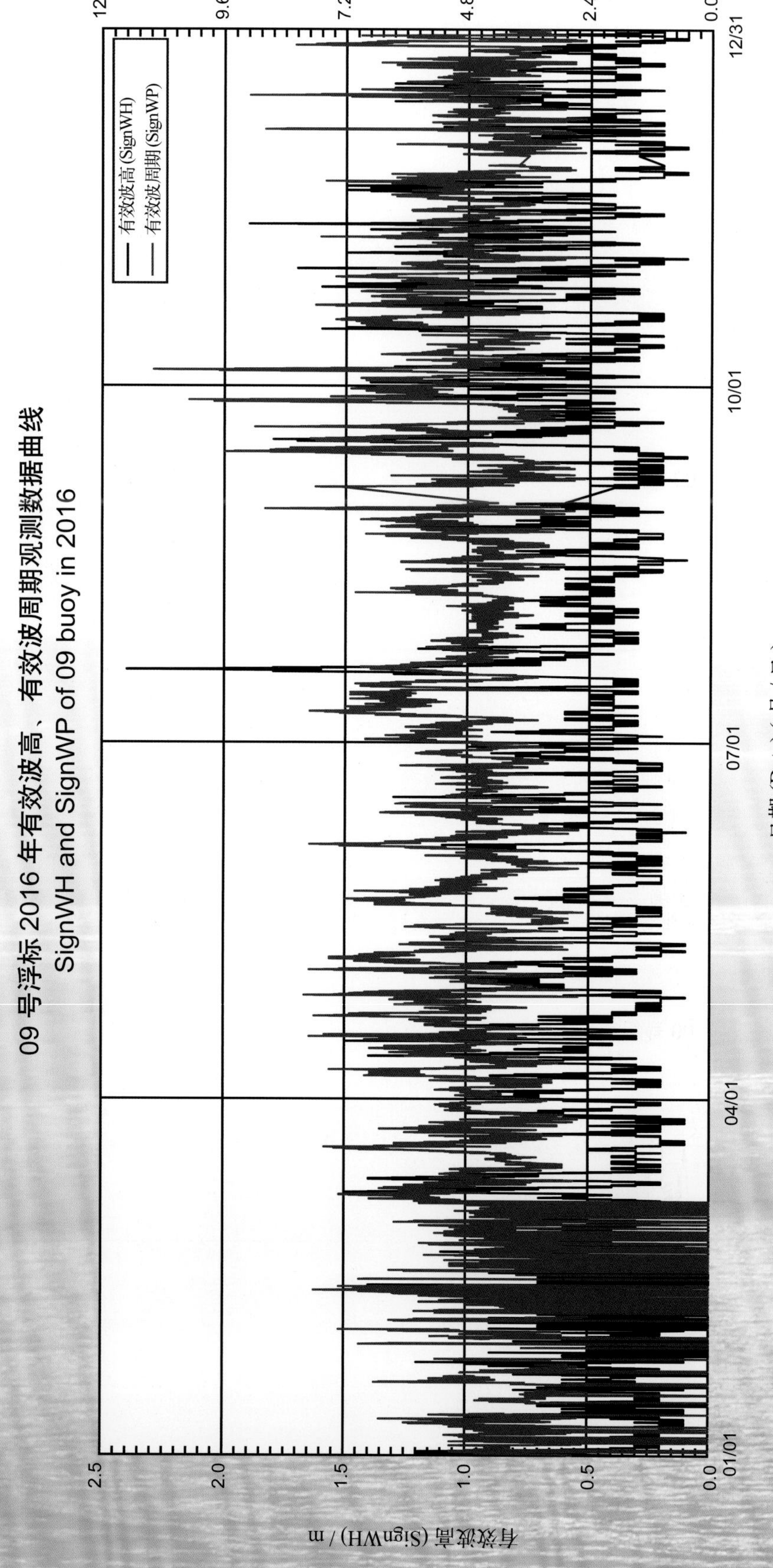

09 号浮标 2016 年有效波高、有效波周期观测数据曲线
SignWH and SignWP of 09 buoy in 2016

09 号浮标 2016 年 01 月有效波高、有效波周期观测数据曲线
SignWH and SignWP of 09 buoy in Jan. 2016

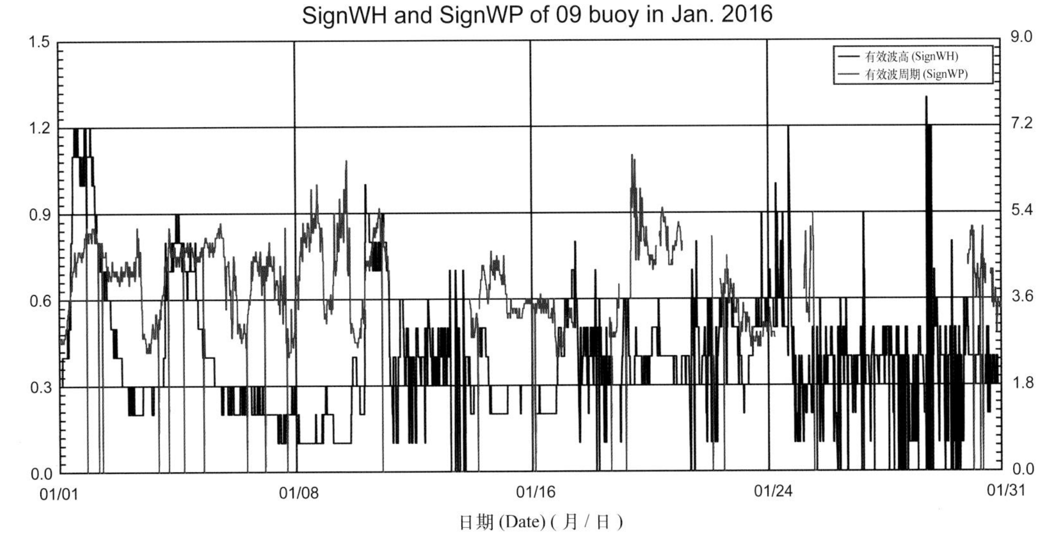

09 号浮标 2016 年 02 月有效波高、有效波周期观测数据曲线
SignWH and SignWP of 09 buoy in Feb. 2016

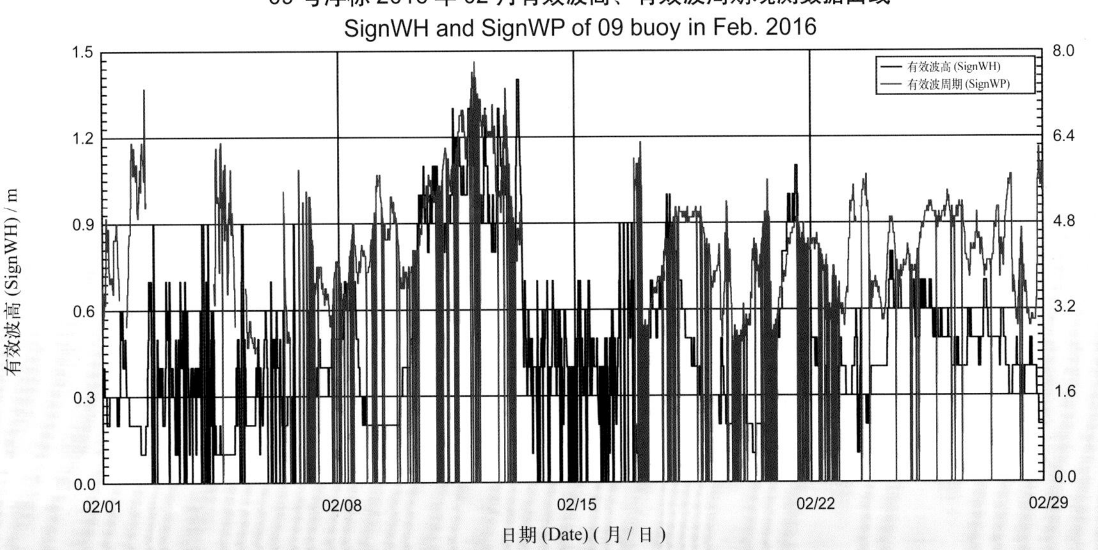

09 号浮标 2016 年 03 月有效波高、有效波周期观测数据曲线
SignWH and SignWP of 09 buoy in Mar. 2016

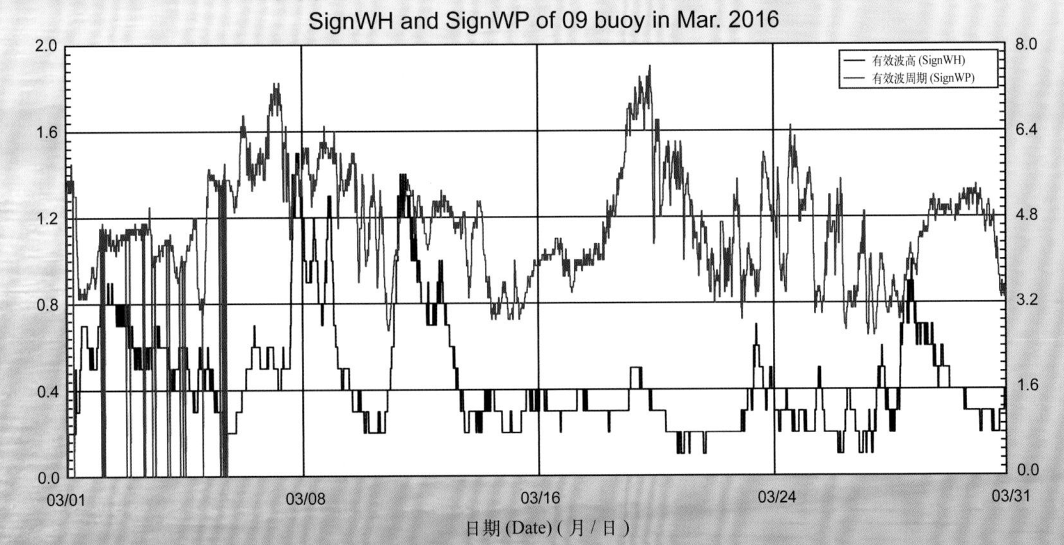

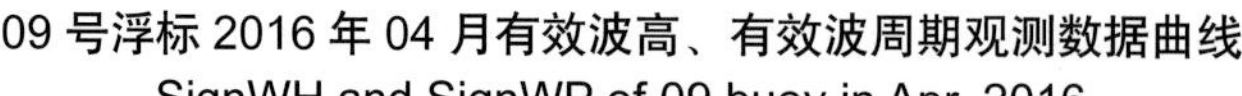

09 号浮标 2016 年 04 月有效波高、有效波周期观测数据曲线
SignWH and SignWP of 09 buoy in Apr. 2016

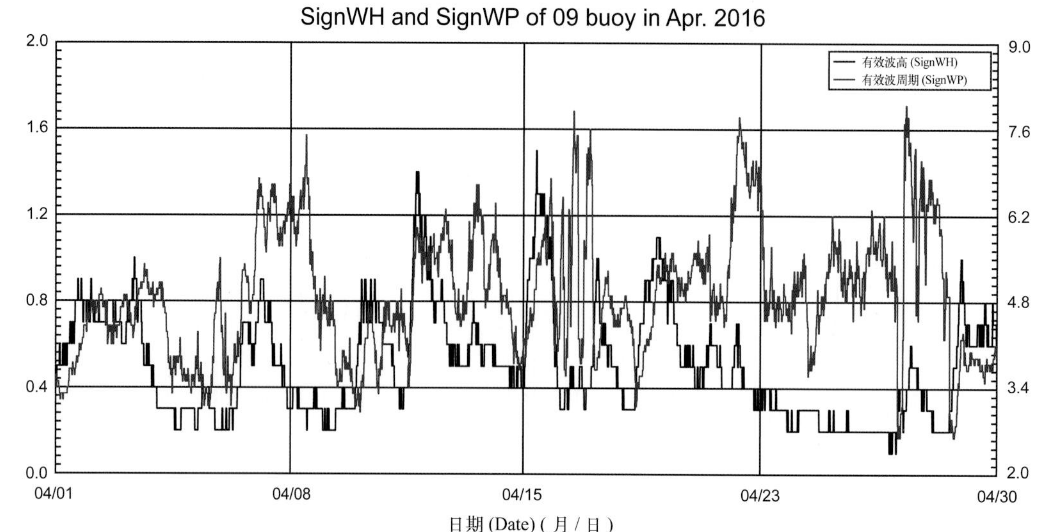

09 号浮标 2016 年 05 月有效波高、有效波周期观测数据曲线
SignWH and SignWP of 09 buoy in May 2016

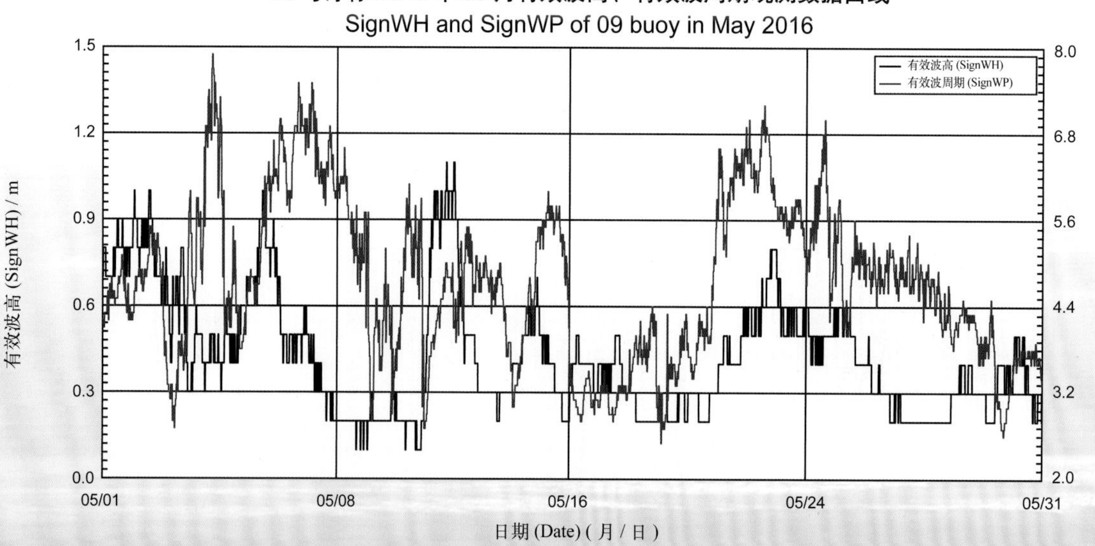

09 号浮标 2016 年 06 月有效波高、有效波周期观测数据曲线
SignWH and SignWP of 09 buoy in Jun. 2016

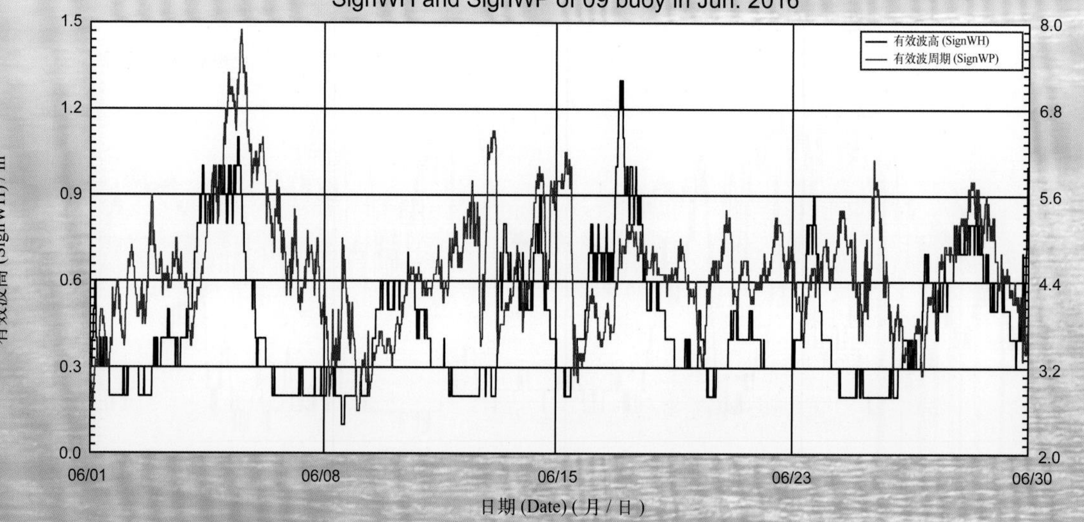

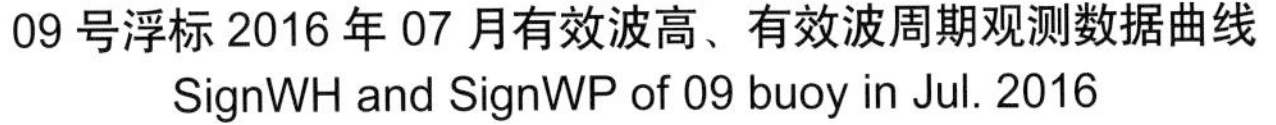

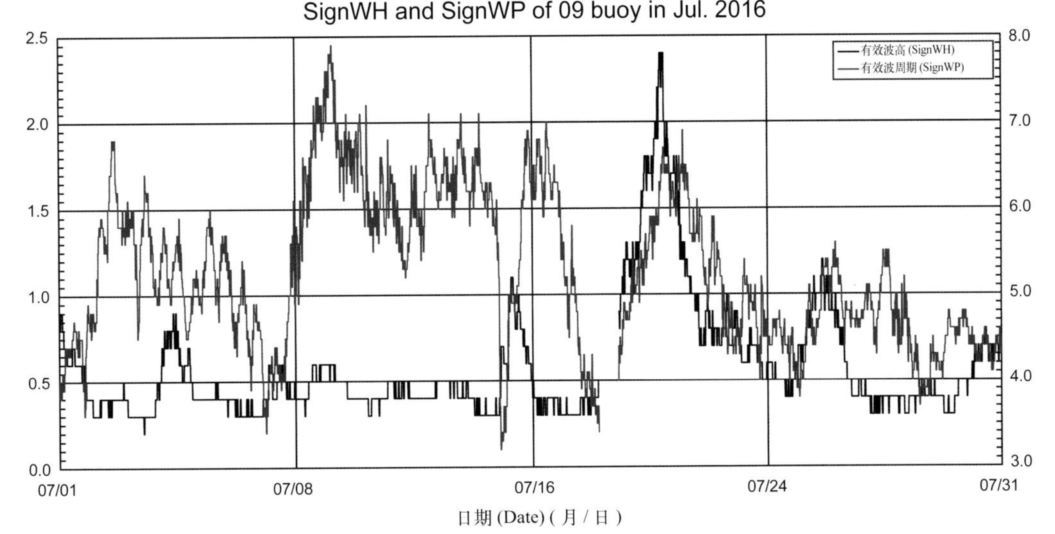
09 号浮标 2016 年 07 月有效波高、有效波周期观测数据曲线
SignWH and SignWP of 09 buoy in Jul. 2016
有效波高 (SignWH)
有效波周期 (SignWP)
有效波高 (SignWH) / m
有效波周期 (SignWP) / s
日期 (Date) (月 / 日)
07/01
07/08
07/16
07/24
07/31

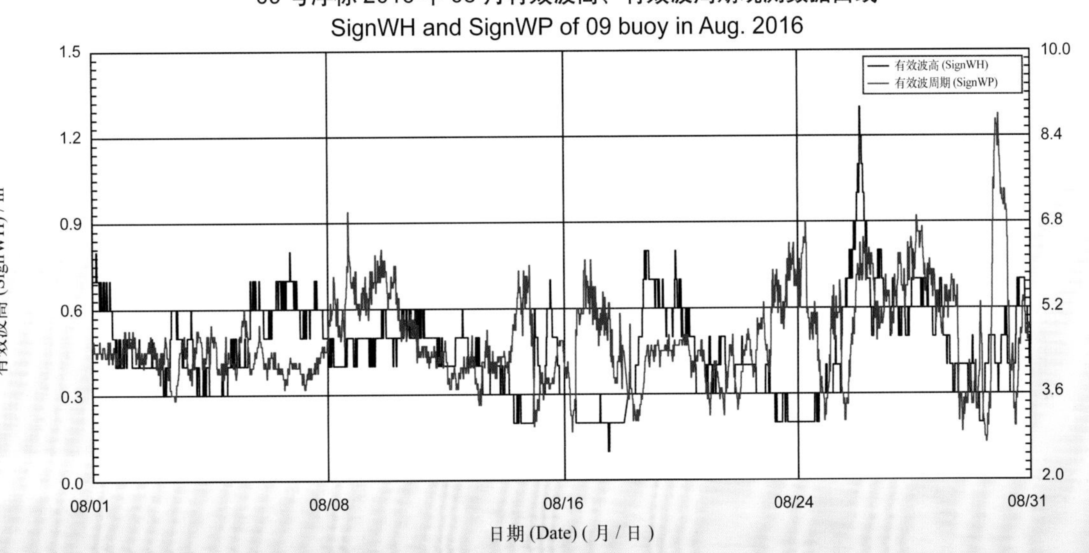
09 号浮标 2016 年 08 月有效波高、有效波周期观测数据曲线
SignWH and SignWP of 09 buoy in Aug. 2016
有效波高 (SignWH)
有效波周期 (SignWP)
有效波高 (SignWH) / m
有效波周期 (SignWP) / s
日期 (Date) (月 / 日)
08/01
08/08
08/16
08/24
08/31

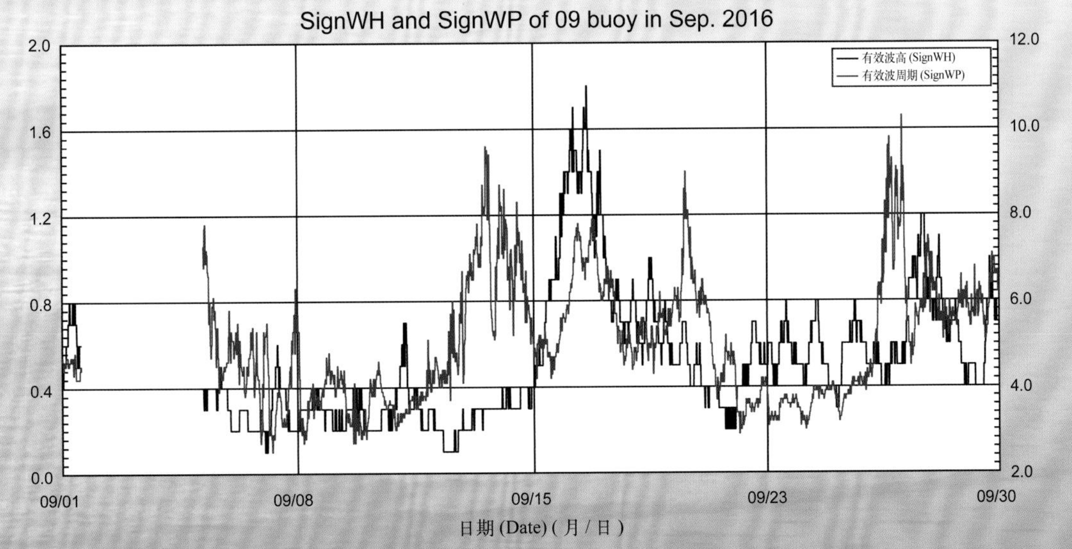
09 号浮标 2016 年 09 月有效波高、有效波周期观测数据曲线
SignWH and SignWP of 09 buoy in Sep. 2016
有效波高 (SignWH)
有效波周期 (SignWP)
有效波高 (SignWH) / m
有效波周期 (SignWP) / s
日期 (Date) (月 / 日)
09/01
09/08
09/15
09/23
09/30

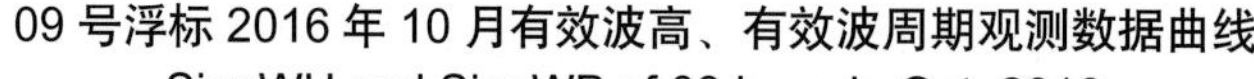

09 号浮标 2016 年 10 月有效波高、有效波周期观测数据曲线
SignWH and SignWP of 09 buoy in Oct. 2016

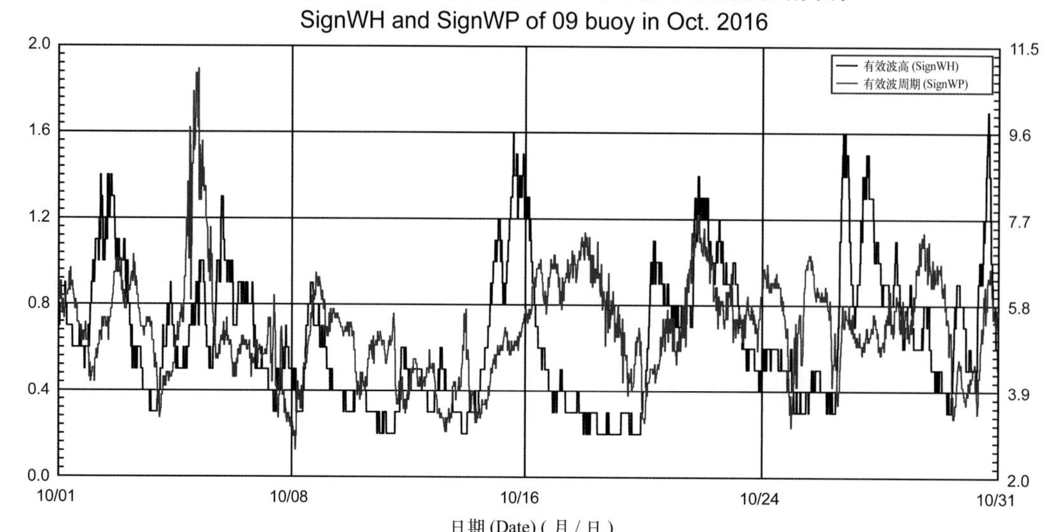

09 号浮标 2016 年 11 月有效波高、有效波周期观测数据曲线
SignWH and SignWP of 09 buoy in Nov. 2016

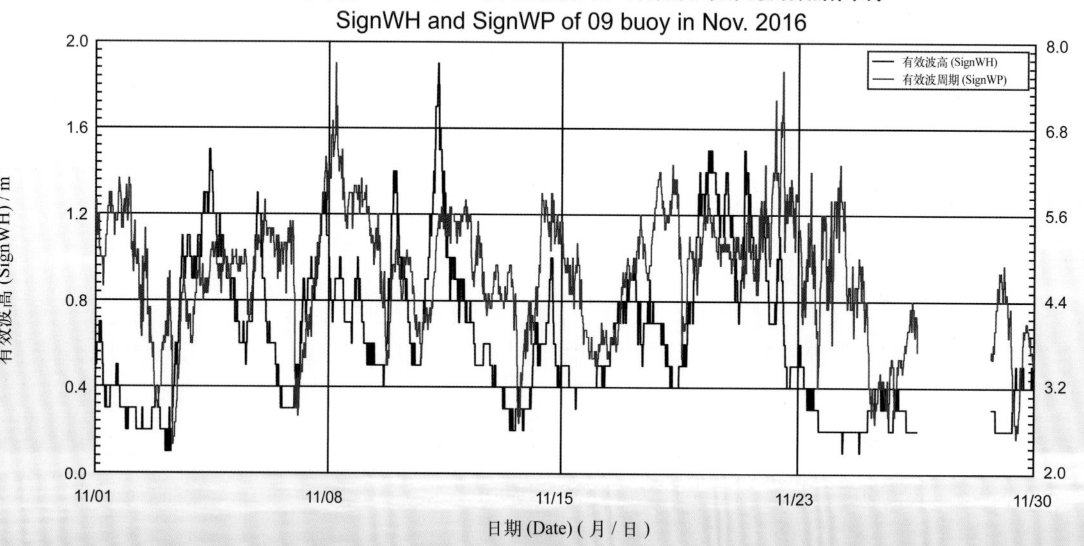

09 号浮标 2016 年 12 月有效波高、有效波周期观测数据曲线
SignWH and SignWP of 09 buoy in Dec. 2016

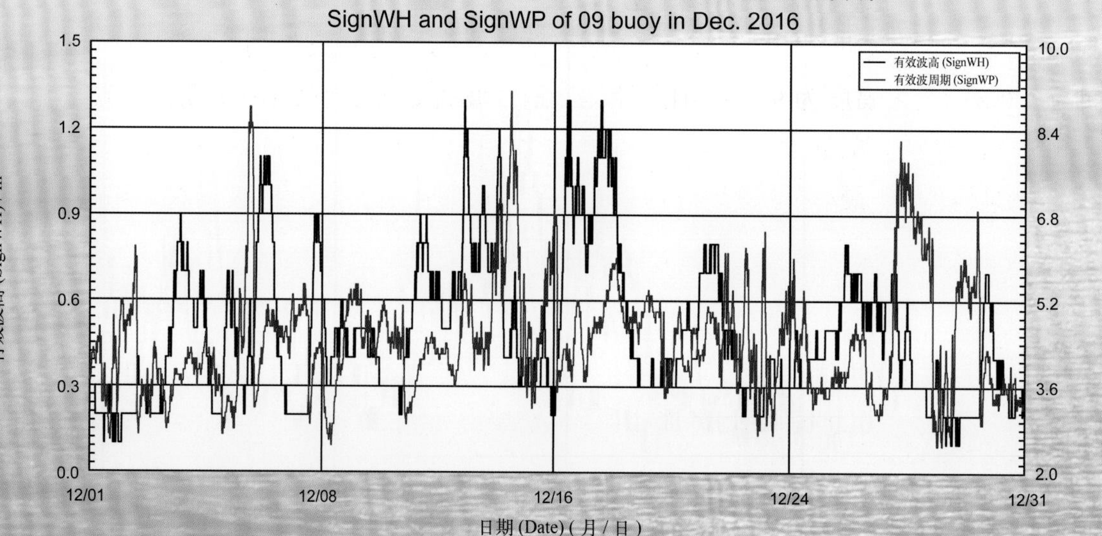

2016 年度 11 号浮标观测数据概述及曲线
（有效波高和有效波周期）

11 号浮标位于东海舟山花鸟岛附近海域（31°N，122°49′E），是一套直径 10 m 的圆盘形综合观测平台。可获取的观测参数包括气象、水文和水质，有效波高和有效波周期是水文参数中的重要观测内容。

2016 年，11 号浮标是中国科学院近海海洋观测研究网络黄海站、东海站获取有效波高、有效波周期数据最为完整的一套观测系统，几乎获取了全年 366 天的有效波高和有效波周期长序列观测数据，仅在 7 月出现缺测少量点次数据的情况。

通过对获取数据质量控制和分析，11 号浮标观测海域本年度有效波高、有效波周期数据和季节数据特征如下：年度有效波高平均值为 1.13 m，年度有效波周期平均值为 6.23 s。测得的年度最大有效波高为 5.5 m（3 月 9 日 00:00—00:20），对应的有效波周期为 9.7 s，当时有效波高≥ 4 m 的灾害性海浪持续了近 19 h（3 月 8 日 18:00 至 9 日 12:50）；测得的年度最大有效波周期为 13.9 s（10 月 20 日 04:30—04:50）。以 2 月为冬季代表月，观测海域冬季的平均有效波高是 1.22 m，平均有效波周期是 6.06 s；以 5 月为春季代表月，观测海域春季的平均有效波高是 0.85 m，平均有效波周期是 5.62 s；以 8 月为夏季代表月，观测海域夏季的平均有效波高是 0.92 m，平均有效波周期是 6.93 s；以 11 月为秋季代表月，观测海域秋季的平均有效波高是 1.30 m，平均有效波周期是 6.29 s。

2016 年，11 号浮标观测的有效波高、有效波周期的月平均值和最大值、最小值数据参见表 25。从表 25 中可以看出，有效波高平均值最小的月份为 6 月，1 月、2 月和 3 月均出现年度最小有效波高（0.2 m），有效波高平均值最大的月份为 10 月，年度最大有效波高（5.5 m）出现在 3 月；有效波周期平均值最小的月份亦为 6 月，年度最小有效波周期（3.5 s）出现在 2 月，有效波周期平均值最大的月份为 8 月，年度最大有效波周期（13.9 s）出现在 10 月。从月度有效波高、有效波周期的变化情况分析，有效波高变化最为剧烈的是 3 月，最大有效波高为 5.5 m，最小有效波高为 0.2 m，变化幅度为 5.3 m，有效波周期变化最为剧烈的是 10 月，最大有效波周期为 13.9 s，最小有效波周期为 4.0 s，变化幅度为 9.9 s；比较而言，有效波高变化幅度较小的月份是 7 月，最大有效波高为 2.0 m，最小有效波高为 0.3 m，变化幅度为 1.7 m，有效波周期变化幅度较小的月份是 6 月，最大有效波周期为 7.7 s，最小有效波周期为 3.6 s，变化幅度为 4.1 s。

表 25　11 号浮标各月份有效波高、有效波周期数据情况详表

月份	有效波高 / m			有效波周期 / s			备注
	平均	最大	最小	平均	最大	最小	
1	1.43	4.1	0.2	6.29	8.8	3.7	记录 1 次寒潮过程，记录 1 次有效波高≥ 4 m 过程
2	1.22	3.5	0.2	6.06	8.8	3.5	冬季代表月，记录 1 次寒潮过程
3	1.17	5.5	0.2	6.09	9.7	3.8	记录 1 次有效波高≥ 4 m 过程
4	0.90	2.3	0.3	6.09	8.7	3.6	
5	0.85	2.4	0.3	5.62	8.5	3.6	春季代表月
6	0.74	2.1	0.3	5.46	7.7	3.6	
7	0.87	2.0	0.3	5.83	9.8	3.6	
8	0.92	3.0	0.3	6.93	12.2	4.2	夏季代表月
9	1.21	3.3	0.3	6.89	12.5	4.1	记录 2 次台风过程
10	1.67	4.3	0.5	6.91	13.9	4.0	记录 1 次台风过程，记录 1 次有效波高≥ 4 m 过程
11	1.30	3.7	0.4	6.29	9.7	3.9	秋季代表月
12	1.28	3.5	0.4	6.42	9.5	3.9	

2016 年，11 号浮标获取到有效波高在 4 m 以上的灾害性海浪过程共 3 次，分别为 1 月 24 日（寒潮影响）、3 月 8—9 日、10 月 4 日（台风“暹芭”影响）。其中 4 m 以上海浪持续时间最长的为 3 月 8—9 日，期间有效波高≥ 4 m 的灾害性海浪持续了约 18.8 h（3 月 8 日 18:00 至 9 日 12:50），并获取到年度最大有效波高 5.3 m（3 月 9 日 00:00—00:20），对应的有效波周期为 9.7 s。2016 年，11 号浮标共记录了 2 次寒潮过程和 3 次台风过程。第一次寒潮过程，获取到的最大有效波高为 4.1 m（1 月 24 日 10:30—10:50），对应的有效波周期为 8.4 s，有效波高超过 3.5 m 的累计时长为 14 h，累计时间内平均有效波高为 3.66 m，平均有效波周期为 7.59 s，期间有效波高超过 4 m 的累计时长为 2 h；第二次寒潮过程，获取到的最大有效波高为 3.5 m（2 月 14 日 04:30—04:50），对应的有效波周期为 7.0 s，有效波高超过 3 m 的累计时长为 26 h，累计时间内平均有效波高为 3.15 m，平

均有效波周期为 7.44 s。台风方面，第一次台风过程，受第 14 号超强台风“莫兰蒂”影响，有效波高从 9 月 14 日 09:30 开始增大至 2 m 以上，最大有效波高为 2.2 m（9 月 14 日 11:00—11:20），对应有效波周期为 10.3 s，超过 2 m 的波浪一直持续到 12:50，期间平均有效波高为 2.06 m，平均波周期为 9.60 s；第二次台风过程，受第 16 号强台风“马勒卡”影响，9 月 17 日 18:00 开始增大至 2 m 以上，最大有效波高为 3.3 m（9 月 19 日 04:50），对应的有效波周期均为 7.2 s，超过 2 m 的海浪一直持续到 9 月 20 日 14:20，期间平均有效波高为 2.38 m，平均波周期为 7.39 s；第三次台风过程，受第 18 号超强台风“暹芭”影响，台风期间有效波高从 10 月 4 日 10:30 开始增大至 2 m 以上，最大有效波高为 4.3 m（10 月 4 日 21:40、22:00—22:20），对应的有效波周期为 10.3 s 和 9.5 s，超过 2 m 的海浪一直持续到 10 月 5 日 15:20，期间超过 4 m 的灾害性海浪过程持续了 1.3 h（10 月 4 日 21:00—22:20），该过程也是 3 个台风中唯一获取的超过 4 m 海浪的过程，台风“暹芭”期间 11 号浮标获取到平均有效波高为 2.86 m，平均有效波周期为 8.82 s。

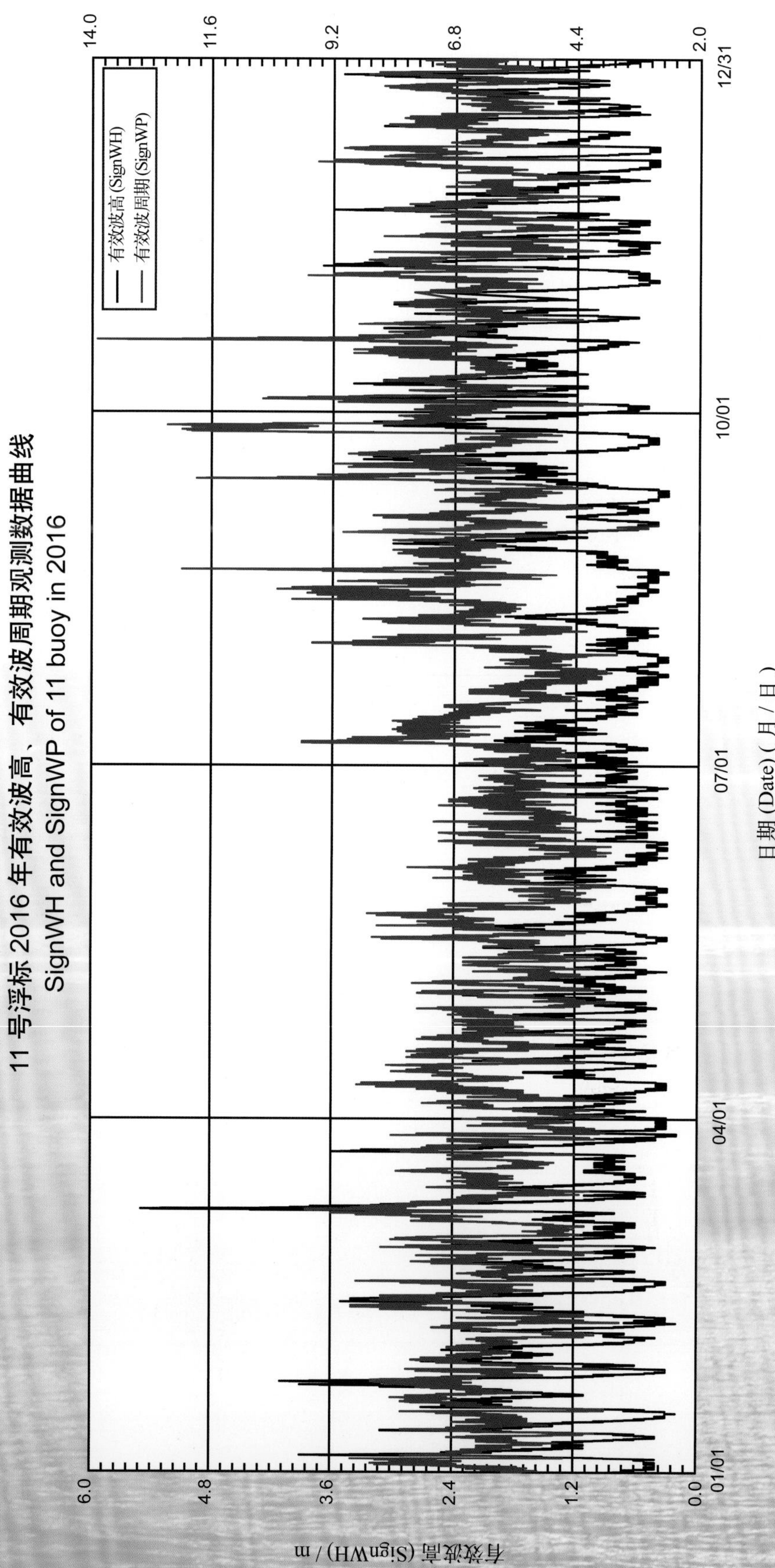
11 号浮标 2016 年有效波高、有效波周期观测数据曲线
SignWH and SignWP of 11 buoy in 2016
有效波高 (SignWH)
有效波周期 (SignWP)
有效波高 (SignWH) / m
有效波周期 (SignWP) / s
日期 (Date) (月 / 日)
6.0
4.8
3.6
2.4
1.2
0.0
14.0
11.6
9.2
6.8
4.4
2.0
01/01
04/01
07/01
10/01
12/31

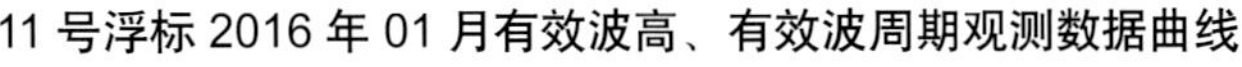

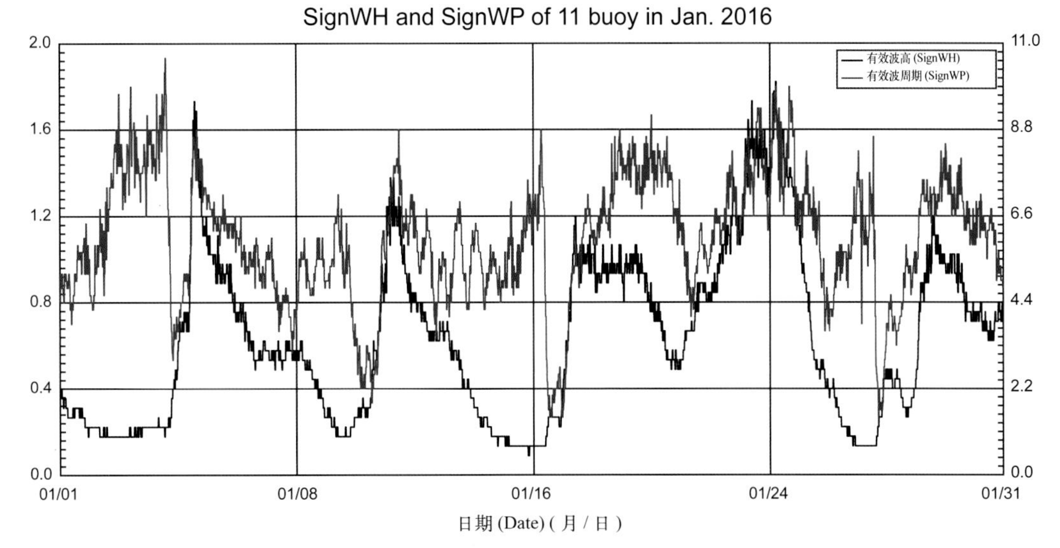
11 号浮标 2016 年 01 月有效波高、有效波周期观测数据曲线
SignWH and SignWP of 11 buoy in Jan. 2016
有效波高 (SignWH)
有效波周期 (SignWP)
有效波高 (SignWH) / m
有效波周期 (SignWP) / s
日期 (Date) (月 / 日)
01/01
01/08
01/16
01/24
01/31

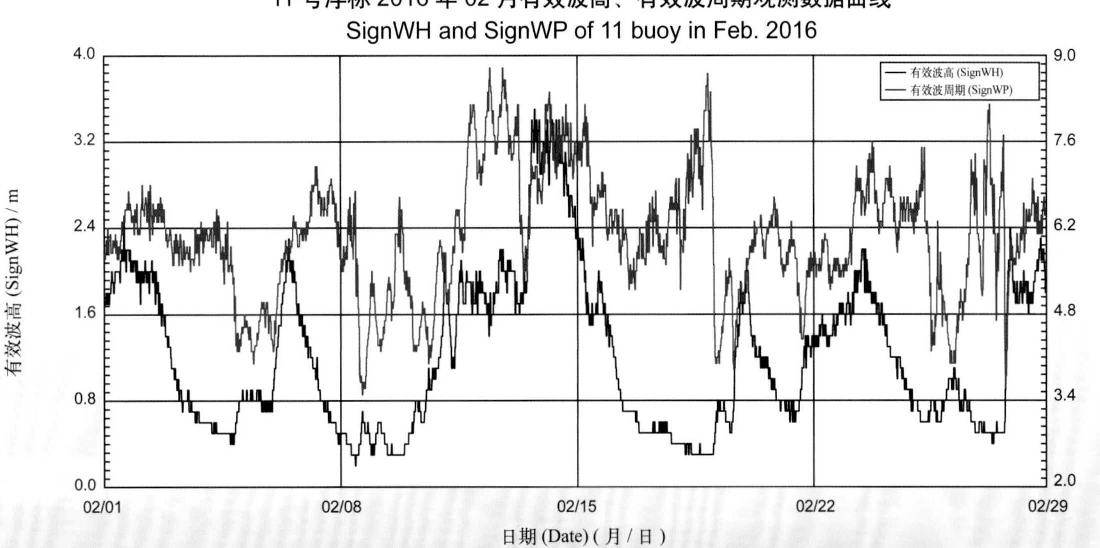
11 号浮标 2016 年 02 月有效波高、有效波周期观测数据曲线
SignWH and SignWP of 11 buoy in Feb. 2016
有效波高 (SignWH)
有效波周期 (SignWP)
有效波高 (SignWH) / m
有效波周期 (SignWP) / s
日期 (Date) (月 / 日)
02/01
02/08
02/15
02/22
02/29

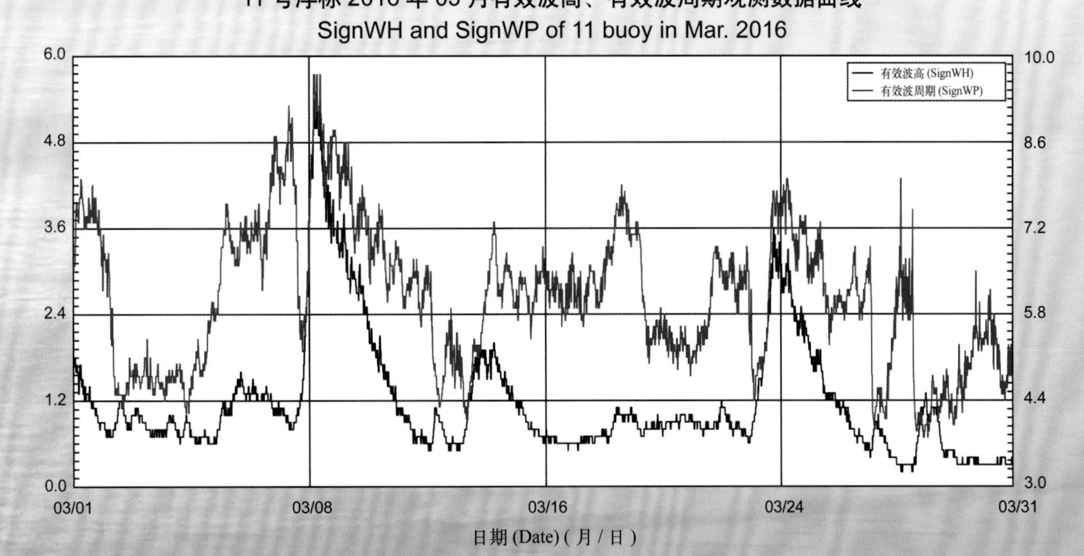
11 号浮标 2016 年 03 月有效波高、有效波周期观测数据曲线
SignWH and SignWP of 11 buoy in Mar. 2016
有效波高 (SignWH)
有效波周期 (SignWP)
有效波高 (SignWH) / m
有效波周期 (SignWP) / s
日期 (Date) (月 / 日)
03/01
03/08
03/16
03/24
03/31

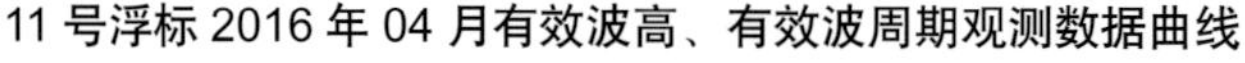

11 号浮标 2016 年 04 月有效波高、有效波周期观测数据曲线
SignWH and SignWP of 11 buoy in Apr. 2016

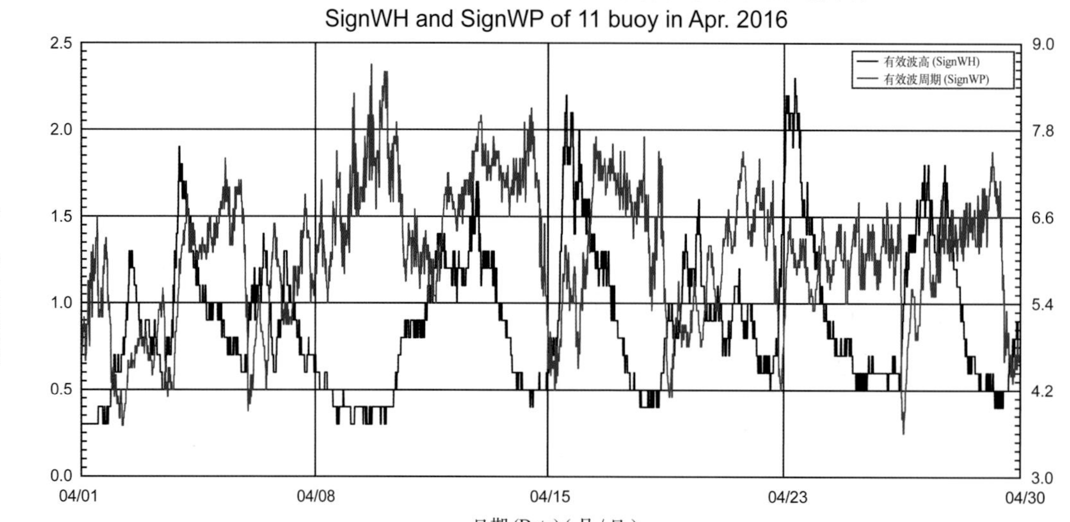

11 号浮标 2016 年 05 月有效波高、有效波周期观测数据曲线
SignWH and SignWP of 11 buoy in May 2016

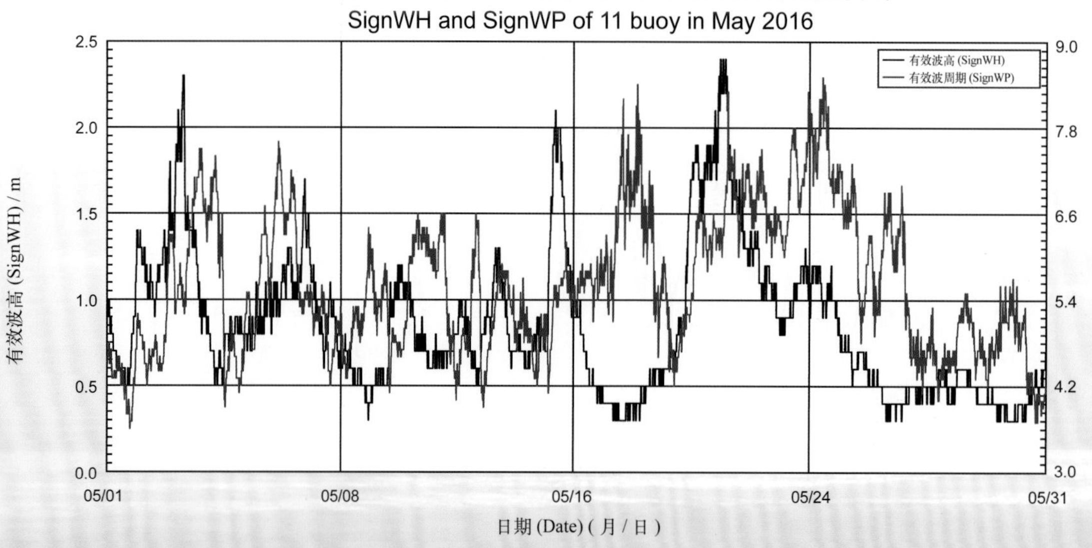

11 号浮标 2016 年 06 月有效波高、有效波周期观测数据曲线
SignWH and SignWP of 11 buoy in Jun. 2016

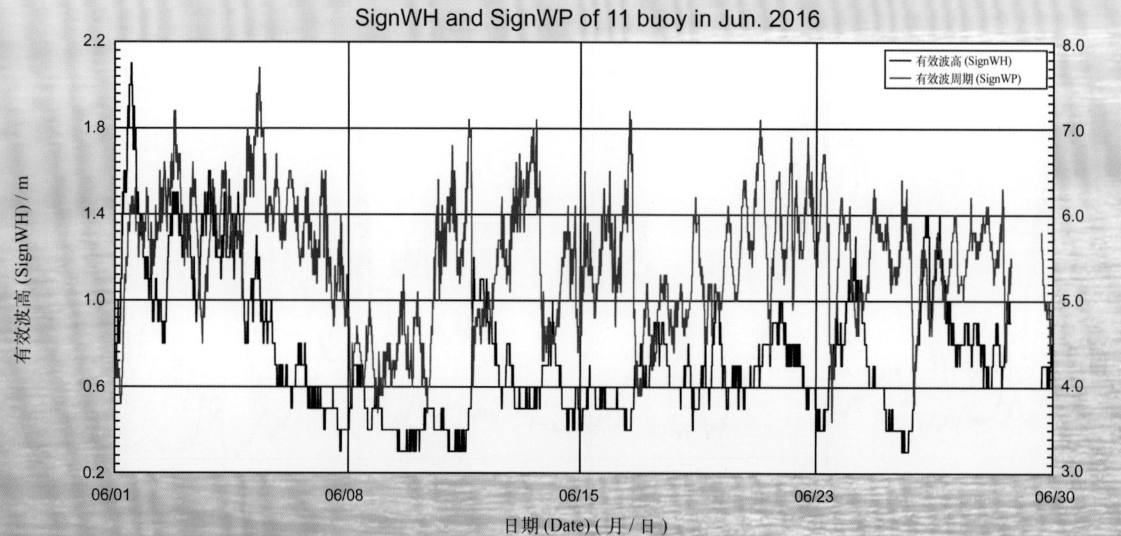

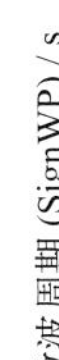

11 号浮标 2016 年 07 月有效波高、有效波周期观测数据曲线
SignWH and SignWP of 11 buoy in Jul. 2016

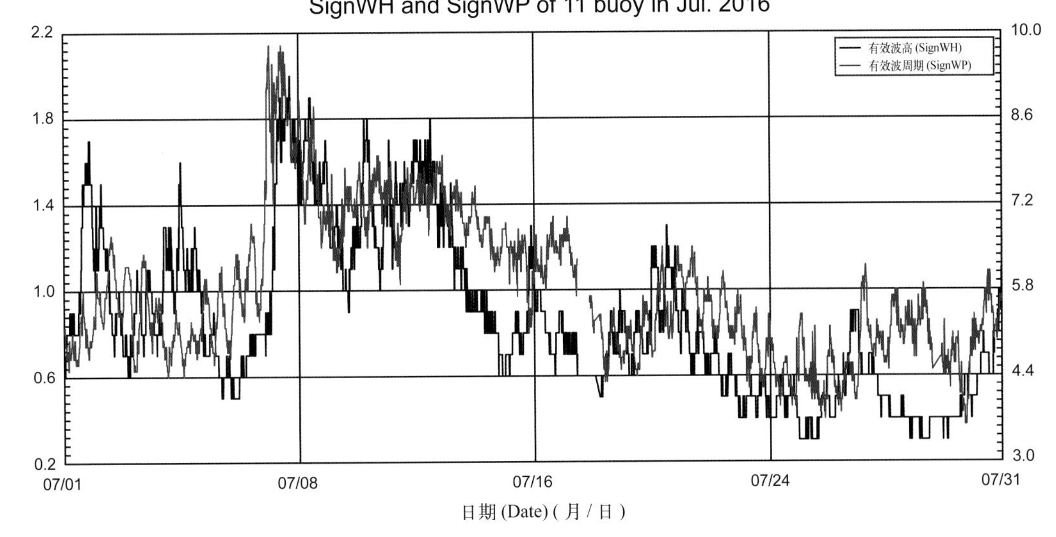

11 号浮标 2016 年 08 月有效波高、有效波周期观测数据曲线
SignWH and SignWP of 11 buoy in Aug. 2016

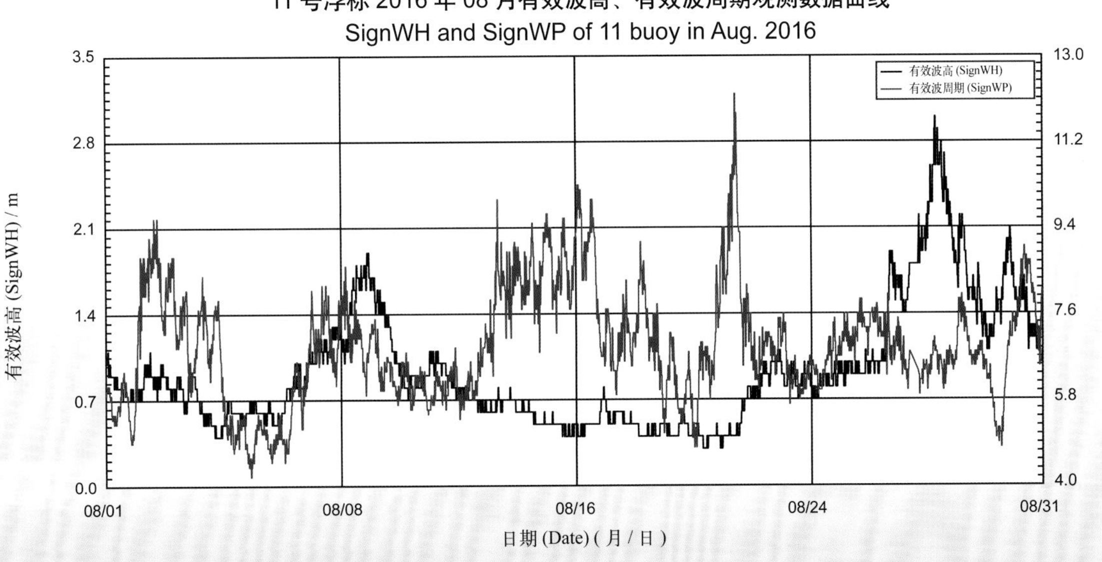

11 号浮标 2016 年 09 月有效波高、有效波周期观测数据曲线
SignWH and SignWP of 11 buoy in Sep. 2016

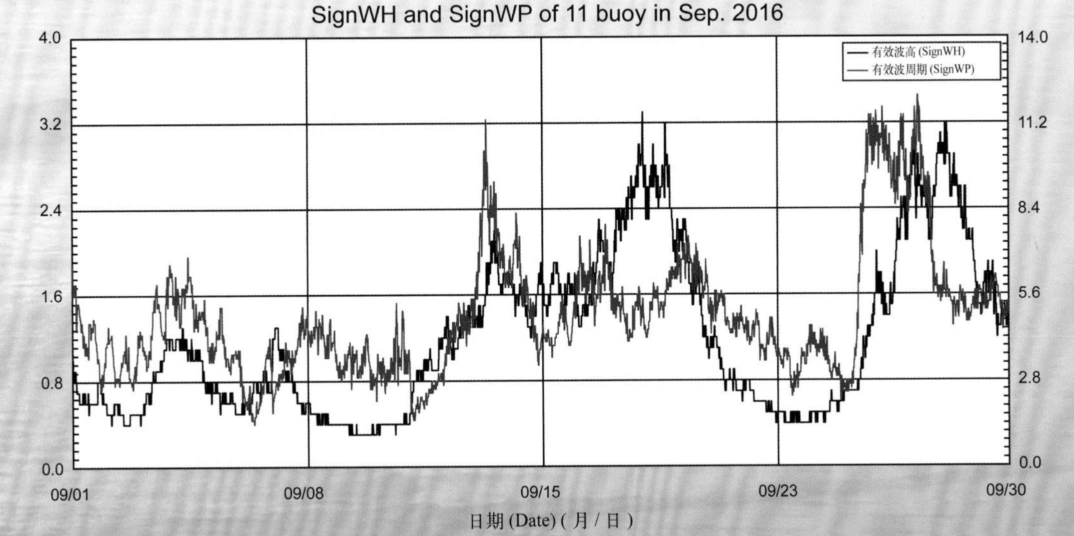

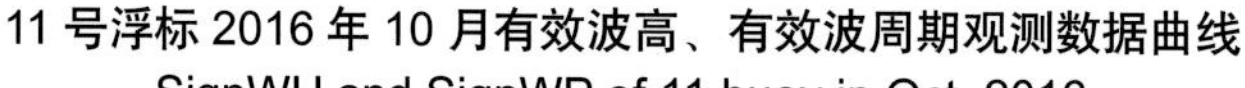

11 号浮标 2016 年 10 月有效波高、有效波周期观测数据曲线
SignWH and SignWP of 11 buoy in Oct. 2016

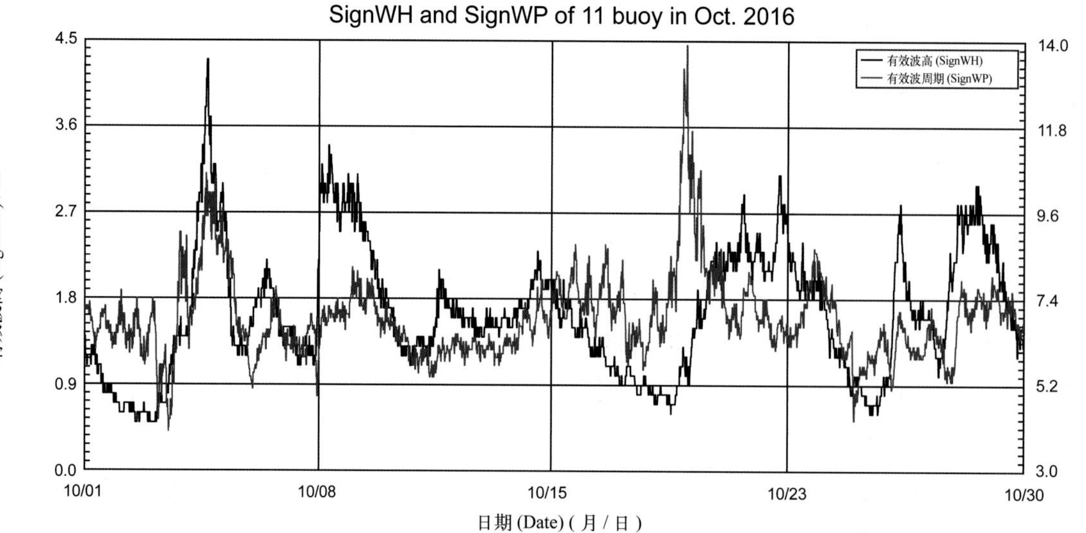

11 号浮标 2016 年 11 月有效波高、有效波周期观测数据曲线
SignWH and SignWP of 11 buoy in Nov. 2016

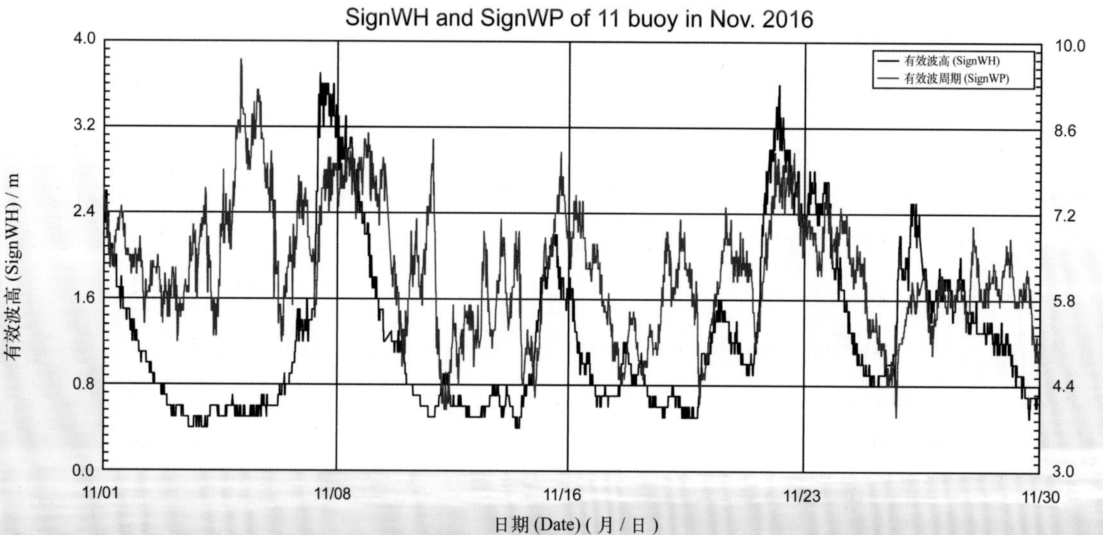

11 号浮标 2016 年 12 月有效波高、有效波周期观测数据曲线
SignWH and SignWP of 11 buoy in Dec. 2016

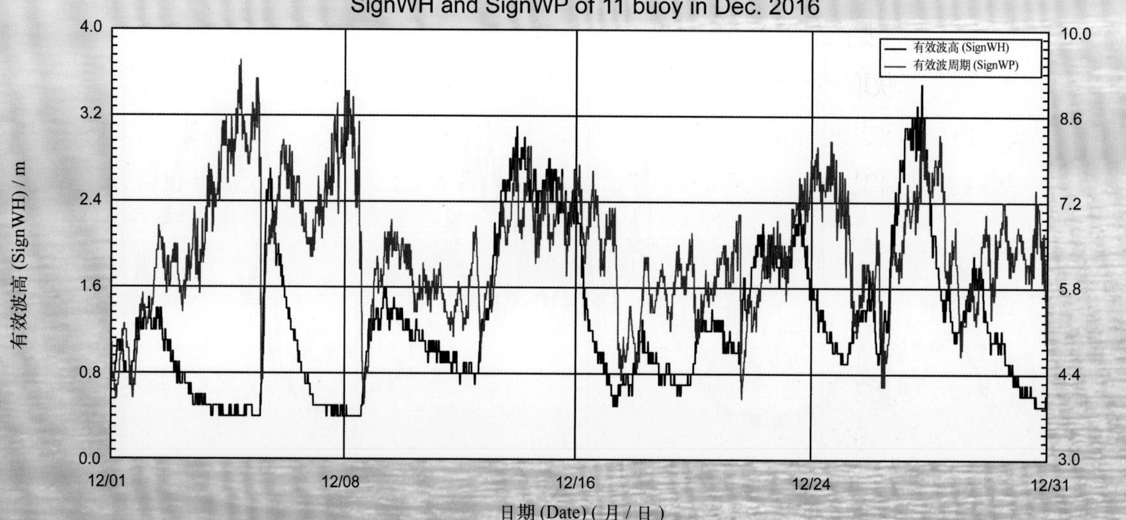

2016 年度 12 号浮标观测数据概述及曲线（有效波高和有效波周期）

12 号浮标位于东海舟山黄泽洋附近海域（30°30′N，122°33′E），是一套船形综合观测平台。可获取的观测参数包括气象、水文和水质，有效波高和有效波周期是水文参数中的重要观测内容。

2016 年，12 号浮标共获取 353 天的有效波高和有效波周期长序列观测数据，获取的观测数据区间共四个时间段，具体为 1 月 1 日 00:00 至 11 月 4 日 04:30、11 月 13 日 10:30 至 29 日 09:50、12 月 2 日 18:30 至 6 日 07:20、12 月 10 日 15:20 至 31 日 23:50。

通过对获取数据质量控制和分析，12 号浮标观测海域本年度有效波高、有效波周期数据和季节数据特征如下：年度有效波高平均值为 0.70 m，年度有效波周期平均值为 6.66 s；测得的最大有效波高为 3.0 m（3 月 9 日 06:00—06:20），对应的有效波周期为 8.2 s；测得的年度最大有效波周期为 15.0 s（10 月 20 日 03:30—03:50）。以 2 月为冬季代表月，观测海域冬季的平均有效波高是 0.65 m，平均有效波周期是 6.63 s；以 5 月为春季代表月，观测海域春季的平均有效波高是 0.56 m，平均有效波周期是 6.12 s；以 8 月为夏季代表月，观测海域夏季的平均有效波高是 0.60 m，平均有效波周期是 7.46 s；以 11 月为秋季代表月，观测海域秋季的平均有效波高是 0.68 m，平均有效波周期是 6.18 s。

2016 年，12 号浮标观测的有效波高、有效波周期的月平均值和最大值、最小值数据参见表 26。从表 26 中可以看出，有效波高平均值最小的月份为 6 月，有效波高平均值最大的月份为 10 月，年度最大有效波高（3.0 m）出现在 3 月；有效波周期平均值最小的月份为 6 月，有效波周期平均值最大的月份为 9 月，年度最大有效波周期（15.0 s）出现在 10 月。从月度有效波高、有效波周期的变化情况分析，有效波高变化最为剧烈的是 3 月，最大有效波高为 3.0 m，变化幅度超过 2.8 m，有效波周期变化最为剧烈的是 10 月，最大有效波周期为 15.0 s，最小有效波周期为 4.3 s，变化幅度为 10.7 s；比较而言，有效波高变化幅度较小的月份是 6 月，最大有效波高为 1.4 m，最小有效波高为 0.2 m，变化幅度为 1.2 m，有效波周期变化幅度较小的月份亦是 6 月，最大有效波周期为 8.3 s，最小有效波周期为 3.8 s，变化幅度为 4.5 s。

2016 年，12 号浮标获取到有效波高≥ 2.0 m 的海浪过程共 13 次，分别为 2 月、3 月、4 月、5 月和 11 月各 1 次，1 月 2 次，9 月和 10 月各 3 次。2016 年，12 号浮标共记录到 2 次寒潮过程和 3 次台风过程。第一次寒潮过程，获取到最大有效波高为 2.0 m（1 月 24 日 13:30—14:20），对应的有效波周期为 5.8 s 和 5.3 s，寒潮期间有效波高≥ 1.5 m 的累计时长为 32.5 h，累计时间内平均有效波高为 1.64 m，平均有效波周期为 5.57 s；第二次寒潮过程，获取到的最大有效波高为 2.1 m（2 月 12 日 10:00—10:20），对应的有效波周期为 7.6 s，寒潮期间有效波高≥ 1.5 m 的累计时长为 31.3 h，累计时间内平均有效波高为 1.67 m，平均有效波周期为 7.53 s。台风方面，第一次台风过程，受第 14 号超强台风“莫兰蒂”影响，有效波高从 9 月 14 日 04:30 开始增大至 1.5 m 以上，最大有效波高为 2.1 m（9 月 14 日 07:30—07:50），对应有效波周期为 12.2 s，超过 1.5 m 的波浪一直持续到 15 日

00:20，期间平均有效波高为 1.75 m，平均波周期为 9.76 s；第二次台风过程，受第 16 号强台风“马勒卡”影响，有效波高从 9 月 19 日 09:30 开始增大至 1.5 m 以上，最大有效波高为 2.3 m（9 月 20 日 07:00—07:20），对应的有效波周期均为 9.9 s，超过 1.5 m 的海浪一直持续到 9 月 20 日 20:50，期间平均有效波高为 1.55 m，平均波周期为 7.85 s；第三次台风过程，受第 18 号超强台风“暹芭”影响，台风期间有效波高从 10 月 4 日 16:30 开始增大至 2 m 以上，最大有效波高为 2.8 m（10 月 5 日 07:30—07:50），对应的有效波周期为 10.2 s，超过 2 m 的海浪一直持续到 10 月 5 日 11:50，台风“暹芭”期间 12 号浮标获取到平均有效波高为 2.25 m，平均有效波周期为 9.76 s。

表 26　12 号浮标各月份有效波高、有效波周期数据情况详表

月份	有效波高 / m			有效波周期 / s			备注
	平均	最大	最小	平均	最大	最小	
1	0.69	2.0	0.2	6.54	10.2	3.8	记录 2 次有效波高≥ 2 m 过程
2	0.65	2.1	0.2	6.63	10.6	3.7	冬季代表月，记录 1 次有效波高≥ 2 m 过程
3	0.71	3.0	0.2	6.51	10.0	3.9	记录 1 次有效波高≥ 2 m 过程
4	0.60	2.4	0.2	6.63	9.5	4.2	记录 1 次有效波高≥ 2 m 过程
5	0.56	2.5	0.2	6.12	8.8	3.9	春季代表月，记录 1 次有效波高≥ 2 m 过程
6	0.54	1.4	0.2	6.00	8.3	3.8	
7	0.64	1.9	0.2	6.21	12.1	3.7	
8	0.60	1.7	0.2	7.46	12.3	4.4	夏季代表月
9	0.90	2.7	0.2	7.57	14.3	4.3	记录 3 次有效波高≥ 2 m 过程
10	1.09	2.8	0.3	7.30	15.0	4.3	记录 3 次有效波高≥ 2 m 过程
11	0.68	2.0	0.3	6.18	9.6	3.7	秋季代表月，记录 1 次有效波高≥ 2 m 过程，通信及传感器故障，缺测 9 天数据
12	0.70	1.7	0.3	6.57	10.9	4.3	通信及传感器故障，缺测 4 天数据

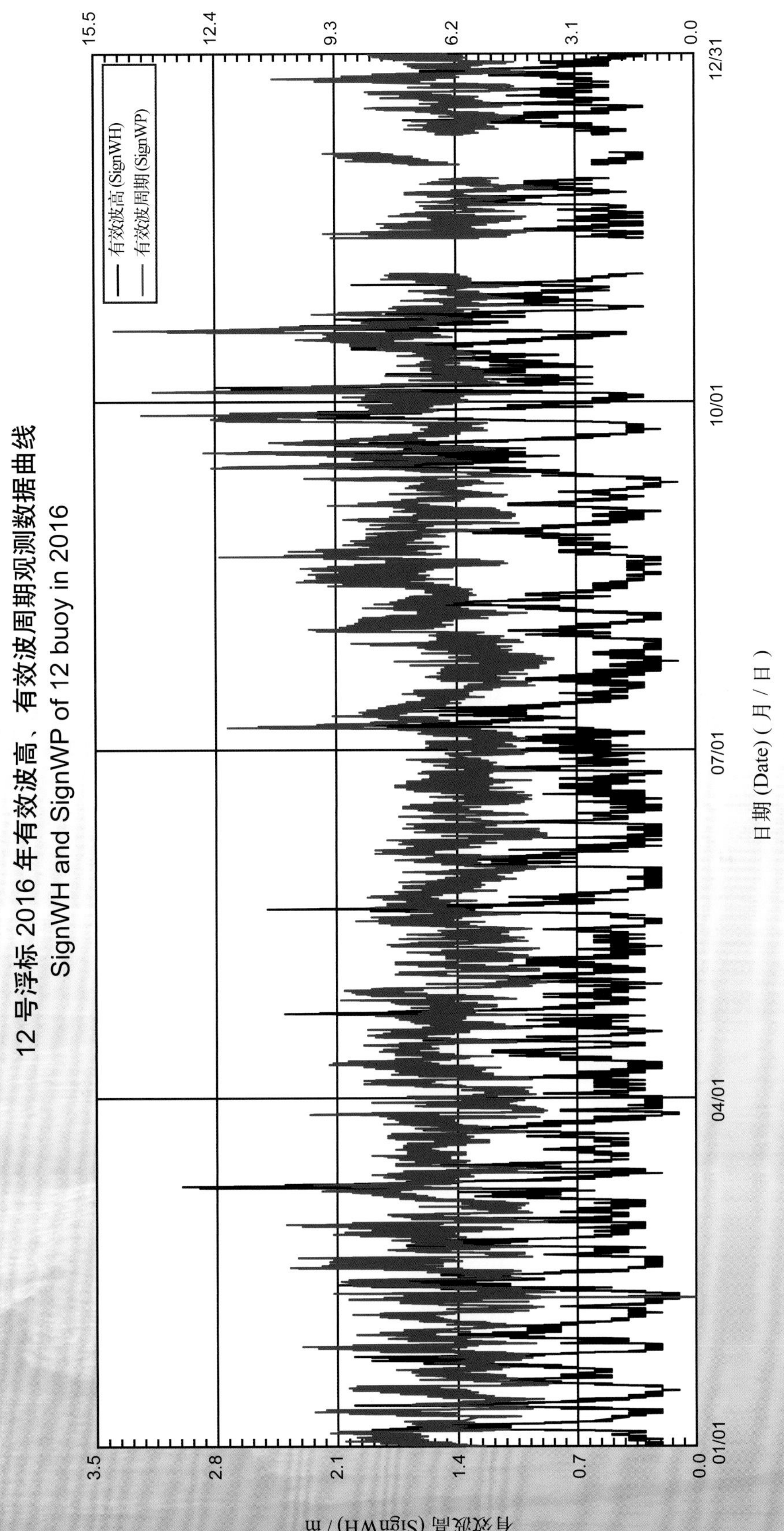

12 号浮标 2016 年有效波高、有效波周期观测数据曲线
SignWH and SignWP of 12 buoy in 2016
有效波高 (SignWH)
有效波周期 (SignWP)
有效波高 (SignWH) / m
有效波周期 (SignWP) / s
日期 (Date) (月 / 日)
3.5
2.8
2.1
1.4
0.7
0.0
15.5
12.4
9.3
6.2
3.1
0.0
01/01
04/01
07/01
10/01
12/31

12 号浮标 2016 年 01 月有效波高、有效波周期观测数据曲线
SignWH and SignWP of 12 buoy in Jan. 2016

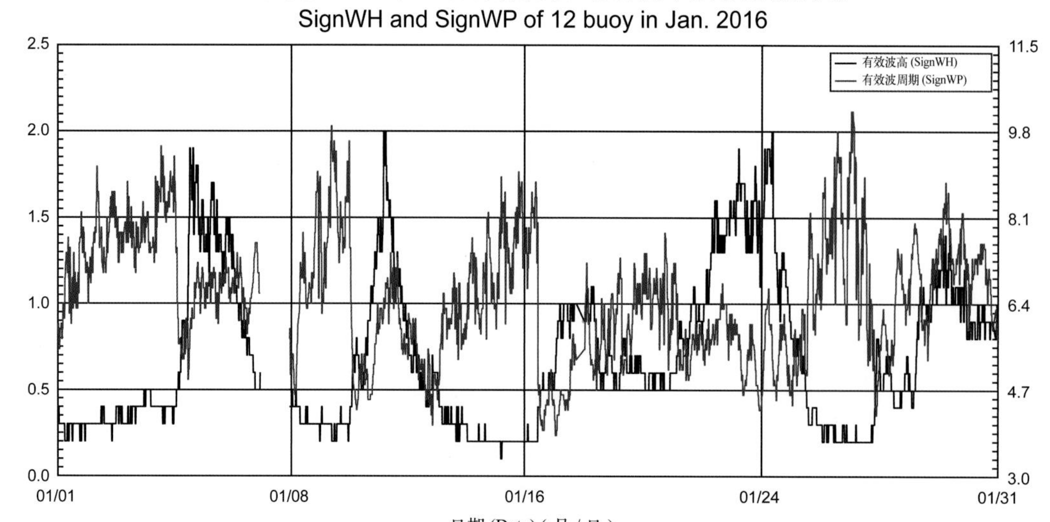

12 号浮标 2016 年 02 月有效波高、有效波周期观测数据曲线
SignWH and SignWP of 12 buoy in Feb. 2016

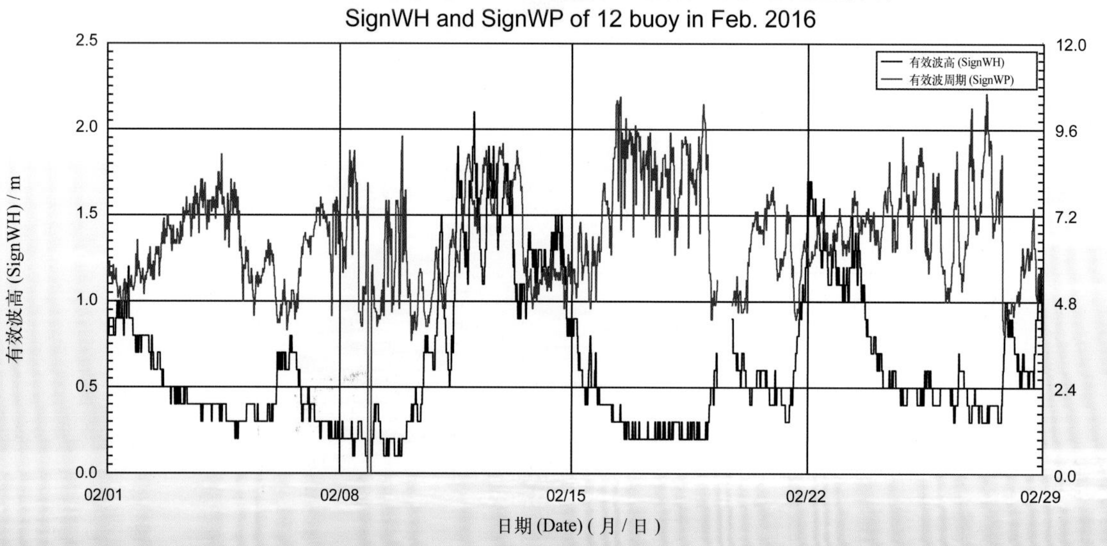

12 号浮标 2016 年 03 月有效波高、有效波周期观测数据曲线
SignWH and SignWP of 12 buoy in Mar. 2016

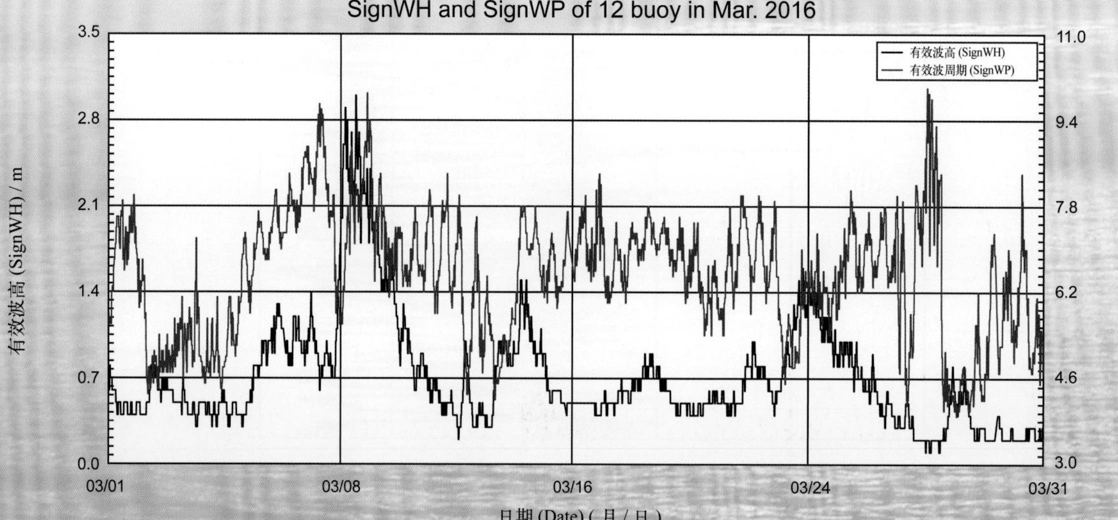

12 号浮标 2016 年 04 月有效波高、有效波周期观测数据曲线
SignWH and SignWP of 12 buoy in Apr. 2016

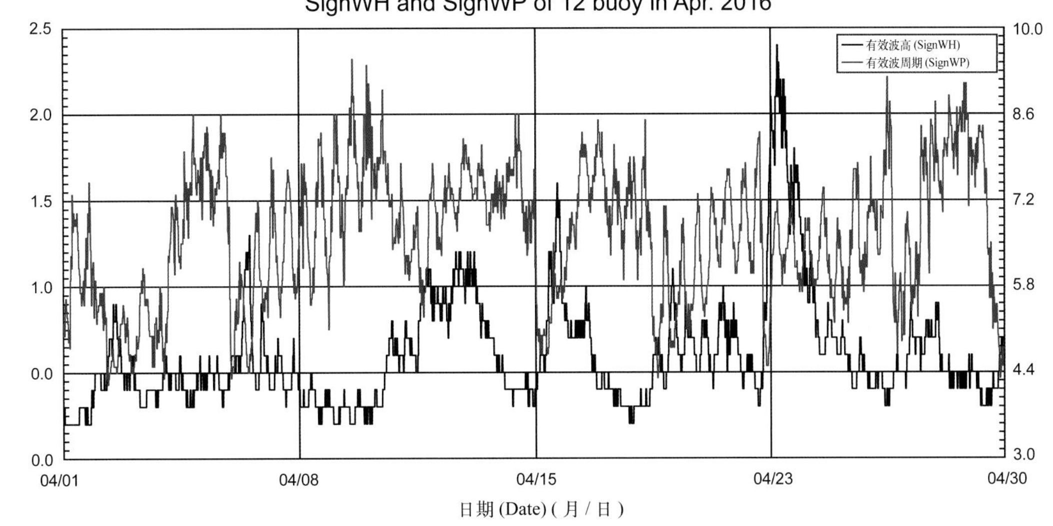

12 号浮标 2016 年 05 月有效波高、有效波周期观测数据曲线
SignWH and SignWP of 12 buoy in May 2016

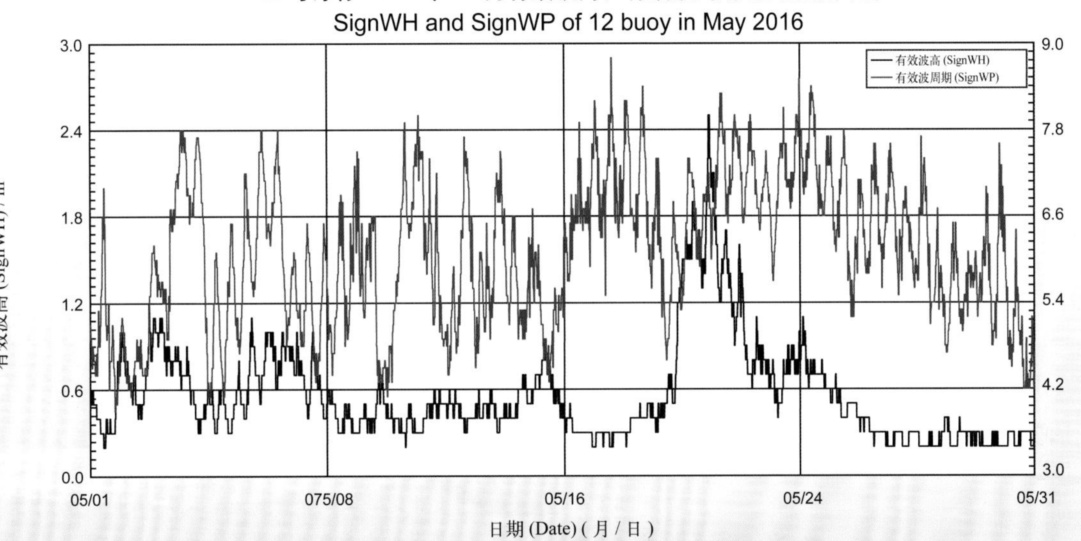

12 号浮标 2016 年 06 月有效波高、有效波周期观测数据曲线
SignWH and SignWP of 12 buoy in Jun. 2016

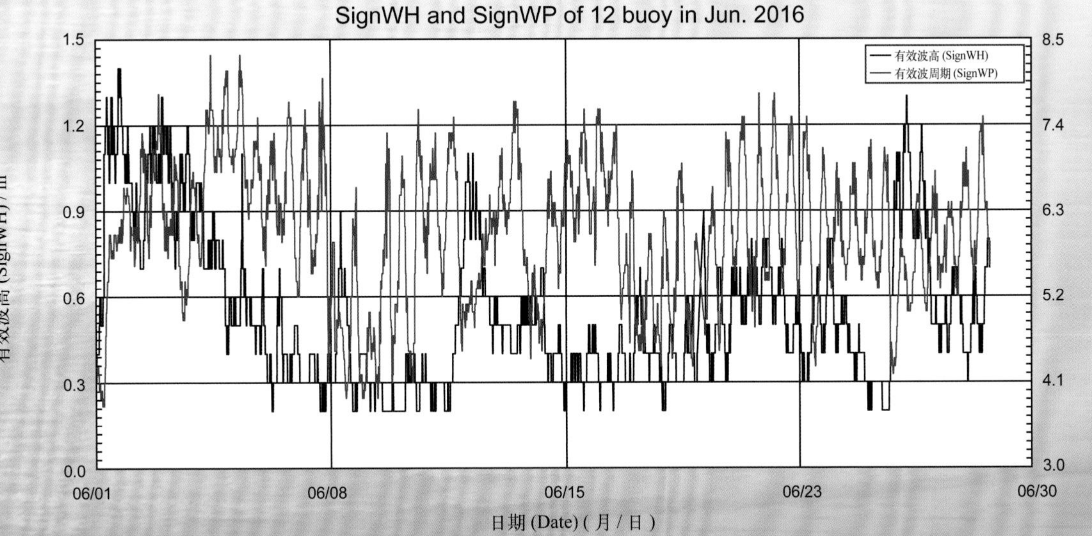

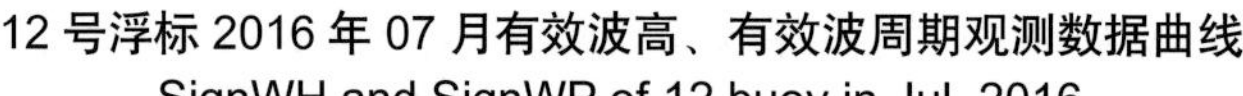

12 号浮标 2016 年 07 月有效波高、有效波周期观测数据曲线
SignWH and SignWP of 12 buoy in Jul. 2016

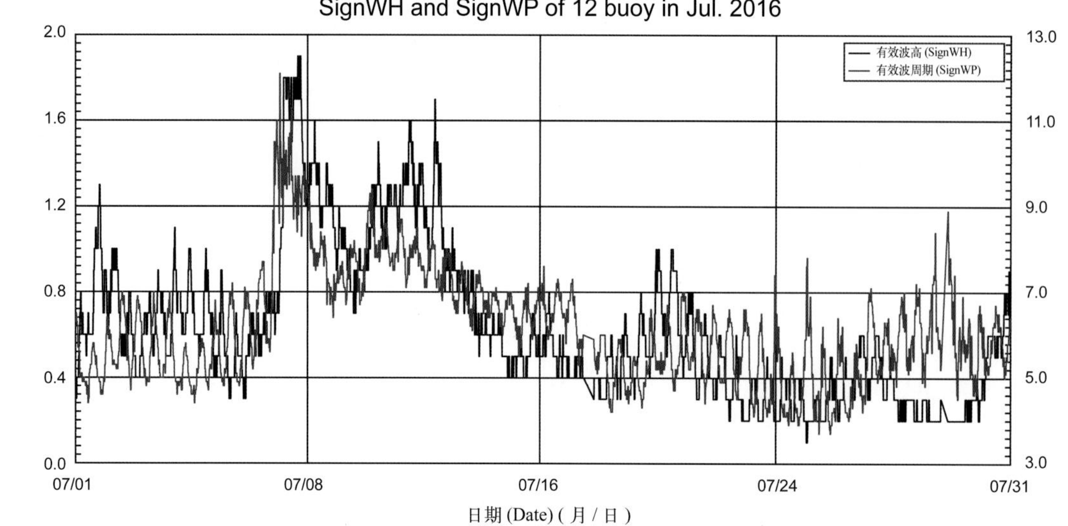

12 号浮标 2016 年 08 月有效波高、有效波周期观测数据曲线
SignWH and SignWP of 12 buoy in Aug. 2016

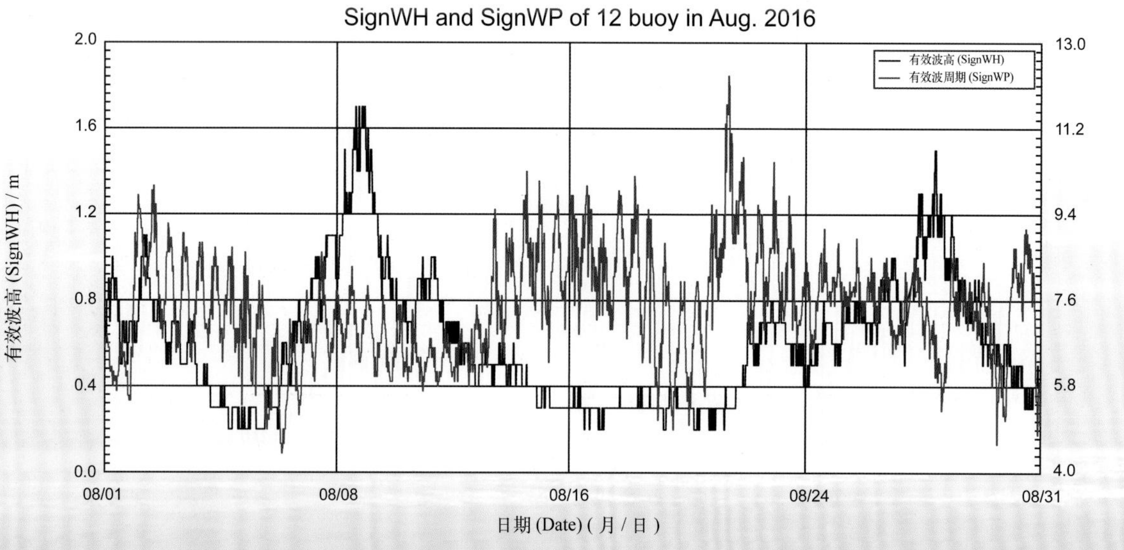

12 号浮标 2016 年 09 月有效波高、有效波周期观测数据曲线

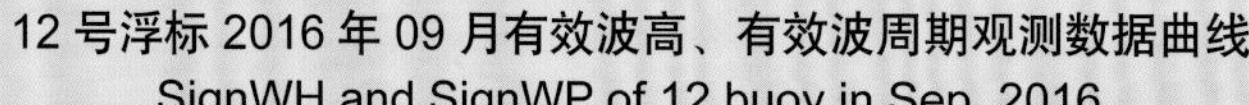

SignWH and SignWP of 12 buoy in Sep. 2016

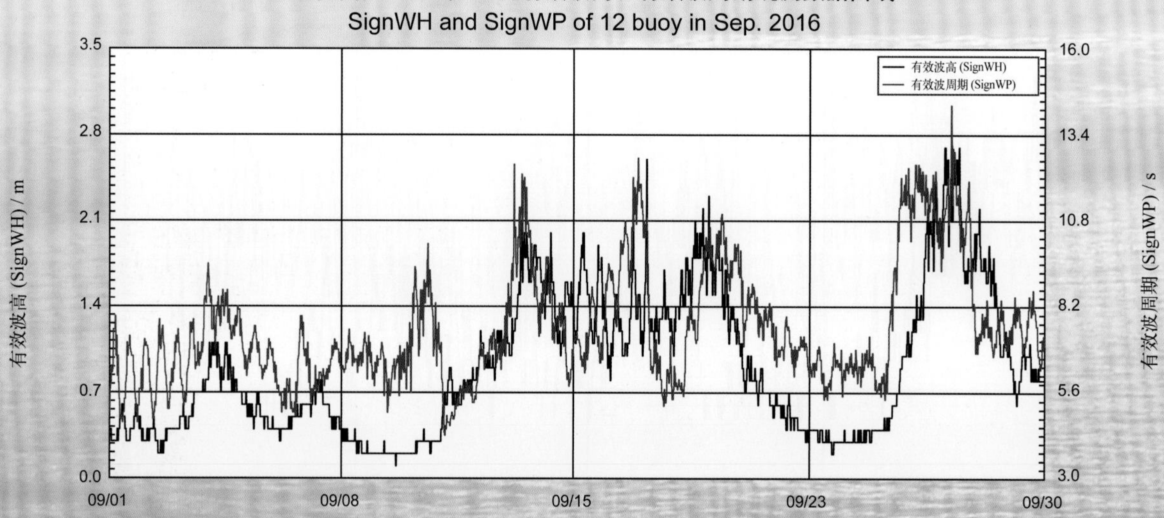

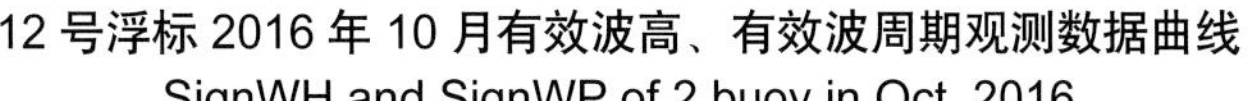

12 号浮标 2016 年 10 月有效波高、有效波周期观测数据曲线

SignWH and SignWP of 2 buoy in Oct. 2016

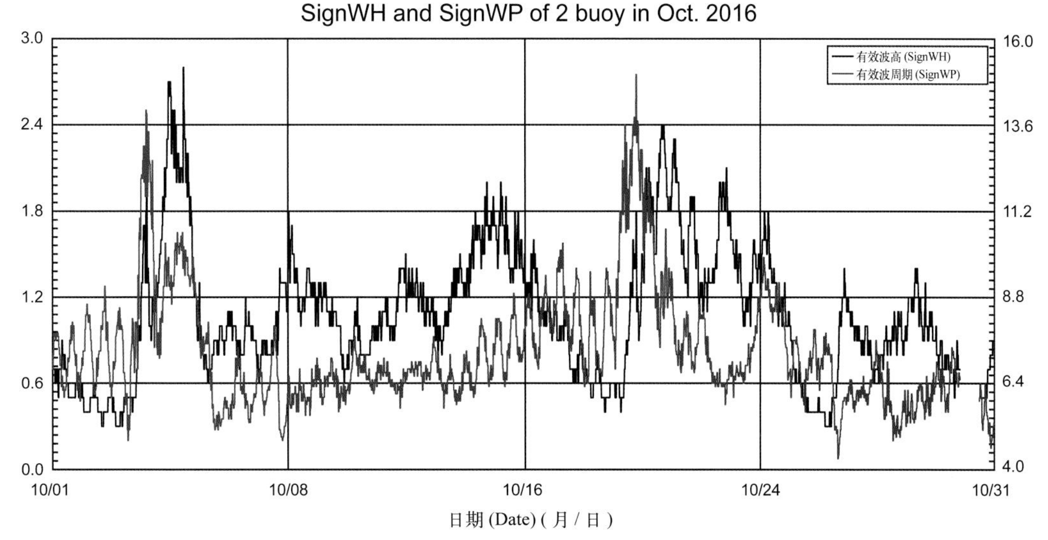

12 号浮标 2016 年 11 月有效波高、有效波周期观测数据曲线

SignWH and SignWP of 12 buoy in Nov. 2016

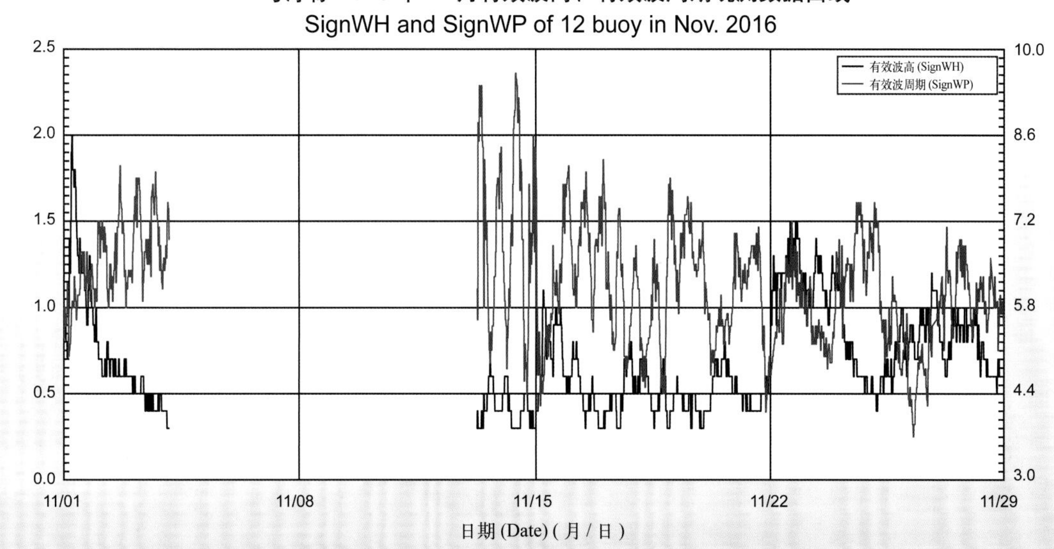

12 号浮标 2016 年 12 月有效波高、有效波周期观测数据曲线

SignWH and SignWP of 12 buoy in Dec. 2016

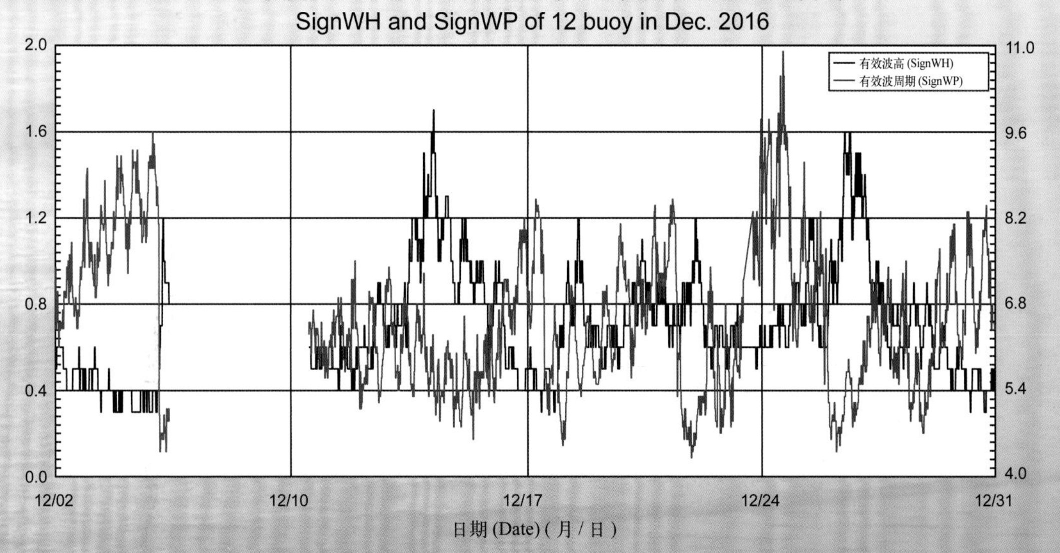

2016 年度 17 号浮标观测数据概述及曲线
（有效波高和有效波周期）

17 号浮标位于黄海青岛仰口附近海域（36°11′N，121°13′E），是一套直径 10 m 的圆盘形综合观测平台。可获取的观测参数包括气象、水文和水质，有效波高和有效波周期是水文参数中的重要观测内容。

2016 年，17 号浮标共获取 322 天的有效波高和有效波周期长序列观测数据。获取数据的区间共两个时间段，具体为 1 月 1 日 00:00 至 7 月 30 日 15:50、9 月 13 日 17:50 至 12 月 31 日 23:50。

通过对获取数据质量控制和分析，17 号浮标观测海域本年度有效波高、有效波周期数据和季节数据特征如下：年度有效波高平均值为 0.67 m，年度有效波周期平均值为 5.19 s。测得的年度最大有效波高为 2.7 m（2 月 13 日 22:00 和 22:20），对应的有效波周期为 5.7 s，期间有效波高≥ 2 m 的海浪持续了近 15 h（2 月 13 日 16:30 至 14 日 07:20）；测得的年度最大有效波周期和最小有效波周期分别为 13.9 s（9 月 14 日 10:00、20:20）和 3.0 s（1 月 1 日 02:00—02:50、1 月 17 日 10:30—10:50、3 月 23 日 05:30—05:50、5 月 9 日 17:30—17:50、11 月 3 日 12:40）。以 2 月为冬季代表月，观测海域冬季的平均有效波高是 0.69 m，平均有效波周期是 4.75 s；以 5 月为春季代表月，观测海域春季的平均有效波高是 0.53 m，平均有效波周期是 5.31 s；以 11 月为秋季代表月，观测海域秋季的平均有效波高是 0.86 m，平均有效波周期是 4.96 s。

2016 年，17 号浮标观测的有效波高、有效波周期的月平均值和最大值、最小值数据参见表 27。从表 27 中可以看出，有效波高平均值最小的月份为 6 月，并且 6 月的月最大有效波高（1.3 m）也是各月份中最小的，有效波高平均值最大的月份为 11 月，年度最大有效波高（2.7 m）出现在 2 月；有效波周期平均值最小的月份为 1 月，年度最小有效波周期（3.0 s）出现在 1 月、3 月、5 月和 11 月，有效波周期平均值最大的月份为 9 月，并且在该月份观测到年度最大有效波周期（13.9 s）。从月度有效波高、有效波周期的变化情况分析，有效波高变化最为剧烈的是 2 月，最大有效波高为 2.7 m，变化幅度超过 2.5 m，有效波周期变化最为剧烈的是 9 月，最大有效波周期为 13.9 s，最小有效波周期为 3.2 s，变化幅度为 10.7 s；比较而言，有效波高变化幅度较小的月份是 6 月，最大有效波高为 1.3 m，变化幅度超过 1.1 m，有效波周期变化幅度较小的月份是 12 月，最大有效波周期为 7.3 s，最小有效波周期为 3.1 s，变化幅度为 4.2 s。

表 27　17 号浮标各月份有效波高、有效波周期数据情况详表

月份	有效波高 / m			有效波周期 / s			备注
	平均	最大	最小	平均	最大	最小	
1	0.75	2.3	0.2	4.49	8.5	3.0	记录 1 次寒潮过程，记录 1 次有效波高≥ 2 m 过程
2	0.69	2.7	0.2	4.75	7.8	3.1	冬季代表月，记录 1 次有效波高≥ 2 m 过程
3	0.55	1.9	0.2	4.97	8.1	3.0	
4	0.56	1.9	0.2	5.48	7.9	3.1	
5	0.53	2.0	0.2	5.31	8.5	3.0	春季代表月，记录 1 次有效波高≥ 2 m 过程
6	0.48	1.3	0.2	4.95	7.8	3.1	
7	0.74	2.6	0.3	5.88	10.4	3.8	记录 1 次有效波高≥ 2 m 过程，浮标大修，缺测 1 天数据
8	—	—	—	—	—	—	夏季代表月，浮标大修，无数据
9	0.77	2.0	0.2	6.57	13.9	3.2	浮标大修，缺测 12 天数据，记录 1 次有效波高≥ 2 m 过程
10	0.78	2.1	0.2	5.75	12.5	3.3	记录 2 次有效波高≥ 2m 过程
11	0.86	2.4	0.2	4.96	7.4	3.0	秋季代表月，记录 1 次寒潮过程，记录 4 次有效波高≥ 2 m 过程
12	0.74	2.0	0.2	4.62	7.3	3.1	记录 1 次有效波高≥ 2 m 过程

2016 年，17 号浮标获取到有效波高≥ 2 m 的海浪过程共 12 次，分别为 1 月、2 月、5 月、7 月、9 月、12 月各 1 次，10 月 2 次，11 月 4 次。2016 年，17 号浮标共记录到 2 次寒潮过程。第一次寒潮过程，获取到最大有效波高为 2.0 m（1 月 18 日 17:00—17:50），对应的有效波周期为 5.1 s，寒潮期间有效波高≥ 1.5 m 的累计时长为 10 h，累计时间内平均有效波高为 1.69 m，平均有效波周期为 4.90 s；第二次寒潮过程，获取到的最大有效波高为 2.4 m（11 月 21 日 19:40），对应的有效波周期为 5.8 s，寒潮期间有效波高≥ 1.5 m 的累计时长为 27 h，累计时间内平均有效波高为 1.79 m，平均有效波周期为 5.45 s。

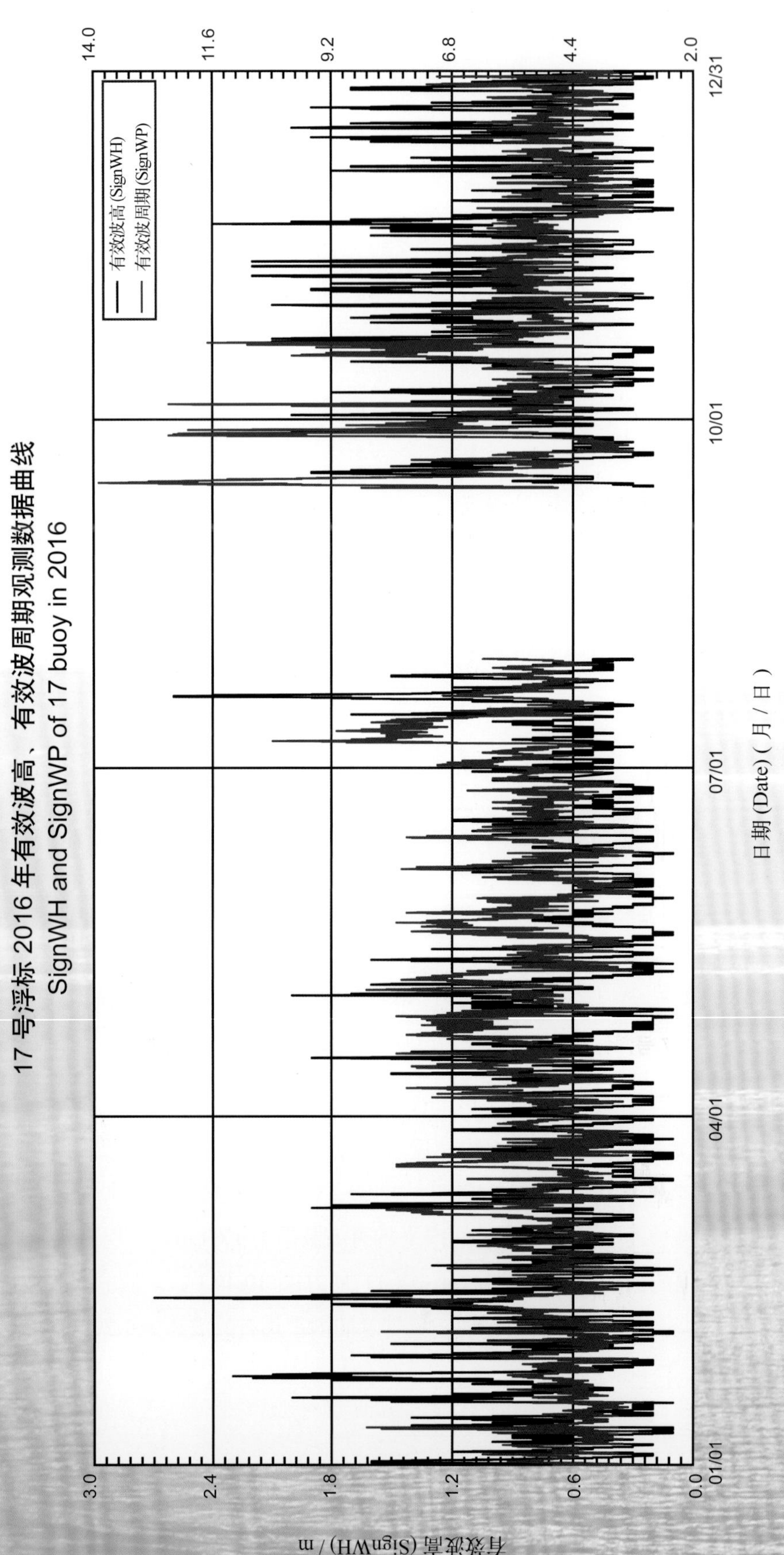
17 号浮标 2016 年有效波高、有效波周期观测数据曲线
SignWH and SignWP of 17 buoy in 2016
有效波高 (SignWH)
有效波周期 (SignWP)
有效波周期 (SignWP) / s
14.0
11.6
9.2
6.8
4.4
2.0
有效波高 (SignWH) / m
3.0
2.4
1.8
1.2
0.6
0.0
01/01
04/01
07/01
10/01
12/31
日期 (Date) (月 / 日)

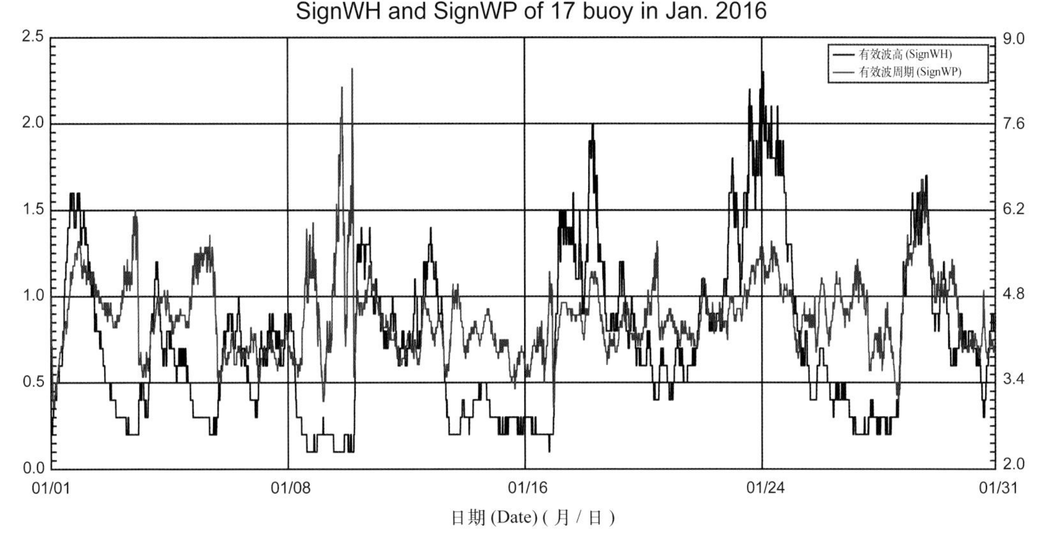
17 号浮标 2016 年 01 月有效波高、有效波周期观测数据曲线
SignWH and SignWP of 17 buoy in Jan. 2016
有效波高 (SignWH)
有效波周期 (SignWP)
有效波高 (SignWH) / m
有效波周期 (SignWP) / s
日期 (Date) (月 / 日)
01/01
01/08
01/16
01/24
01/31

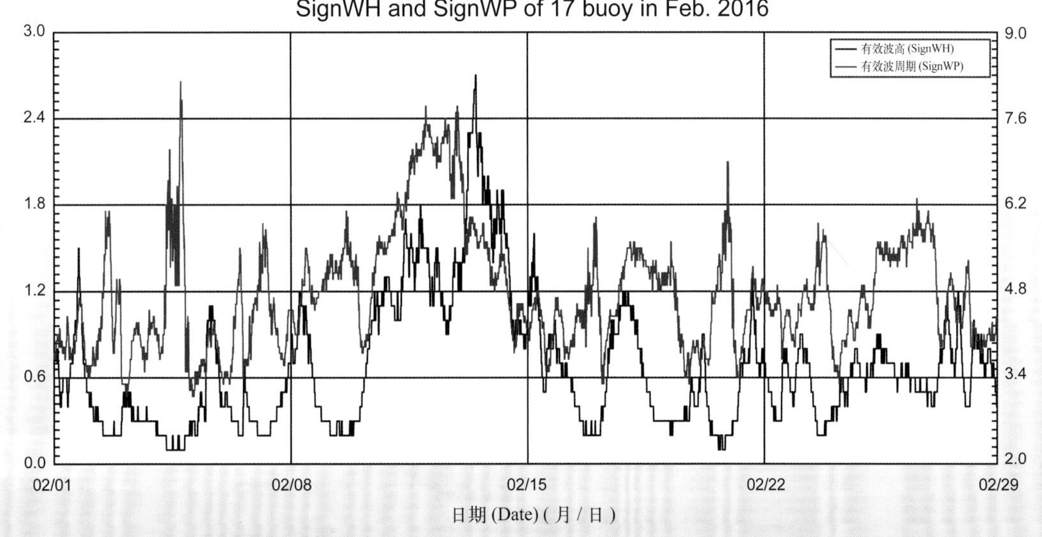
17 号浮标 2016 年 02 月有效波高、有效波周期观测数据曲线
SignWH and SignWP of 17 buoy in Feb. 2016
有效波高 (SignWH)
有效波周期 (SignWP)
有效波高 (SignWH) / m
有效波周期 (SignWP) / s
日期 (Date) (月 / 日)
02/01
02/08
02/15
02/22
02/29

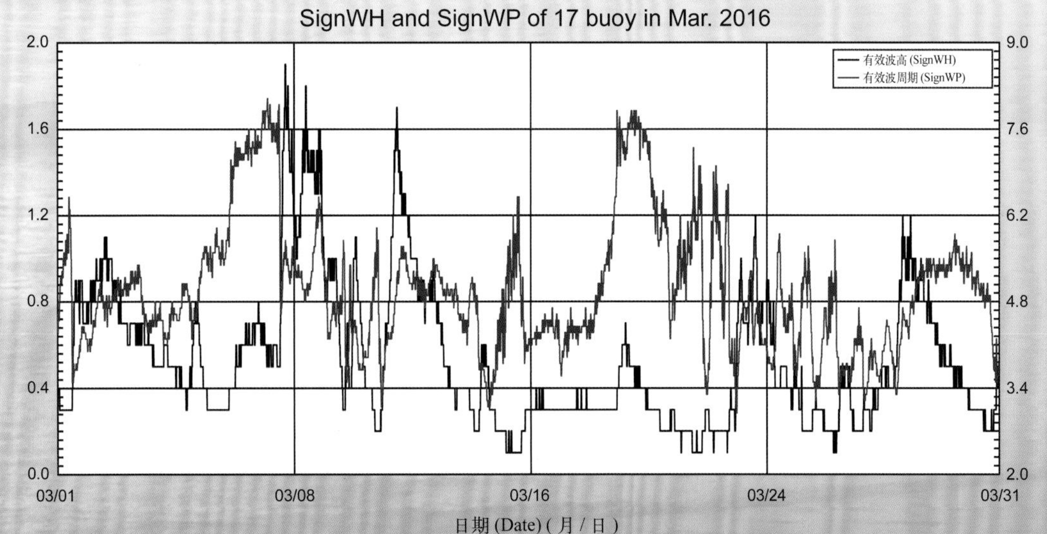
17 号浮标 2016 年 03 月有效波高、有效波周期观测数据曲线
SignWH and SignWP of 17 buoy in Mar. 2016
有效波高 (SignWH)
有效波周期 (SignWP)
有效波高 (SignWH) / m
有效波周期 (SignWP) / s
日期 (Date) (月 / 日)
03/01
03/08
03/16
03/24
03/31

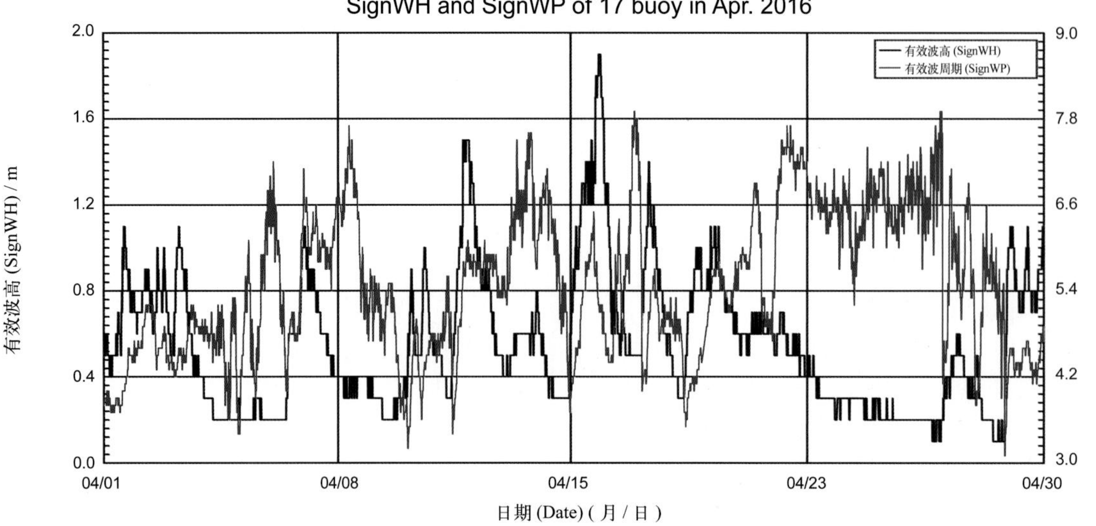
17 号浮标 2016 年 04 月有效波高、有效波周期观测数据曲线
SignWH and SignWP of 17 buoy in Apr. 2016
有效波高 (SignWH)
有效波周期 (SignWP)
有效波高 (SignWH) / m
有效波周期 (SignWP) / s
日期 (Date) (月 / 日)
04/01
04/08
04/15
04/23
04/30

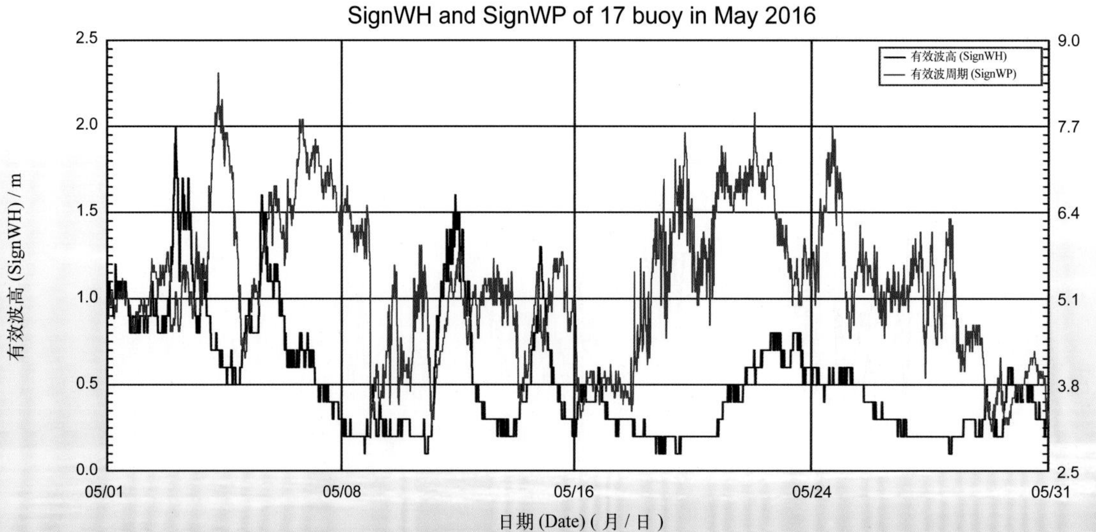
17 号浮标 2016 年 05 月有效波高、有效波周期观测数据曲线
SignWH and SignWP of 17 buoy in May 2016
有效波高 (SignWH)
有效波周期 (SignWP)
有效波高 (SignWH) / m
有效波周期 (SignWP) / s
日期 (Date) (月 / 日)
05/01
05/08
05/16
05/24
05/31

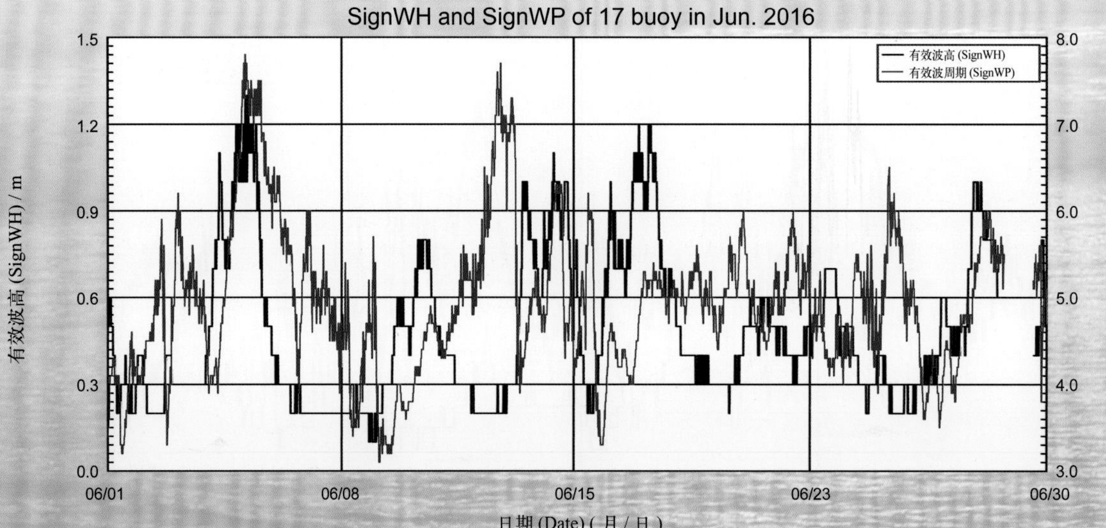
17 号浮标 2016 年 06 月有效波高、有效波周期观测数据曲线
SignWH and SignWP of 17 buoy in Jun. 2016
有效波高 (SignWH)
有效波周期 (SignWP)
有效波高 (SignWH) / m
有效波周期 (SignWP) / s
日期 (Date) (月 / 日)
06/01
06/08
06/15
06/23
06/30

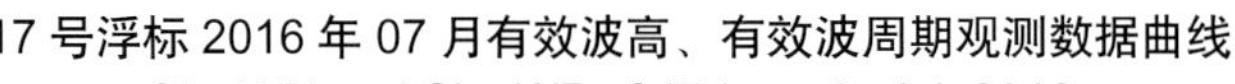

17 号浮标 2016 年 07 月有效波高、有效波周期观测数据曲线
SignWH and SignWP of 17 buoy in Jul. 2016

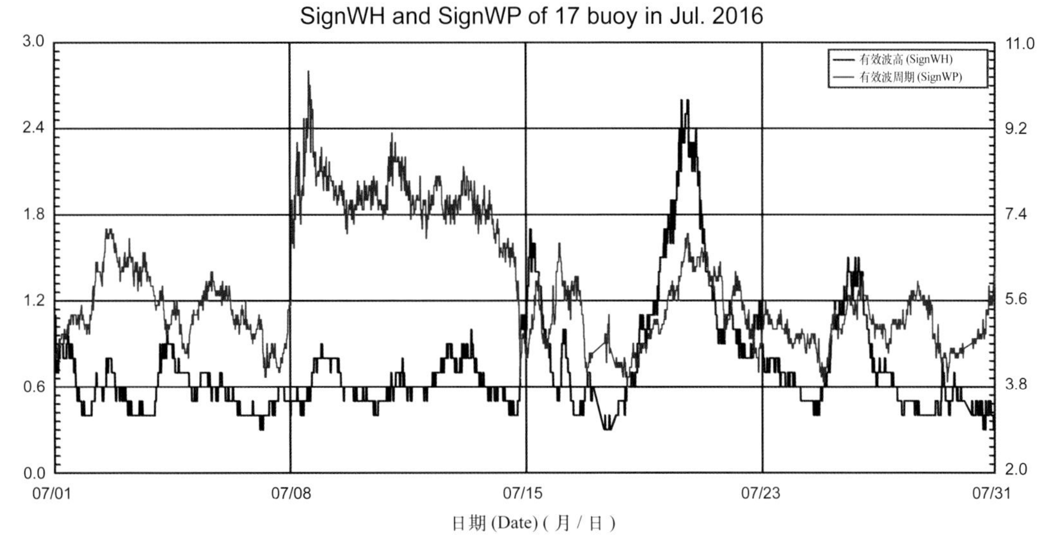

17 号浮标 2016 年 10 月有效波高、有效波周期观测数据曲线
SignWH and SignWP of 17 buoy in Oct. 2016

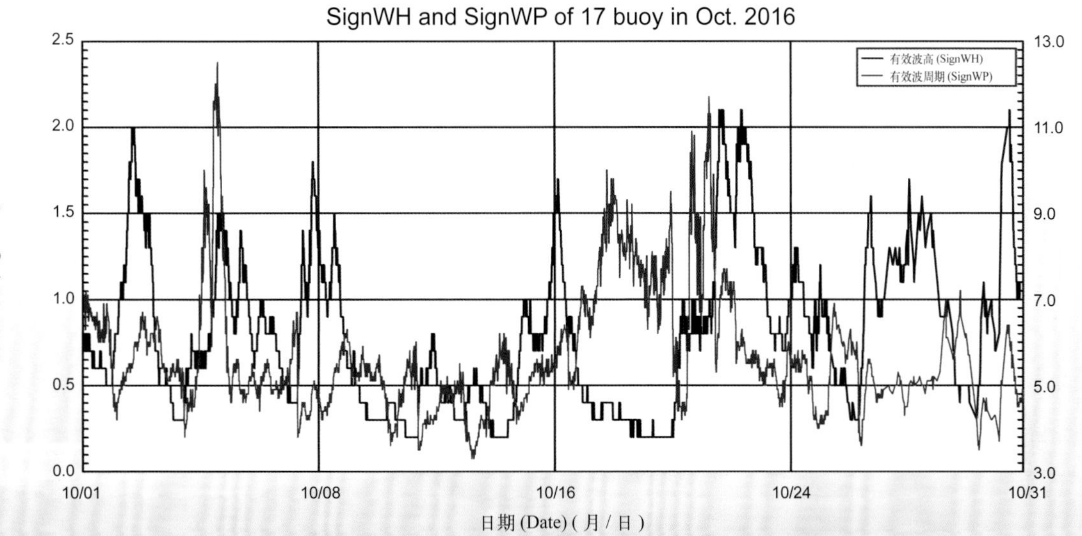

17 号浮标 2016 年 11 月有效波高、有效波周期观测数据曲线
SignWH and SignWP of 17 buoy in Nov. 2016

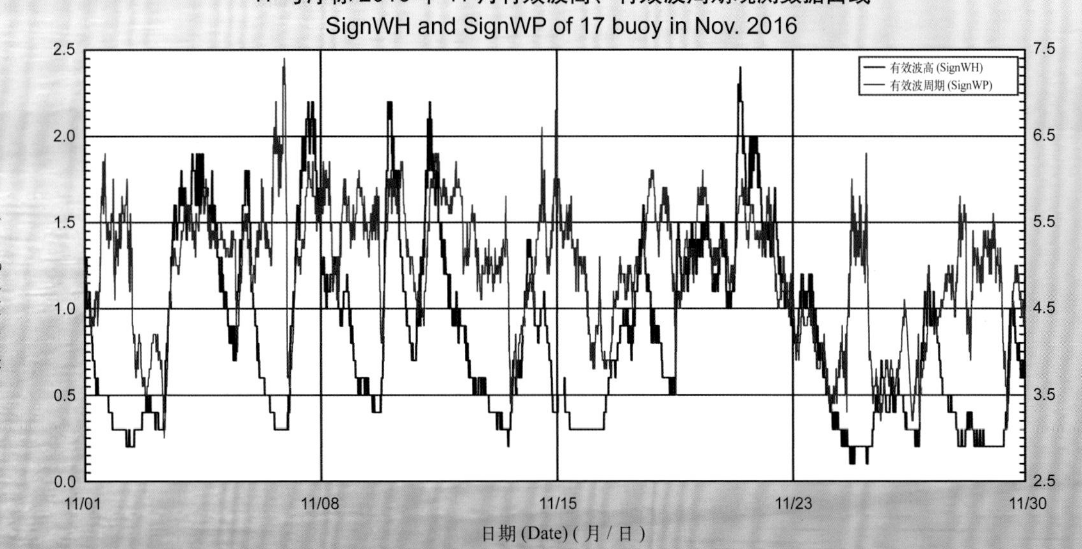

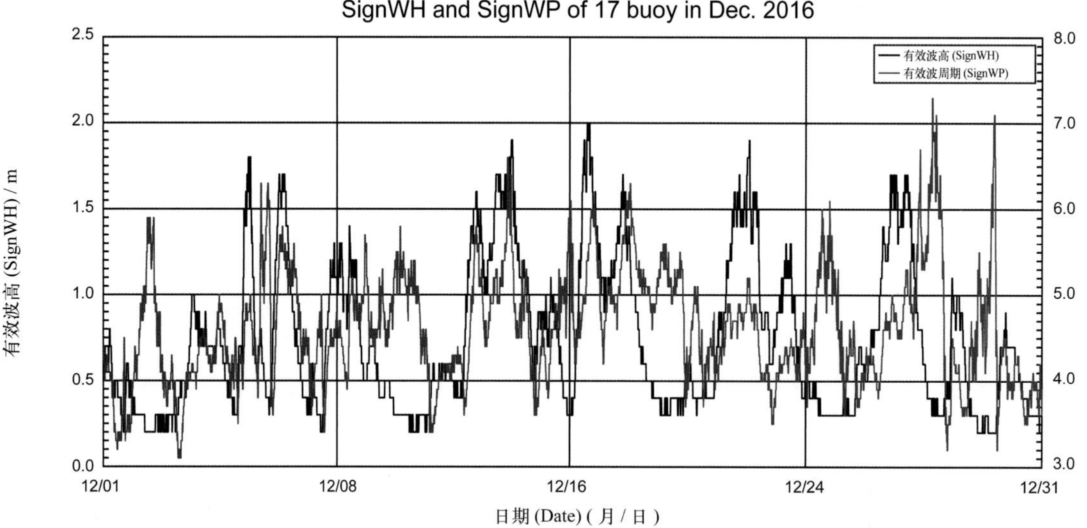
17 号浮标 2016 年 12 月有效波高、有效波周期观测数据曲线
SignWH and SignWP of 17 buoy in Dec. 2016
有效波高 (SignWH)
有效波周期 (SignWP)
有效波高 (SignWH) / m
有效波周期 (SignWP) / s
日期 (Date) (月 / 日)
12/01
12/08
12/16
12/24
12/31

2016年度19号浮标观测数据概述及曲线（有效波高和有效波周期）

19号浮标位于黄海日照近海海域（35°25′N，119°36′E），是一套直径3 m的圆盘形综合观测平台。可获取的观测参数包括气象、水文和水质，有效波高和有效波周期是水文参数中的重要观测内容。

2016年，19号浮标共获取362天的有效波高和有效波周期长序列观测数据。获取数据的区间共四个时间段，具体为1月1日00:00至3月22日10:00、3月26日15:30至8月3日10:10、8月4日17:10至11月27日13:10、11月29日08:10至12月31日23:50。

通过对获取数据质量控制和分析，19号浮标观测海域本年度有效波高、有效波周期数据和季节数据特征如下：年度有效波高平均值为0.46 m，年度有效波周期平均值为4.52 s。测得的年度最大有效波高为1.9 m（3月8日14:00—16:50和7月20日16:30—16:50），对应的有效波周期为6.0 s和6.2 s；测得的年度最大有效波周期为10.0 s（2月15日04:30—04:50）。以2月为冬季代表月，观测海域冬季的平均有效波高是0.40 m，平均有效波周期是4.31 s；以5月为春季代表月，观测海域春季的平均有效波高是0.36 m，平均有效波周期是4.30 s；以8月为夏季代表月，观测海域夏季的平均有效波高是0.42 m，平均有效波周期是4.30 s；以11月为秋季代表月，观测海域秋季的平均有效波高是0.58 m，平均有效波周期是4.84 s。

2016年，19号浮标观测的有效波高、有效波周期的月平均值和最大值、最小值数据参见表28。从表28中可以看出，有效波高平均值最小的月份为5月，有效波高平均值最大的月份为10月，年度最大有效波高（1.9 m）出现在3月和7月；有效波周期平均值最小的月份为6月，年度最小有效波周期（2.3 s）出现在1月、5月和11月，有效波周期平均值最大的月份为10月，年度最大有效波周期（10.0 s）出现在2月。从月度有效波高、有效波周期的变化情况分析，有效波高变化最为剧烈的是3月和7月，最大有效波高均为1.9 m，变化幅度均超过1.7 m，有效波周期变化最为剧烈的是2月，最大有效波周期为10.0 s，最小有效波周期为2.4 s，变化幅度为7.6 s；比较而言，有效波高变化幅度较小的月份是2月，最大有效波高为1.0 m，变化幅度超过0.8 m，有效波周期变化幅度较小的月份是7月，最大有效波周期为7.0 s，最小有效波周期为2.8 s，变化幅度为4.2 s。

2016年，19号浮标共记录到3次寒潮过程。第一次寒潮过程，浮标获取到的有效波高没有十分明显的增大过程，最大有效波高为0.8 m，寒潮期间平均有效波高为0.57 m，平均有效波周期为3.80 s；第二次寒潮过程，浮标获取到的有效波高亦呈现微弱幅度的升高过程，最大有效波高为1.0 m，寒潮期间平均有效波高为0.62 m，平均有效波周期为4.43 s；第三次寒潮过程，有效波高有明显的增大过程，获取的最大有效波高为1.5 m，寒潮期间有效波高≥1 m的海浪过程的累计时长为55.5 h，累计时间内的平均有效波高为1.25 m，平均有效波周期为5.65 s。

表 28　19 号浮标各月份有效波高、有效波周期数据情况详表

月份	有效波高 / m			有效波周期 / s			备注
	平均	最大	最小	平均	最大	最小	
1	0.44	1.5	0.2	4.23	7.2	2.3	记录 2 次寒潮过程
2	0.40	1.0	0.2	4.31	10.0	2.4	冬季代表月
3	0.41	1.9	0.2	4.41	7.2	2.4	系统故障，缺测 3 天数据
4	0.43	1.2	0.2	4.50	8.3	2.4	
5	0.36	1.1	0.2	4.30	7.9	2.3	春季代表月
6	0.40	1.1	0.2	4.03	7.0	2.4	
7	0.47	1.9	0.2	4.80	7.0	2.8	
8	0.42	1.4	0.2	4.30	7.5	2.6	夏季代表月
9	0.51	1.6	0.2	4.72	9.3	2.4	
10	0.62	1.7	0.2	5.08	7.9	2.7	
11	0.58	1.5	0.2	4.84	7.3	2.3	秋季代表月，记录 1 次寒潮过程，系统故障，缺测 1 天数据
12	0.44	1.3	0.2	4.48	8.6	2.4	

19 号浮标 2016 年有效波高、有效波周期观测数据曲线

SignWH and SignWP of 19 buoy in 2016

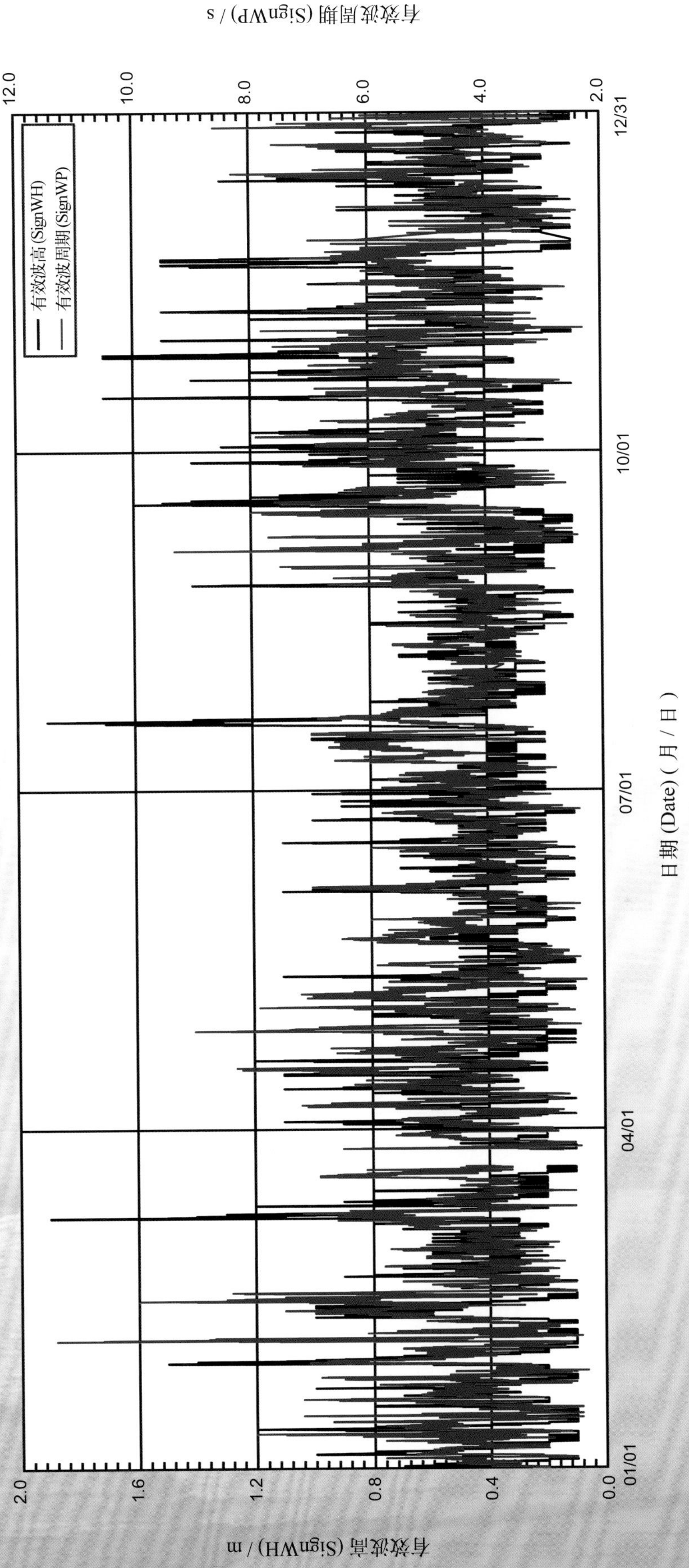

有效波周期 (SignWP) / s

12.0 10.0 8.0 6.0 4.0 2.0

— 有效波高 (SignWH)

— 有效波周期 (SignWP)

2.0 1.6 1.2 0.8 0.4 0.0

有效波高 (SignWH) / m

01/01 04/01 07/01 10/01 12/31

日期 (Date) (月 / 日)

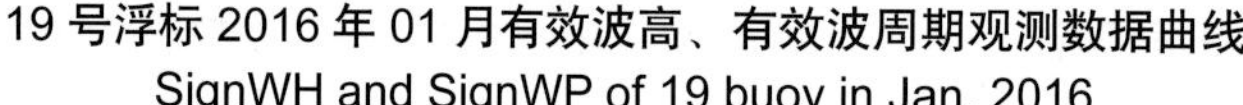

19 号浮标 2016 年 01 月有效波高、有效波周期观测数据曲线
SignWH and SignWP of 19 buoy in Jan. 2016

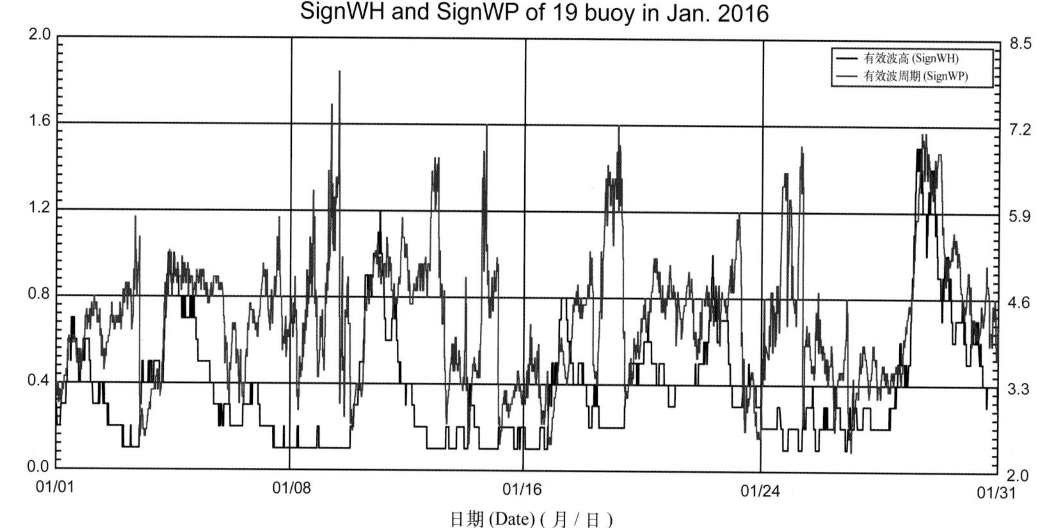

19 号浮标 2016 年 02 月有效波高、有效波周期观测数据曲线
SignWH and SignWP of 19 buoy in Feb. 2016

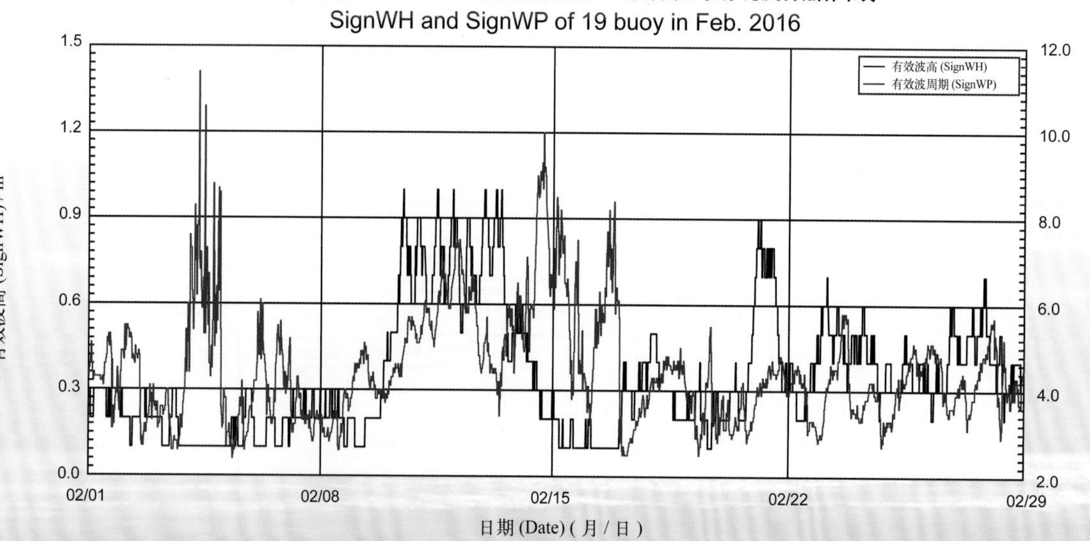

19 号浮标 2016 年 03 月有效波高、有效波周期观测数据曲线
SignWH and SignWP of 19 buoy in Mar. 2016

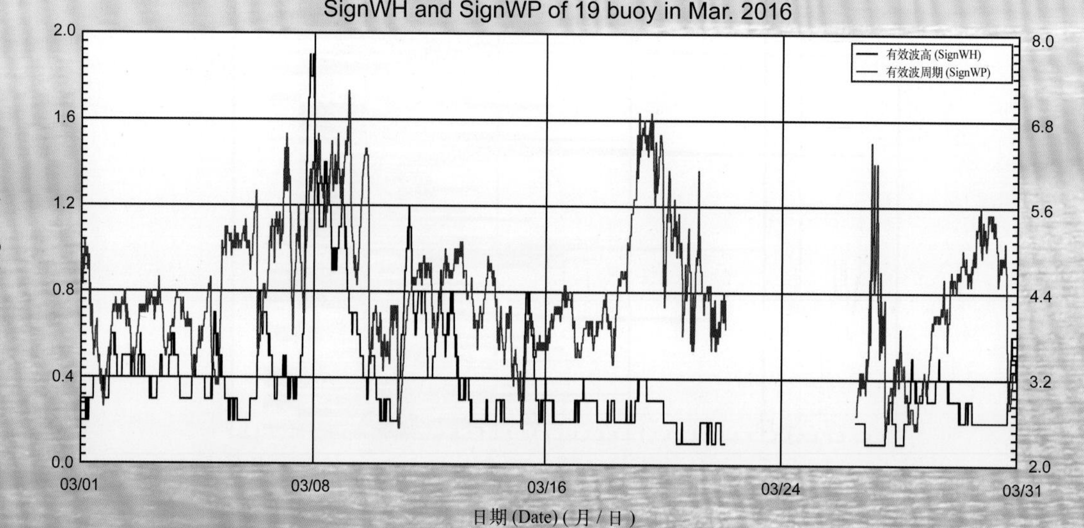

19 号浮标 2016 年 04 月有效波高、有效波周期观测数据曲线
SignWH and SignWP of 19 buoy in Apr. 2016

19 号浮标 2016 年 05 月有效波高、有效波周期观测数据曲线
SignWH and SignWP of 19 buoy in May 2016

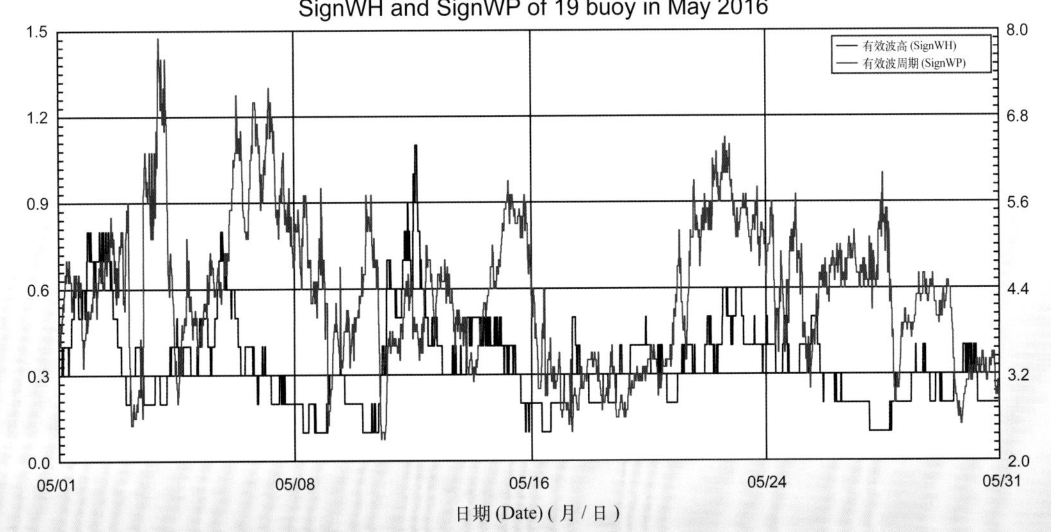

19 号浮标 2016 年 06 月有效波高、有效波周期观测数据曲线
SignWH and SignWP of 19 buoy in Jun. 2016

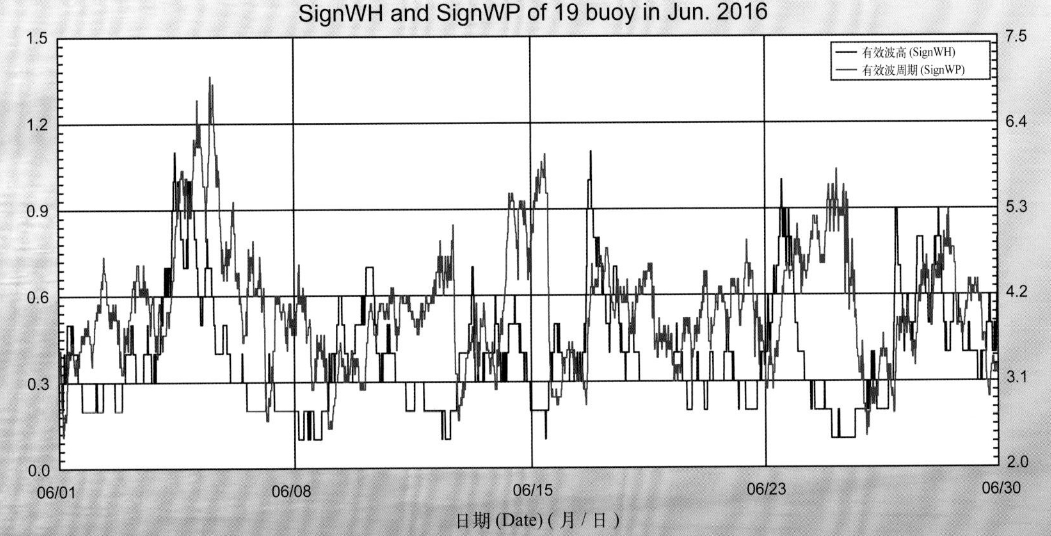

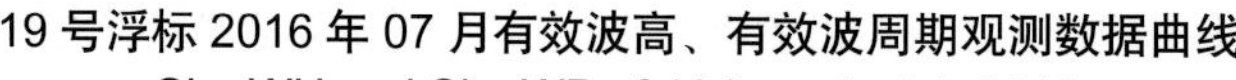

19 号浮标 2016 年 07 月有效波高、有效波周期观测数据曲线
SignWH and SignWP of 19 buoy in Jul. 2016

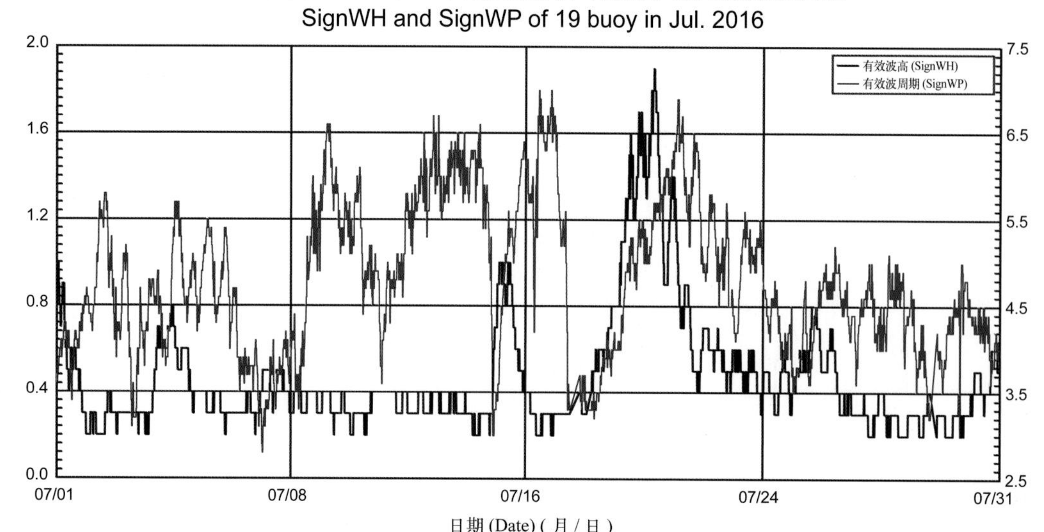

19 号浮标 2016 年 08 月有效波高、有效波周期观测数据曲线
SignWH and SignWP of 19 buoy in Aug. 2016

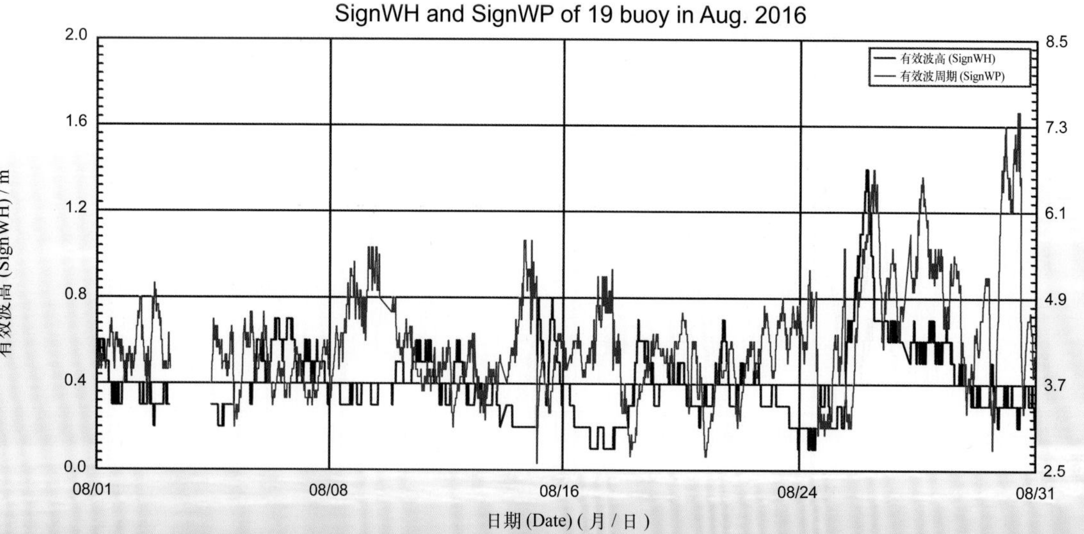

19 号浮标 2016 年 09 月有效波高、有效波周期观测数据曲线
SignWH and SignWP of 19 buoy in Sep. 2016

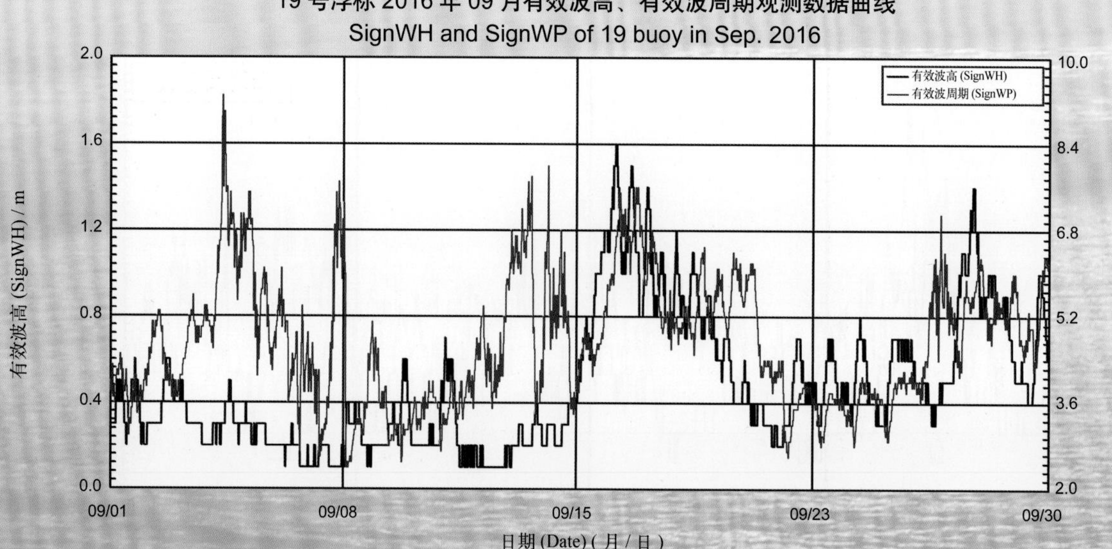

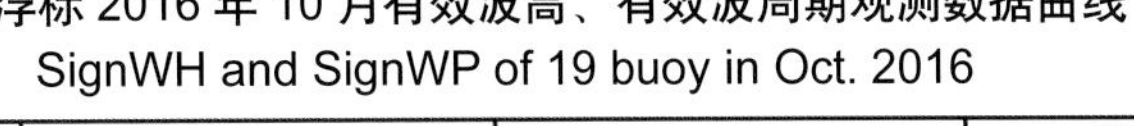
19 号浮标 2016 年 10 月有效波高、有效波周期观测数据曲线
SignWH and SignWP of 19 buoy in Oct. 2016

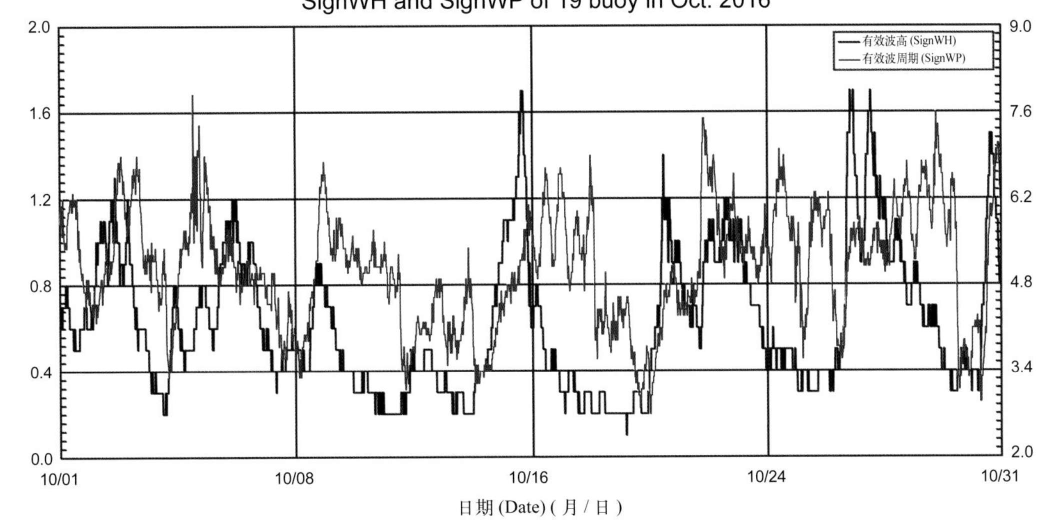

19 号浮标 2016 年 11 月有效波高、有效波周期观测数据曲线
SignWH and SignWP of 19 buoy in Nov. 2016

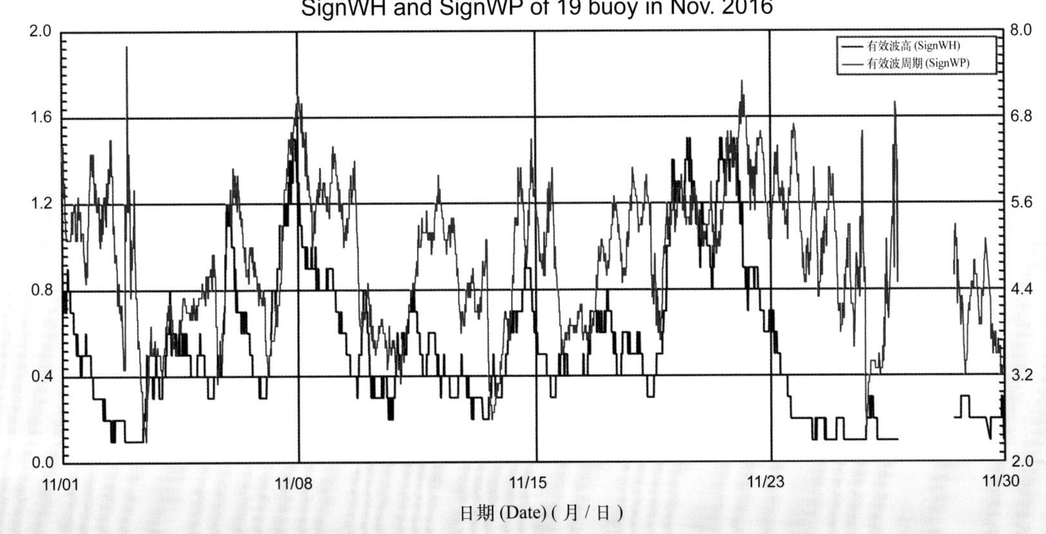

19 号浮标 2016 年 12 月有效波高、有效波周期观测数据曲线
SignWH and SignWP of 19 buoy in Dec. 2016

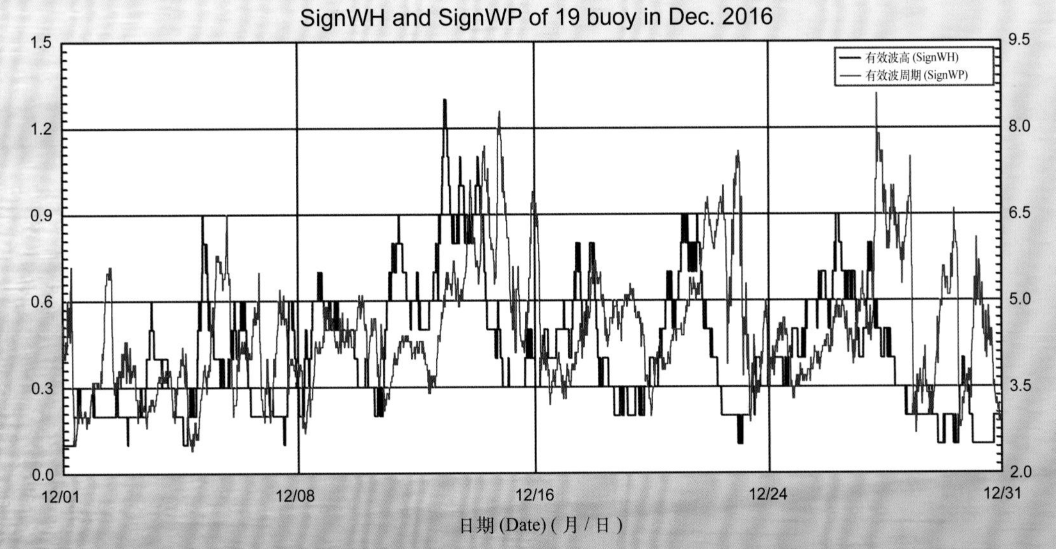